暖通空调技术应用

尚少文 主编

东北大学出版社
·沈 阳·

ⓒ 尚少文 **2017**

图书在版编目（CIP）数据

暖通空调技术应用 / 尚少文主编. — 沈阳：东北
大学出版社，2017.12
　ISBN 978-7-5517-1743-4

Ⅰ. ①暖… Ⅱ. ①尚… Ⅲ. ①房屋建筑设备－采暖设
备－高等学校－教材②房屋建筑设备－通风设备－高等学
校－教材③房屋建筑设备－空气调节设备－高等学校－教
材　Ⅳ. ①TU83

中国版本图书馆 CIP 数据核字（2017）第 309004 号

内容简介

本书以注重专业实践能力培养为基本原则，突出工程教育。在阐述暖通空调系统基本原理与应用的基础上，结合具体类型建筑特点，通过实际工程设计范例，阐明各类建筑适用的暖通空调设计方法和技术措施，并能反映暖通空调技术当今应用水平和发展趋势。本书内容深入浅出，简明实用。

本书既可作为普通本科、高职高专院校建筑环境与能源应用工程、建筑学、城市规划、工业与民用建筑工程、给排水科学与工程、工程管理等专业的本科生、研究生课程教材或教学参考书，也可作为对暖通空调技术感兴趣的专业技术人员及相关技术培训的参考资料及培训教材。

出 版 者：东北大学出版社
　　　　　地址：沈阳市和平区文化路三号巷 11 号
　　　　　邮编：110819
　　　　　电话：024－83683655（总编室）　83687331（营销部）
　　　　　传真：024－83687332（总编室）　83680180（营销部）
　　　　　网址：http://www.neupress.com
　　　　　E-mail: neuph@neupress.com
印 刷 者：沈阳航空发动机研究所印刷厂
发 行 者：东北大学出版社
幅面尺寸：185mm×260mm
印　　张：14
字　　数：329 千字
出版时间：2017 年 12 月第 1 版　　　　　印刷时间：2017 年 12 月第 1 次印刷
组稿编辑：郭　健　　　　　　　　　　　责任编辑：李　佳
责任校对：图　图　　　　　　　　　　　封面设计：潘正一
责任出版：唐敏志

ISBN 978-7-5517-1743-4　　　　　　　　　　　　　定　价：56.00 元

前　言

　　本书为高等院校建筑环境与能源应用工程专业"暖通空调技术应用"课程的教材。适用于土木工程类、建筑与城市规划类、机电类与公共管理类等学科，可供建筑环境与能源应用工程、建筑学、城市规划、工业与民用建筑工程、给排水科学与工程、工程管理等专业的本科生、研究生作为选修课教材或教学参考书，也可作为对暖通空调技术感兴趣的专业技术人员及相关技术培训的参考资料及培训教材。

　　根据课程基本要求，本书在阐述了暖通空调系统基本原理与应用的基础上，结合具体类型建筑特点，阐明各类建筑适用的暖通空调设计方法和技术措施，并能反映暖通空调技术当今应用水平和发展趋势。通过本课程学习，可使学生快速掌握暖通空调设计基本技能，熟悉典型建筑的功能特征和设计要点，培养具有严谨工作态度、真知灼见的卓越工程师，适应当今社会对专业技术人才的需求。

　　自全国本科学校建筑环境与设备工程（现建筑环境与能源应用工程）专业指导委员会于1999年4月制定了专业培养总体框架以来，本专业课程体系得到了全面调整和丰富，教材建设也取得了丰硕的成果，各学校也逐步形成了自己的教学特色。许多学校在专业培养计划中增设了"暖通空调技术应用"课程，以适应社会需要。然而，这门课程的教材建设始终没能落实，使得教师在授课过程中无的放矢，只能按照自己的知识结构自行安排授课内容，学生也没有可用的参考教材，造成授课效果大打折扣。本教材的出版，将弥补本门课程教材的空白，从根本上提高课程的授课效果。

　　本书内容包括绪论、暖通空调基本参数与负荷、室内供暖系统、空调系统、建筑通风、暖通空调冷热源、气流分布与组织、暖通空调附属设备、典型建筑暖通空调系统设计、绿色建筑暖通空调设计等。

　　本书由尚少文担任主编，由郭海丰、李旭林担任副主编。尚少文编写第5章、第8章、第9章，郭海丰编写第2章、第3章，李旭林编写第4章、第6章，李龙新、纪淼、毕雪、朱天然、朱晨、刘金玉编写了第1章、第7章，并参与了其他章节的统稿和校验工作。全书由沈阳建筑大学王岳人教授审定，谨向王教授致以最诚挚的感谢。

　　本书编写过程中得到学院、教研室和同人们的大力支持，研究生也为本书的成稿做了很多辅助性工作，谨致谢意。

　　由于编者水平有限，书中的缺点和错误在所难免，恳请读者批评指正。

编　者

2016 年 12 月

目 录

绪　论

随着科学技术的发展和人们生活水平的提高，暖通空调工程在日常生活和社会生产中发挥着越来越重要的作用。先进的暖通空调技术可以给人们的生活提供便利，有助于生活水平的提高。同时，任何科学技术的发展都伴随着暖通空调技术的贡献，特别是对环境有严苛要求的科学实验、电子产品生产、抗生素生产、手术室、高精密的仪器生产车间等，都需要可靠的暖通空调系统做保障。

（1）暖通空调技术领域

暖通空调是控制建筑热湿环境和室内空气品质的技术，同时，也包含对系统本身所产生噪声的控制，由供暖（heating）、通风（ventilating）、空气调节（air conditioning）三个基本部分组成，缩写为 HVAC（heating, ventilating and air conditioning）。

① 供暖：又称供暖，是指向建筑物供给热量，保持一定的室内温度。供暖是人类最早发展起来的建筑环境控制技术，如火炕、火炉、火墙、火地等供暖方式及今天的供暖设备与系统。一个供暖系统由热源、管网系统、散热末端及附属设备组成，能在寒冷季节保证要求的室内温度。

② 通风：用自然或机械的方法向某一房间或空间送入室外空气，或从某一房间、空间排出空气的过程。送入的空气可以是处理过的，也可以是未经处理的。换句话说，通风是利用室外空气（称新鲜空气或新风）来置换建筑物内的空气（简称室内空气）以改善室内空气品质。通风的基本功能是稀释室内污染物和气味、排除室内的余热和余湿、提供人所需的新鲜空气、排除室内污染物及补充燃烧所消耗的空气。

③ 空气调节：简称空调，实现对某一房间或空间内的温度、湿度、洁净度和空气流动速度等进行调节与控制，并提供足够量的新鲜空气。空调系统由冷源、热源、管道系统、动力设备、空气处理设备和风口等组成。

暖通空调的工作原理是：当室内得到热量或失去热量时，则从室内取出热量或向室内补充热量，使进出房间的热量相等，即达到热平衡，从而保持室内温度恒定；或使进出房间的湿量平衡，以保持室内一定湿度；或从室内排出污染空气，同时补入等量的清洁空气（经过处理或不经处理的），即达到空气平衡。

（2）暖通空调发展趋势

为适应人们在环境控制方面观念的转变及需求的增长，一些传统的暖通空调方式正在加速变革，大量兼具节能与环保效益的新的系统形式不断创生；设备则加速其升级换代，并朝着机组化、多功能和智能型方向发展。

现代暖通空调技术的发展，有几个方面值得我们认真研究和采用。

① 新材料、新设备的快速发展，促进暖通空调系统及设备能效水平进一步提高。各种聚合材料由于重量轻、耐腐蚀及良好的热性能和经济性等特点，在暖通空调工程中得到了广泛的应用，收到了良好的效果。新型设备的不断出现，使暖通空调工程向着更加节约和高效的方向发展。

② 系统控制水平逐步提升。这种提升并非将控制复杂化，而是指其精细化程度。目前，我国系统控制水平并不高，许多项目甚至无控制系统可言。未来系统控制将真正做到人走关灯、室温可调，更加合理和人性化。建筑环境控制系统绿色化建设关键性的技术支撑在于建筑自动化（BA），尤其是暖通空调等建筑设备与系统的能源管理自动化。

③ 暖通专业经过细分后，未来将与新兴技术越来越广泛地融合，如 IT 技术、智能化技术和物联网技术等。与传统建筑专业融合也会大大加强，包括给排水及结构专业等，研究范围在不断扩大，不仅更多考虑室内舒适度，更将延伸至照明系统等领域，与智能化结合更紧密。

④ 伴随着绿色建筑产业的推进，暖通空调技术在未来将迎来创新性发展。通过不懈努力，暖通专业甚至会实现革命性变化，并向更高层次迈进。例如，与新能源结合的低温辐射供暖供冷就是一个方向。可以利用低品位能源为室内供暖，更可以用较高温度的冷水实现供冷，从而带来能源使用效率的进一步提升。这种以新型能源和空调相结合的形式，需要广大暖通行业专家不断探索。暖通空调专业在建筑领域越来越重要，对节能减排的贡献率也越来越大。

"暖通空调技术应用"是一门专业技术课，学习本课程的目的在于掌握和了解暖通空调工程技术的基本理论和工程设计原则与方法，具有综合考虑和合理处理本专业工程技术问题的能力。为了更好地掌握和运用暖通空调专业知识内容，本书对各种技术的应具备的基本理论知识进行了简要阐述，并通过工程实例设计的讲解，加强工程实践能力的培养和锻炼，使读者快速进入工程师角色，培养社会需要的工程技术人才。

第1章　暖通空调基本参数与负荷

1.1　室内外计算参数

1.1.1　人体热舒适

1.1.1.1　热感觉与热舒适

随着人们健康舒适意识的加强，越来越多的人们开始追求舒适的室内环境。良好的室内热环境对人体的健康以及舒适感和工作效率都会产生积极有利的影响，人的热感觉和舒适感不能视为同一概念，舒适感具有更广泛的含义，除了与空气温度、湿度相关外，还与气流速度、室内空气品质密切相关，而热感觉在舒适感中无疑起着举足轻重的作用。

热感觉是人对周围环境是"冷"还是"热"的主观描述。尽管人们常评价房间的"冷"和"暖"，但实际上人是不能直接感觉到环境的温度的，只能感觉到位于他自己皮肤表面下的神经末梢的温度。

裸身人体安静时在29℃的气温中，代谢率最低，如适当着衣，则在气温为18～25℃的情况下代谢率低而平稳。在这些情况下，人体不发汗，也无寒意，仅靠皮肤血管口径的轻度改变，即可使人体产热量和散热量平衡，从而维持体温稳定。此时，人体用于体温调节所消耗的能量最少，人感到不冷不热，这种热感觉称为"中性"状态。

热感觉并不仅仅是由冷热刺激的存在造成的，而与刺激的延续时间及人体原有的热状态都有关。人体的冷、热感受器均对环境有显著的适应性。例如，把一只手放在温水盆中，除了皮肤温度以外，人体的核心温度对热感觉也有影响。例如，一个坐在37℃浴盆中的人可以维持恒定的皮肤温度，但核心温度却不断上升，因为他身体的产热散不出去。如果他的初始体温比较低，开始他感受的是中性温度，随着核心温度的上升，他将感到暖和，最后感到燥热。因此，热感觉最初取决于皮肤温度，而后取决于核心温度。当环境温度迅速变化时，热感觉的变化比体温的变化要快得多。

人体将自身的热平衡条件和感觉到的环境状况并综合起来获得是否舒适的感觉。舒适的感觉是生理和心理上的。热舒适在 ASHRAE Standard 55—2004 中定义为对环境表示满意的意识状态。Bedford 的七点标度把热感觉和热舒适合二为一，Gagge 和 Fanger 等均认为"热舒适"指的是人体处于不冷不热的"中性"状态，即认为"中性"的热感觉就是热舒适。

但另外一种观点认为，热舒适与热感觉是不同的。早在 1917 年 Ebbecke 就指出"热感觉是假定与皮肤热感受器的活动有联系，而热舒适是假定依赖于来自调节中心的热调节反应。Hensel 认为舒适的含义是满意、高兴和愉快，Cabanac 认为"愉快是暂时的，愉快实际上只能在动态的条件下观察到……"。即认为热舒适是随着热不舒适的部分消除而产生的。当人获得一个带来快感的刺激时，并不能肯定他的总体热状况是中性的。而当人体处于中性温度时，并不一定能得到舒适条件。例如，在体温低时，浴盆中的较热的水使受试者感到舒适或愉快，但其热感觉评价却应该是"暖"而不是"中性"。相反，当试者体温高时，用较凉的水洗澡却会感到舒适，但其热感觉的评价应该是"凉"而不是"中性"。

热舒适是指大多数人对客观热环境从生理与心理方面都达到满意的状态。可以从以下三方面分析某一热环境是否舒适。

① 物理方面：根据人体活动所产生的热量与外界环境作用下人体得失热量之间的热平衡关系，分析环境对人体舒适的影响及满足人体舒适的条件。

② 生理方面：研究人体对冷热应力的生理反应，如皮肤温度、皮肤湿度、排汗率、血压、体温等并利用生理反应区分环境的舒适程度。

③ 心理方面：分析人在热环境中的主观感觉，用心理学方法区分环境的冷热与舒适程度。

1.1.1.2 影响热舒适的其他因素

引起热不舒适感觉的原因除了皮肤温度和核心温度以外，还有一些其他的物理因素会影响热舒适。

（1）空气湿度

在某个偏热的环境中人体需要出汗来维持热平衡，空气湿度的增加并不能改变出汗量，但却能改变皮肤的湿润度。因为此时只要皮肤没有完全湿润，空气湿度的增加就不会减少人体的实际散热量而造成热不平衡，人体的核心温度不会上升，所以在代谢率一定的情况下排汗量不会增加。但由于人体单位表面积蒸发的换热量下降会导致蒸发换热的表面积增大，就会增加人体的湿表面积。皮肤湿润度的定义是皮肤的实际蒸发量与同一环境中皮肤完全湿润而可能产生的最大蒸发散热量之比，相当于湿皮肤表面积所占人体皮肤表面积的比例。这一皮肤湿润度的增加被感受为皮肤的"黏着性"增加，从而增加了热不舒适感。潮湿的环境令人感到不舒适的主要原因就是皮肤的"黏着性"增加了。

（2）温度梯度

由于空气的自然对流作用，很多空间均存在上部温度高、下部温度低的状况。一些研究者对垂直温度变化对人体热感觉的影响进行了研究。虽然受试者处于热中性状态，但如果头部周围的温度比踝部周围的温度高得越多，感觉不舒适的人就越多。地板的温度过高或过低同样会引起居住者的不满。研究表明，居住者足部寒冷往往是由于全身处于寒冷状态导致末梢循环不良造成的。但地板温度低会使赤足的人感到脚部寒冷，因此，地板的材料是重要的，比如地毯会给人温暖的足部感觉，而石材地面会给人较凉的足部感觉。地板为混凝土地板覆盖面层，所谓舒适的地面温度即赤足站在地板上不满意的抱怨比例低于 15% 时的地板温度。但过热的地板温度同样会引起不适。

（3）吹风感

吹风感是最常见的不满意问题之一，吹风感的一般定义为人体所不希望的局部降温。吹风对某个处于"中性热"状态下的人来说是愉快的。此外，寒冷时冷颤的出现也是使人感到不愉快的原因。

（4）个体因素

还有一些因素普遍被人们认为会影响人的热舒适感。例如年龄、性别、季节、人种等。很多研究者对这些因素进行了研究，但结论与人们的一般看法是不一致的。Nevins，Fanger 等分别对不同年龄组的人进行了实验研究，发现年龄对热舒适没有显著影响，老年人代谢率低的影响被蒸发散热率低所抵消。老年人往往比年轻人喜欢较高室温的现象的一种解释是因为他们的活动量小。

另一些对不同性别的对比实验发现在同样条件下男女之间对环境温度的好恶没有显著差别。

（5）时间季节

由于人不可能由于适应而喜欢更暖或更凉的环境，因此季节就不会改变人的热舒适感，McNall 等人的研究证明了这一点。

人体一天中有内部体温的节律波动，下午最高，早晨最低，所以从逻辑上很容易作出一天中热舒适是有可能变化的判断。但 Fanger 和 Ostberg 等对于热舒适感的研究发现，人体一天中对环境温度的喜好没有明显变化，只是在午餐前喜欢稍暖一些的倾向。

1.1.1.3　热舒适评价

热舒适的评价指标包括卡塔冷却能力、当量温度、有效温度（ET）、新有效温度（ET^*）、标准有效温度（SET^*）、平均预测反应（PMV）、舒适方程和主观温度等。这些指标从不同侧面反映人体对热环境的感觉，其适用条件也有所不同。其中新有效温度、舒适方程和平均预测反应应用较为普遍。不同热舒适度等级所对应的 PMV 值见表 1-1。

表 1-1　　　　　　　　　　　　热舒适等级

热舒适度等级	冬季	夏季
Ⅰ级	$-0.5 \leqslant PMV \leqslant 0$	$0 \leqslant PMV \leqslant 0.5$
Ⅱ级	$-1 \leqslant PMV < -0.5$	$0.5 < PMV \leqslant 1$

1.1.2　室内空气计算参数

室内空气计算参数的选择主要取决于以下几方面。

（1）建筑房间使用功能对舒适性的要求

影响人舒适感的主要因素首先是室内空气的温度、湿度、室内各表面的温度和空气流动速度，其次是衣着情况、空气新鲜程度等。

（2）地区、冷热源情况、经济条件和节能要求等因素

根据《工业建筑供暖通风与空气调节设计规范》GB50019—2015（以下简称《规

5

范》) 规定, 舒适性空调, 室内计算参数如下。

表 1-2   空调室内计算参数

	夏季	冬季
温度/℃	22 ~ 28	18 ~ 24
相对湿度/%	40 ~ 65	30 ~ 60
风速/(m/s)	0.3	0.2

表 1-3   供暖室内计算参数

		温度/℃
民用建筑	主要房间	16 ~ 24
工业建筑	轻作业	18 ~ 21
	中作业	16 ~ 18
	重作业	14 ~ 16
	过重作业	12 ~ 14
辅助建筑及辅助用房	浴室	不应低于 25
	更衣室	不应低于 25
	办公室、休息室	不应低于 18
	食堂	不应低于 18
	洗漱室、厕所	不应低于 12

① 舒适性空气调节室内计算参数应符合表1-4 的规定。

表 1-4   舒适性空气调节室内计算参数

参数	冬季	夏季
温度/℃	18 ~ 24	22 ~ 28
风速/(m/s)	≤0.2	≤0.3
相对湿度/%	30 ~ 60	40 ~ 65

② 工艺性空气调节室内温度湿度基数及其允许波动范围, 应根据工艺需要及卫生要求确定。活动区的风速: 冬季不宜大于 0.3m/s, 夏季宜为 0.2 ~ 0.5m/s。

《规范》中给出的数据是概括性的。对于具体的民用和公共建筑而言, 由于建筑房间的使用功能各不相同, 其室内计算参数也会有较大的差异。我国有关部门还制定了某些特殊建筑的设计标准或卫生标准, 规定了室内设计参数。设计手册中也推荐了各种建筑的室内计算参数, 它们之间并不完全一致。对于工艺性空调, 应根据工艺要求来确定室内空气计算参数。

1.1.3 室外计算参数

室外空气计算参数是指《规范》中所规定的用于供暖通风与空调设计计算的室外气象参数。

室外空气计算参数取值的大小, 将会直接影响热、冷负荷的大小和暖通空调费用。

因此,《规范》中规定的室外空气计算参数是按照允许全年有少数时间出现达不到室内温湿度要求的原则确定的。若室内温湿度必须全年保证时,需另行确定。

在暖通空调设计中,应根据不同负荷的计算,按照现行《规范》选用不同的室外空气计算参数。室外空气计算参数主要有以下几项。

(1) 夏季空调室外计算干、湿球温度

《规范》规定,夏季空调室外计算干球温度取夏季室外空气历年平均不保证 50h 的干球温度;夏季空调室外计算湿球温度取室外空气历年平均不保证 50h 的湿球温度("不保证"系针对室外空气温度而言,下同)。这两个参数用于计算夏季新风冷负荷。

(2) 夏季空调室外计算日平均温度和逐时温度

夏季计算经建筑围护结构传入室内的热量时,应按照不稳定传热过程计算。因此,必须已知夏季空调设计日的室外空气日平均温度和逐时温度。

夏季空调室外计算逐时温度 (t_τ),按照下式确定:

$$t_\tau = t_{o.m} + \beta \Delta t_d \tag{1-1}$$

式中, $t_{o.m}$ ——夏季空调室外计算日平均温度,《规范》规定取历年平均不保证 5 天的日平均温度,℃;

β ——室外空气温度逐时变化系数;

Δt_d ——夏季空调室外计算平均日较差,℃,按照下式计算:

$$\Delta t_d = \frac{t_{o.s} - t_{o.m}}{0.52} \tag{1-2}$$

式中, $t_{o.s}$ ——夏季空调室外计算干球温度,℃。

(3) 冬季空调室外计算温度、相对湿度

冬季空调供暖时,计算建筑围护结构的热负荷和新风热负荷均应采用冬季空调室外计算温度。

《规范》规定采用历年平均不保证 1 天的日平均温度作为冬季空调室外计算温度;采用累年最冷月平均相对湿度作为冬季空调室外计算相对湿度。

(4) 供暖室外计算温度和冬季通风室外计算温度

《规范》规定供暖室外计算温度取冬季历年平均不保证 5 天的日平均温度;冬季通风室外计算温度取累年最冷月平均温度。供暖室外计算温度用于建筑物供暖系统供暖时计算围护结构的热负荷,以及用于计算消除有害污染物通风的进风热负荷。冬季通风室外计算温度用于计算全面通风的进风热负荷。

(5) 夏季通风室外计算温度和夏季通风室外计算相对湿度

《规范》规定夏季通风室外计算温度取历年最热月 14 时的月平均温度的平均值;夏季通风室外计算相对湿度取历年最热月 14 时的月平均相对湿度的平均值。这两个参数用于消除余热余湿的通风及自然通风中的计算;当通风的进风需要进行冷却处理时,其进风冷负荷计算也采用这两个参数。

1.2 供暖热负荷

人们为了生产和生活，要求室内保证一定的温度。一个建筑物或房间可有各种得热和散失热量的途径。当建筑物或房间的失热量大于得热量时，为了保持室内在要求温度下的热平衡，需要由供暖通风系统补进热量，以保证室内要求的温度。供暖系统通常利用散热器向房间散热，通风系统送入高于室内要求温度的空气，一方面向房间不断地补充新鲜空气；另一方面也为房间提供热量。

供暖系统的热负荷是指在某一室外温度 t_w 下，为了达到要求的室内温度 t_n，供暖系统在单位时间内向建筑物供给的热量。它随着建筑物得失热量的变化而变化。

1.2.1 供暖热负荷组成

供暖系统的设计热负荷，是指在设计室外温度 t_w' 下，为达到要求的室内温度 t_n，供暖系统在单位时间内向建筑物供给的热量 Q'。它是设计供暖系统的最基本依据。

冬季供暖通风系统的热负荷，应根据建筑物或房间的得失热量确定。

失热量有：

① 围护结构传热耗热量 Q_1；

② 加热由门、窗缝隙渗入室内的冷空气的耗热量 Q_2，称冷风渗透耗热量；

③ 加热由门、孔洞及相邻房间侵入的冷空气的耗热量 Q_3，称冷风侵入耗热量；

④ 水分蒸发的耗热量 Q_4；

⑤ 加热由外部运入的冷物料和运输工具的耗热量 Q_5；

⑥ 通风耗热量。通风系统将空气从室内排到室外所带走的热量 Q_6。

得热量有：

① 生产车间最小负荷班的工艺设备散热量 Q_7；

② 非供暖通风系统的其他管道和热表面的散热量 Q_8；

③ 热物料的散热量 Q_9；

④ 太阳辐射进入室内的热量 Q_{10}。

此外，还会有通过其他途径散失或获得的热量 Q_{11}。

对于没有由于生产工艺所带来得失热量而需设置通风系统的建筑物或房间（如一般的民用住宅建筑、办公楼等），建筑物或房间的热平衡就简单多了。失热量 Q_{sh} 只考虑上述的前三项耗热量；得热量 Q_d 只考虑太阳辐射进入室内的热量；至于住宅中其他途径的得热量，如人体散热量、炊事和照明散热量（统称为自由热），一般散热量不大，且不稳定，通常可不予计入。

因此，对没有装置机械通风系统的建筑物，供暖系统的设计热负荷可用下式表示：

$$Q' = Q_{sh}' - Q_d' = Q_1' + Q_2' + Q_3' - Q_{10}' \qquad (1\text{-}3)$$

式（1-3）中带"'"的上标符号均表示在设计工况下的各种参数（全书均以此表示）。

围护结构的传热耗热量是指当室内温度高于室外温度时，通过围护结构向外传递的热量。在工程设计中，计算供暖系统的设计热负荷时，常把它分成围护结构传热的基本耗热量和附加（修正）耗热量两部分进行计算。基本耗热量是指在设计条件下，通过房间各部分围护结构（门、窗、墙、地板、屋顶等）从室内传到室外的稳定传热量的总和。附加（修正）耗热量是指围护结构的传热状况发生变化而对基本耗热量进行修正的耗热量。附加（修正）耗热量包括风力附加、高度附加和朝向修正等耗热量。朝向修正是考虑围护结构的朝向不同，太阳辐射热量不同而对基本耗热量进行的修正。

因此，在工程设计中，供暖系统的设计热负荷，一般可分几部分进行计算。

$$Q' = Q_{1.j}' + Q_{1.x}' + Q_2' + Q_3' \tag{1-4}$$

式中，$Q_{1.j}'$——围护结构的基本耗热量；

$Q_{1.x}'$——围护结构的附加（修正）耗热量。

计算围护结构附加（修正）耗热量时，太阳辐射热量可用减去一部分基本耗热量的方法列入，而风力和高度影响用增加一部分基本耗热量的方法进行附加。式中前两项表示通过围护结构计算的耗热量，后两项表示室内通风换气所耗的热量。

对具有供暖及通风系统的建筑（如工业厂房和公共建筑等），供暖及通风系统的设计热负荷，需要根据生产工艺设备使用或建筑物的使用情况，通过得失热量的热平衡和通风的空气量平衡综合考虑才能确定。

1.2.2　供暖热负荷指标

街区热水供热管网设计时，供暖热负荷宜采用经核实后的建筑物设计热负荷。当设计较大热力网时，得不到所有建筑物供暖设计热负荷，可根据不同建筑物的供暖热指标及该指标建筑物所占的比例来计算供暖热负荷，可以按照下式计算：

供暖热负荷：

$$Q_h = q_h \cdot A_c \times 10^{-3} \tag{1-5}$$

式中，Q_h——供暖设计热负荷，kW；

q_h——供暖综合热指标，W/m^2，可按照表 1-5 中取用，按照取用热指标及该热指标建筑物面积在总建筑物面积中所占的比例分别计算，然后相加即为综合热指标；

A_c——供暖建筑物的总面积，m^2。

表 1-5　　　　　　　　　　　供暖热指标

建筑类别	供暖热指标 q_h	
	未采取节能措施/(W/m^2)	采取节能措施/(W/m^2)
住宅	58 ~ 64	40 ~ 45
居住区综合	60 ~ 67	45 ~ 55
学校、办公	60 ~ 80	50 ~ 70
医院、托幼	65 ~ 80	55 ~ 70
商店	65 ~ 80	55 ~ 70

注：表中数值适用于我国东北、华北和西北地区。

1.3 空调热负荷、冷负荷、湿负荷

为了保持建筑物的热湿环境，在单位时间内需向房间供应的冷量称为冷负荷；相反，为了补偿房间失热在单位时间内需向房间供应的热量称为热负荷；为了维持房间相对湿度，在单位时间内需从房间除去的湿量称为湿负荷。

热负荷、冷负荷与湿负荷是暖通空调工程设计的基本依据，暖通空调设备容量的大小主要取决于热负荷、冷负荷与湿负荷的大小。

热负荷、冷负荷与湿负荷的计算以室外气象参数和室内要求保持的空气参数为依据。

1.3.1 冬季建筑的热负荷

建筑物冬季供暖通风设计的热负荷在《规范》中明确规定应根据建筑物散失和获得的热量确定。对于民用建筑，冬季热负荷包括两项：围护结构的耗热量和由门窗缝隙渗入室内的冷空气耗热量。对于生产车间还应包括由外面运入的冷物料及运输工具的耗热量，水分蒸发耗热量，并应考虑因车间内设备散热、热物料散热等获得的热量。

1.3.1.1 围护结构的耗热量

《规范》中所规定的"围护结构的耗热量"实质上是围护结构的温差传热量、加热由于外门短时间开启而侵入的冷空气的耗热量及一部分太阳辐射热量的代数和。为了简化计算，《规范》规定，围护结构的耗热量包括基本耗热量和附加耗热量两部分。

（1）围护结构的基本耗热量

围护结构的基本耗热量按照式（1-6）计算：

$$\dot{Q}_j = A_j K_j (t_R - t_{o.w})\alpha \tag{1-6}$$

式中，$\dot{Q}_j$——j 部分围护结构的基本耗热量，W；

A_j——j 部分围护结构的表面积，m^2

K_j——j 部分围护结构的传热系数，$W/(m^2 \cdot ℃)$；

t_R——冬季室内计算温度，℃；

$t_{o.w}$——供暖室外计算温度，℃；

α——围护结构的温差修正系数；但是，在已知冷侧温度或用热平衡法能计算出冷侧温度时，可直接用冷侧温度代入，不再进行 α 值修正。

使用式（1-6）时，应注意下列问题。

① 围护结构的面积 A，应按照一定的规则从建筑图上量取。其规则可查阅有关的设计手册。

② 一些定型的围护结构的传热系数 K，可从设计手册上直接查取。一般情况下，根据传热学原理，可以按照多层匀质材料组成的结构计算其传热系数。但不同地区供暖建筑各围护结构传热系数不应超过《严寒和寒冷地区居住建筑节能设计标准》（JGJ26—

2010)、《公共建筑节能设计标准》（GB 50189—2015）中的有关规定值。

（3）设置全面供暖的建筑物，其围护结构应具有一定的保温性能，应能满足卫生要求和围护结构内表面不结露的要求，并在技术经济上是合理的。评价围护结构保温性能的主要指标是围护结构的热阻 R。R 值的大小直接影响通过围护结构耗热量的多少和其内表面温度的高低，也会影响围护结构的造价。因此，围护结构的热阻 R，应根据技术经济比较确定，且应符合国家有关民用建筑热工设计规范和节能标准的要求。《规范》中已明确规定了确定围护结构最小热阻的计算公式。

（2）围护结构附加耗热量

① 朝向修正率。不同朝向的围护结构，受到的太阳辐射热量是不同的；同时，不同的朝向，风的速度和频率也不同。因此，《规范》规定对不同的垂直外围护结构进行修正。其修正率为：

北、东北、西北朝向：0 ~ 10%；

东、西朝向：−5%；

东南、西南朝向：−10% ~ −15%；

南向：−15% ~ −30%。

选用修正率时应考虑当地冬季日照率及辐射强度的大小。冬季日照率小于 35% 的地区，东南、西南和南向的修正率宜采用 −10% ~ 0，其他朝向可不修正。

② 风力附加率。在《规范》中明确规定：在不避风的高地、河边、海岸、旷野上的建筑物及城镇、厂区内特别高的建筑物，垂直的外围护结构热负荷附加 5% ~ 10%。

③ 高度附加率。由于室内温度梯度的影响，往往使房间上部的传热量加大。因此规定：当民用建筑和工业企业辅助建筑的房间净高超过 4m 时，每增加 1m，附加率为 2%，但最大附加率不超过 15%。注意，高度附加率应加在基本耗热量和其他附加耗热量（进行风力、朝向、外门修正之后的耗热量）的总和上。

1.3.1.2　门窗缝隙渗入冷空气的耗热量

由于缝隙宽度不一，风向、风速和频率不一，因此，由门窗缝隙渗入的冷空气量很难准确计算。《规范》推荐，对于多层和高层民用建筑，可以按照下式计算门窗缝隙渗入冷空气的耗热量：

$$\dot{Q}_i = 0.278 L \rho_{a0} c_p (t_R - t_{o.h}) \tag{1-7}$$

式中，$\dot{Q}_i$——为加热门窗缝隙渗入的冷空气耗热量，W；

　　L——渗透冷空气量，m^3/h；

　　ρ_{a0}——供暖室外计算温度下的空气密度，kg/m^3

　　c_p——空气定压比热，$c_p = 1kJ/(kg \cdot ℃)$；

　　$t_{o.h}$——供暖室外计算温度，℃。

表 1-6　　　　　　　　　　　外门窗缝隙渗风系数

等级	I	II	III	IV	V
$a_1/[m^3 (m \cdot h \cdot Pa^{0.67})]$	0.1	0.3	0.5	0.8	1.2

换气次数是风量（m³/h）与房间体积（m³）之比，单位为 h⁻¹（次/h）。因此，房间渗入冷风量即等于表中推荐值乘以房间的体积。有空调的房间内通常保持正压，因而在一般情况下，不计算门窗缝隙渗入室内的冷空气的耗热量。对于有封窗习惯的地区，也可以不计算窗缝隙的冷风渗入。

1.3.1.3 外门冷风侵入耗热量

为加热开启外门时侵入的冷空气，对于短时间开启无热风幕的外门，可以用外门的基本耗热量乘上相应的附加率。当建筑物的楼层为 n 时，一道门附加 $65n\%$；两道门（有门斗）附加 $80n\%$；三道门（有两个门斗）附加 $60n\%$；公共建筑和生产厂房的主要出入口 500%。阳台门不应考虑外门附加率。

1.3.2 空调夏季冷负荷

1.3.2.1 空调冷负荷计算内容

空调冷负荷计算包括：① 围护结构传热形成的冷负荷；② 窗户日射得热形成的冷负荷；③ 室内热源散热形成的冷负荷；④ 附加冷负荷。

1.3.2.2 空调冷负荷各项计算确定（冷负荷系数法）

（1）围护结构温差传热形成的逐时冷负荷简化式

$$\dot{Q}_{c(\tau)} = AK(t_{c(\tau)} - t_R) \tag{1-8}$$

式中，$\dot{Q}_{c(\tau)}$——外墙屋面逐时冷负荷，W；

A——外墙与屋面的面积，m²；

$t_{c(\tau)}$——外墙或屋顶等的逐时综合冷负荷计算温度，℃；

K——外墙或屋面的传热系数，W/（m²·℃）；

t_R——夏季空调室内计算温度，℃。

（2）透过玻璃窗进入室内日射得热形成的逐时冷负荷

$$\dot{Q}_{c(\tau)} = C_a A_w C_s C_i D_{jmax} C_{LQ} \tag{1-9}$$

式中，A_w——窗口面积，m²；

C_s——有效面积系数；

C_{LQ}——窗玻璃冷负荷系数，无因次。

（3）室内热源散热形成的冷负荷表达式

$$\dot{Q}_{c(\tau)} = \dot{Q}_s C_{LQ} \tag{1-10}$$

式中，$\dot{Q}_{c(\tau)}$——设备和用具显热形成的冷负荷，W；

$\dot{Q}_s$——设备和用具的实际显热散热量，W；

C_{LQ}——设备和用具显热散热冷负荷系数。

（4）人体散热形成的冷负荷和散湿量按照下式计算

$$\dot{Q}_{c(\tau)} = q_s n\varphi C_{LQ} \tag{1-11}$$

式中，$\dot{Q}_{c(\tau)}$——人体潜热散热形成的冷负荷，W；

q_s——不同室温和劳动性质成年男子显热散热量，W；

n——室内全部人数；

φ——群集系数；

C_{LQ}——人体显热散热冷负荷系数。

（5）照明散热形成的冷负荷按照照明灯具类型和安装方式不同分别计算

① 白炽灯：

$$\dot{Q}_{c(\tau)} = 1000 N\, C_{LQ} \tag{1-12}$$

② 荧光灯（镇流器在空调房间内）：

$$\dot{Q}_{c(\tau)} = 1000\, n_1\, n_2 N\, C_{LQ} \tag{1-13}$$

式中，$\dot{Q}_{c(\tau)}$——灯具散热形成的逐时负荷，W；

N——照明灯具所需功率，kW；

n_1——镇流器消耗功率系数，当明装荧光灯的镇流器装在空调房间内时取 $n_1 = 1,2$；当暗装荧光灯镇流器装在顶棚时，可取 $n_1 = 1.0$；

n_2——灯罩隔热系数；

C_{LQ}——照明散热冷负荷系数，计算时应注意其值为从开灯时刻算起到计算时刻的时间。

（6）电动设备散热形成的冷负荷按照下式计算

① 当工艺设备及其电动机均在室内：

$$\dot{Q}_s = 1000\, n_1\, n_2\, n_3 N / \eta \tag{1-14}$$

② 当只有工艺设备在室内，而电动机不在室内：

$$\dot{Q}_s = 1000\, n_1\, n_2\, n_3 N \tag{1-15}$$

③ 当只有工艺设备不在室内，而电动机在室内：

$$\dot{Q}_s = 1000\, n_1\, n_2\, n_3 \frac{1-\eta}{\eta} N \tag{1-16}$$

式中，N——电动设备的安装功率，kW；

n_1——利用系数，是电动机最大实耗功率与安装功率之比，一般可取 0.7~0.9；

n_2——电动机负荷系数，定义为电动机每小时平均实耗功率与机器设计时最大实耗功率之比，对精密机床可取 0.15~0.40，对普通机床可取 0.5 左右；

n_3——同时使用系数，定义为室内电动机同时使用的安装功率与总安装功率之比，一般取 0.5~0.8；

η——电动机效率，一般取 0.8~0.9。

（7）其他散热形成的冷负荷

① 办公个人电脑散热形成的冷负荷值，可按 150W/台计算；

② 餐厅、宴会厅食物散热散湿量，按照食物的全热量：17.4W/人；

1.3.3 湿负荷

湿负荷是指空调房间（或区）的湿源（人体散湿、敞开水池（槽）表面散湿、地面积水、化学反应过程的散湿、食品或其他物料的散湿、室外空气带入的湿量等）向室内的散湿量，也就是为维持室内含湿量恒定需从房间除去的湿量。

（1）人体散湿量

人体散湿量可以按照下式计算：

$$\dot{m}_w = 0.278n\varphi g \times 10^{-6} \qquad (1\text{-}17)$$

式中，$\dot{m}_w$——人体散湿量，kg/s；

$\quad\quad g$——成年男子的小时散湿量；

n，φ——同式（1-11）。

（2）敞开水表面散湿量

敞开水表面散湿量按照下式计算：

$$\dot{m}_w = \beta A(p_w - p_a)\frac{B_s}{B} \qquad (1\text{-}18)$$

式中，$\dot{m}_w$——敞开水表面的散湿量，kg/s；

$\quad\quad A$——蒸发表面面积，m^2；

$\quad\quad p_w$——相应于水表面温度下的饱和空气水蒸气分压力，Pa；

$\quad\quad p_a$——空气中水蒸气分压力，Pa；

$\quad\quad B_s$——标准大气压，其值为101325Pa；

$\quad\quad B$——当地实际大气压力，Pa；

$\quad\quad \beta$——蒸发系数，kg/(N·s)。β按照下式确定：

$$\beta = (\alpha + 0.00363v)10^{-5}$$

式中，α——周围空气温度为 $15\sim30$℃时，不同水温下的扩散系数，kg/(N·s)。

$\quad\quad v$——水面上空气流速，m/s。

为了方便计算，计算出敞开水表面单位面积蒸发量 ω，然后可以按照下式计算出敞开水表面的散湿量，即

$$\dot{m}_w = 0.278\omega A \times 10^{-3} \qquad (1\text{-}19)$$

式中，ω——敞开水表面单位面积蒸发量，kg/(m^2·h)；

$\dot{m}_w$，A——同公式（1-18）。

1.3.4 空调负荷指标

工艺性空调房间，当室温允许波动范围 $\leqslant \pm 0.5$ 时，其围护结构最小热惰性指标应符合表1-7要求：

表 1-7　　　　　　　　　　　　　围护结构最小热惰性指标 *D* 值

围护结构名称	室温允许波动范围/℃	
	±（0.1～0.2）	±0.5
外墙	—	4
屋顶	—	3
顶棚	4	3

（5）舒适性空调建筑围护结构传热系数应满足《公共建筑节能设计标准》（GB 50189）及不同气候居住建筑节能设计标准的相关规定。

表 1-8　　　　　　　　　　　　空调冷、热负荷与新风负荷指标

场所	空调冷负荷/（W/m²）（千卡/h）	供暖热负荷/（W/m²）	新风量/（m³/(h·m²)）（m³/(h·人)）
一、综合指标：按照整幢建筑面积平均折算负荷量			
旅馆、招待所	95～115（80～100）	58～70	1～5（30）
高级旅游宾馆	140～175（120～150）	64～87	2～8（30）
办公大楼、学校	110～140（95～120）	58～81	5～18（8.5）
综合大楼	130～160（110～140）	64～87	27～36（8.5）
百货大楼	140～175（120～150）	64～87	27～36（8.5）
医院、幼儿园	110～140（95～120）	64～81	5～18（8.5）
普通电影院	260～350（225～300）	93～116	27～46（8.5）
综合影剧院	290～385（250～330）	93～116	27～46（8.5）
大会堂	190～290（160～250）	116～163	27～46（8.5）
体育馆（比赛厅）	280～470（240～400）	116～163	27～46（8.5）
二、分类指标：按照室内面积平均折算负荷量			
客房（标准型）	105～145（90～125）	58～70	1～5（30）
一般办公室	140～175（120～150）	58～81	5～8（17）
家用客厅、饭厅	140～175（120～150）	64～87	27～46（17）
图书馆、博物馆	145～175（125～150）	47～76	27～46（8.5）
服装店、珠宝店	160～200（140～175）	64～81	27～36（8.5）
优雅餐厅、包房	190～220（165～190）	116～140	46～64（17）
一般会议室	175～290（150～250）	116～140	32～36（17）
中餐厅	350～465（300～400）	116～140	46～64（17）
西餐厅、酒吧	230～350（200～300）	116～140	46～64（17）
音乐厅、舞厅	290～410（250～350）	116～140	32～36（8.5）
商场	230～340（200～290）	64～87	27～36（8.5）
发廊、美容厅	230～350（200～300）	64～87	27～46（17）

续表 1-8

场所	空调冷负荷/（W/m²）（千卡/h）	供暖热负荷 /（W/m²）	新风量/（m³/（h·m²）) (m³/（h·人）)
大型营业厅	200～290（170～250）	64～87	32～36（8.5）
门厅	175～290（150～250）	47～70	2～8（8.5）
走廊	70（60）	47～70	5～8（8.5）
住宅、公寓	75～95（65～81）	47～70	5～8（8.5）
计算机房	190～380（163～327）	47～70	36～72（30）
地下室	130～190（114～163）	47～70	27～36（17）
银行下厅	130～175（114～151）	64～87	27～36（8.5）
特护病房、手术室	160～320（140～280）	64～87	36～72（30）

注：用各分类指标 M 分别乘以建筑中相应类型房间的空调面积 N（顶层房间 M 值宜加大 20%～25%），然后全都相加所得总和就是建筑物的空调系统负荷。考虑各类房间的同期使用率等情况，将系统负荷乘以 0.84～0.86 的修正系数，计算得制冷机组总安装容量即可计算出空调系统总负荷的概算值，即 $Q = (0.84～0.86) M \times N$ 用分类指标乘以相应类型房间每间的面积，得各房间的空调负荷，这就是选择房间末端空气处理设备的参考数值。

表 1-9   Ⅱ区空调冷负荷概算指标

建筑类型	公寓住宅	人均面积/（人/m²）	新风量/（m³/（h·人）)	新风负荷/（W/m²）	室内冷负荷/（W/m²） 无新风	风机送新风
公寓住宅	卧室	0.1	30	27		151
	客厅					181
	餐厅					196
客房	顶层	0.1	30	27	171	176
	标准层				141	146
	朝西				181	186
酒吧、KTV	大厅	0.5	20	90	210	228
	包厢	0.33	30	90	226	244
西餐厅	大厅	0.33	20	60	204	216
	包厢	0.33	30	90	256	254
中餐厅	大厅	0.67	20	120	245	267
	包厢	0.5	30	135	259	286
	宴会厅	0.8	20	145	283	512
中庭、接待	标准层	0.13	10	12	215	217
	挑高				245	247

续表 1-9

建筑类型	公寓住宅	人均面积/（人/m²）	新风量/（m³/（h·人））	新风负荷/（W/m²）	室内冷负荷/（W/m²）	
					无新风	风机送新风
办公楼	敞开式	0.2	20	35	149	156
	个人办公室	0.1	30	27	161	166
	小会议室	0.33	30	90	201	219
	大会议室	0.67	20	120	243	267
美容、美发	大厅	0.33	20	60	224	236
	包厢	0.2	30	55	162	173
洗浴中心	大厅	0.5	20	90	146	164
	包厢	0.2	30	55	122	133

1.4　新风负荷

　　空调系统中引入室外新鲜空气（简称新风）是保障良好室内空气品质的关键。在夏季室外空气焓值和气温高于室内空气焓值和气温时，空调系统为处理新风势必要消耗冷量。而冬季室外气温比室内气温低且含湿量也低时，空调系统为加热、加湿新风势必要消耗能量。据调查，空调工程中处理新风的能耗要占到总能耗的 25%~30%，对于高级宾馆和办公建筑可高达 40%。可见，空调处理新风所消耗的能量是十分可观的。所以，在满足空气品质的前提下，尽量选用较小的新风量。否则，空调制冷系统与设备的容量将增大。

1.4.1　新风的作用及新风量

　　新风系统，通过专用设备向室内送入新风，再从另一侧用专业设备排出，使室内形成一种新风流动场，让室内时刻享有新风。

　　新风系统的作用如下。

　　① 现代住宅密闭性能好，致使室内通风差。新风系统的出现解决了现代住宅通风难的问题，及时有效将污浊空气排出并引进了新鲜空气。

　　② 高楼大厦一年四季很少开窗，冬夏两季都是靠空调来调节温度。但是长期生活在这种环境下，容易引发空调病。新风系统可有效解决空调病的发生。

　　③ 室内家具及建材会释放一定量的有害气体，如不及时排出，会使其浓度增加，最终对人体造成危害，严重的可诱发白血病。新风系统的出现，解决了室内通风难的问题，及时有效将污浊空气予以排出。

　　④ 空气流通好，能避免细菌的滋生，避免了衣物发霉。

　　⑤ 在冬季，通过热回收功能，可以将能量重复利用，降低了取暖的成本费用。

　　新风量，是指从室外引入室内的新鲜空气，区别于室内回风。新风量是衡量室内空气质量的一个重要标准，新风量直接影响到空气的流通，室内空气污染的程度，把握好室内新风量，保证室内空气治理，营造良好健康的室内环境。

表 1-10　　　　　　　　不同类型建筑新风量标准（新风量：$m^3/(h \cdot 人)$）

办公建筑类空调室		娱乐建筑类空调室		宾馆类建筑空调室		民居类建筑空调室	
房间类型	新风量	房间类型	新风量	房间类型	新风量	房间类型	新风量
一般办公室	30	练功房/健身房	60～80	客房	30～50	一般别墅公寓	30
高级办公室	30～50	壁球/网球	40	接待室	30～50	高级别墅公寓	50
会议/接待室	30～50	棋牌室/台球室	40～50	餐厅/宴会厅	15～30	商场	15～25
电话总机房	30	游泳池	50	咖啡厅	20～50	病房	50
计算机房	30	游戏机房/麻将	40～50	多功能厅	15～25	教室	30～40
复印机房	30	休闲/录像厅	30～40	商务中心	10～20	展览馆	20～30
实验室	20～30	按摩室	30～40	门厅/大堂	10	影剧院	15～25
		更衣室	30～40	美容室	35		
		酒吧	17	歌厅/KTV	30～50		
		夜总会	20	舞厅	30		

表 1-11　　　　　　　　不同场合换气频率要求

房间类型	不吸烟						少量吸烟		大量吸烟
	一般房间	体育馆	影院商场	办公室	病房	计算机房	高级宾馆	餐厅	会议室
房间换气次数	1～2	1～2	1～2	1～3	2～3	2～4	2～3	2～3	3～8

1.4.2　新风负荷计算

目前，我国空调设计中对新风量的确定，仍采用现行规范、设计手册中规定（或推荐）的原则。

夏季，空调新风冷负荷按照下式计算：

$$\dot{Q}_{c.o} = \dot{M}_o(h_0 - h_R) \qquad (1-20)$$

式中，$\dot{Q}_{c.o}$——夏季新风冷负荷，kW；

$\dot{M}_o$——新风量，kg/s；

h_0——室外空气的焓值，kJ/kg；

h_R——室内空气的焓值，kJ/kg。

冬季，空调新风热负荷按照下式计算：

$$\dot{Q}_{h.o} = \dot{M}_o c_p(t_R - t_0) \qquad (1-21)$$

式中，$\dot{Q}_{h.o}$——空调新风热负荷，kW；

c_p——空气的定压比热，$kJ/(kg \cdot ℃)$，取 1.005$kJ/(kg \cdot ℃)$；

t_0——冬季空调室外空气计算温度，℃；

t_R ——冬季空调室内空气计算温度，℃。

1.5　工业与民用建筑通风

一般来说，工业与民用建筑中空气会存在一些污染物。民用建筑中污染物的来源主要有：人、宠物、人的活动、建筑物所用的材料、设备、日用品、室外空气等。污染物主要成分有：二氧化碳、一氧化碳、可吸入粒子、病原体、氮氧化物、甲醛、石棉（含在建筑材料中）、挥发性有机化合物和气味等。工业建筑中的主要污染物是伴随生产工艺过程产生的，不同的生产过程有着不同的污染物。污染物的种类和发生量必须通过对工艺过程详细了解后获得。因此，工业与民用建筑要做好通风工作，以减少室内空气中污染物的危害。

1.5.1　通风的功能

通风（ventilating）——用自然或机械的方法向某一房间或空间送入室外空气，和由某一房间或空间排出空气的过程，送入的空气可以是经过处理的，也可以是不经过处理的。换句话说，通风是利用室外空气（称新鲜空气或新风）来置换建筑物内的空气（简称室内空气）以改善室内空气品质。通风的功能主要有：① 提供人呼吸所需要的氧气；② 稀释室内污染物或气味；③ 排除室内工艺过程产生的污染物；④ 除去室内多余的热量（称余热）或湿量（称余湿）；⑤ 提供室内燃烧设备燃烧所需的空气。建筑中的通风系统，可能只完成其中的一项或几项任务。其中利用通风除去室内余热和余湿的功能是有限的，它受室外空气状态的限制。

空气调节（air conditioning）——对某一房间或空间内的温度、湿度、洁净度和空气流动速度等进行调节与控制，并提供足够量的新鲜空气。空气调节简称空调。空调可以实现对建筑热湿环境、空气品质全面进行控制，或是说它包含了供暖和通风的部分功能。实际应用中并不是任何场合都需要用空调对所有的环境参数进行调节与控制，例如，寒冷地区，有些建筑只需供暖；又如有些生产场所，只需用通风对污染物进行控制，而对温湿度并无严格要求。尤其是利用自然通风来消除室内余热余湿，可以大大减少能量消耗和设备费用，应尽量优先采用。

空调建筑中的通风：空调建筑通常是一个密闭性很好的建筑，如果没有合理的通风，其空气品质还不如通风良好的普通建筑。近年来不断有关于"病态建筑综合症"的报道，这是指在某些空调建筑的人群中出现的一些不明病因的症状，如鼻塞、流鼻涕、眼受刺激、流泪、喉痛、呼吸急促、头痛、头晕、疲劳、乏力、胸闷、精神恍惚、神经衰弱、过敏等症状，离开这种建筑症状就消失，普遍认为这主要是室内空气品质不好造成的。造成空气品质不好的原因也是多方面的，但不可否认，通风不足是其中的主要原因之一。在空调建筑中，除了工艺过程排放有害气体需专项处理外，一般的通风问题由空调系统来承担。在空气-水系统中，通常设专门的新风系统，给各房间送新风，以承担建筑的通风和改善空气品质的任务。全空气系统都应引入室外新风，与回风共同处理后送入室内，稀释室内的污染物。因此，空调系统利用了稀释通风的办法来改善室内空气品质。有关稀释通风中的原理同样适用于空调系统中的通风问题。但在全空气系统中，如有多个房间（或区），它的风量分配是根据负荷来分配的。因此，就出现负荷大的房间获得新风多，而负荷小的房间获得新风少的问题。这有可能导致有些房间新风不足、空气品质下降。要解决新风不足，必须加大送风中的新风比例。

1.5.2　通风量的确定

保证室内空气品质的主要措施是通风，即用污染物很低的室外空气置换室内含污染物的空气。所需的通风量应根据稀释室内污染物达到标准规定的浓度的原则来确定。对于以人群活动为主的建筑，人群是主要污染源，其 CO_2 的散发量指示了人体的生物散发物。因此，这类建筑都是用稀释人体散发的 CO_2 来确定必需的通风量——人员所需的最小新风量。

人体的 CO_2 发生量与人体代谢率有关，即

$$\dot{q} = 4 \times 10^{-5}(MA_p) \tag{1-22}$$

式中，$\dot{q}$ ——每个人的 CO_2 发生量，L/s；

M ——新陈代谢率，W/m^2；

A_p ——人体表面积，m^2。

对于一个标准的中国男人，A_p 平均为 1.69 m^2，其 CO_2 发生量为

$$\dot{q} = 6.76 \times 10^{-5}M \tag{1-23}$$

稀释 CO_2 所需要的通风量按照所述的稳定状态稀释方程（8-6）来计算，即

$$\dot{v} = \frac{\dot{q}}{c - c_0} \tag{1-24}$$

式中，$\dot{v}$ ——每人稀释 CO_2 所需的新风量，$m^3/(s \cdot p)$；

c ——室内 CO_2 的允许浓度，L/m^3，我国标准规定允许浓度在 0.07% ~ 0.15% 范围内，一般可取 0.1% = $1L/m^3$；

c_0 ——室外空气 CO_2 浓度，L/m^3，一般可取 $0.3L/m^3$。

民用建筑中除了一些特殊用途的房间（如车库、实验室等）外，大部分房间（区域）为人员的工作、学习、娱乐、生活的场所，在这些房间（区域）内人群是主要污染源。按照《民用建筑供暖通风与空气调节设计规范》GB 50736—2012，保证室内空气品质的通风量根据房间（区域）内的人数和国家卫生标准规定的每人所需的新风量来确定，即房间（区域）的新风量等于人数乘每人新风量。

目前，国外有些标准如欧洲标准化组织的《建筑物通风：保证室内环境的设计原则》、美国 ASHRAE 标准 62.1—2007《可接受室内空气品质的通风》，规定房间的通风量分别根据室内人数和房间（区域）的地面面积来确定。前者考虑了稀释人群产生的污染物，这些污染物与人数成正比；后者考虑了稀释人所在环境中建筑材料、家具等所散发的低浓度污染物，这些污染物不与人数成正比，而与地面面积成正比。用这种方法

确定房间新风量比只按照人数确定要合理。这种方法规定的每人所需新风量比只用人数确定房间新风量的要少。例如，ASHRAE 标准 62.1—2007 规定办公室每人所需新风量为 2.5L/（s·p）（9 m³/（h·p））；单位地面面积的新风量为 0.3L/（s·m²）（1.1 m³/（h·m²））。另外，ASHRAE 标准 62.1—2004 还明确规定，标准推荐的新风量是送到"呼吸区"（breating zone）的新风量。呼吸区定义为离墙 600mm，离地 75～1800mm 之间的区域。因此，送入房间（区域）的新风量还应除以通风效率，标准中给出了不同送回风方式和送入冷风或热风条件下的通风效率值。

上面讨论了民用建筑的室内空气品质问题。对于工业建筑，除了应保证每人新风量不小于 30 m³/h 外，其通风量还应保证车间内已知污染物的浓度小于或等于《工业企业设计卫生标准》的标准值。

1.5.3　典型场所的通风量

一般坐着活动的人（办公室、学校、住宅中人员）$M = 70W/m^2$，取 $c = 0.1\%$，计算得每人所需的最小新风量为 6.76L/（s·p）= 24 m³/（h·p）。

各国根据建筑物中房间的用途，都制定了每人所需新风量的标准。我国在各种标准、规范中也规定了人员的新风标准，如影剧院、音乐厅、录像厅、体育馆、商场、书店、餐厅等为 20 m³/（h·p）；办公室、游艺厅、舞厅等为 30 m³/（h·p）；旅馆客房 3～5 星级为 30 m³/（h·p），1～2 星级为 20 m³/（h·p）。

表 1-12　　　　　各种类型房间换气次数

建筑物种类	换气次数/（次/h）	建筑物种类	换气次数/（次/h）
病房	2～4	吸烟类	6～12
办公室	2～5	化学实验室	6～15
纺织厂	3～7	厨房	7～15
教室	3～8	集会所	5～10
餐厅	3～8	食品室	5～10
仓库	3～8	洗手间	5～10
食品厂	3～8	公共厕所	5～15
接待室	4～12	图书馆	6～10
车库（汽车库）	4～10（4～6）	休息室	6～10
体育馆	4～15	发电机房	10～20
机修厂	4～15	修理厂	10～20

思考题与习题

1-1 我国建筑热工设计是如何分区的？围护结构冬季室外计算温度应如何确定？

1-2 在确定室内空气参数时，应注意什么？

1-3 工业厂房的得失热量包括哪些？什么是供暖热负荷？

1-4 空调制冷系统负荷包括哪些内容？

1-5 新风负荷如何确定？

1-6 建筑物围护结构的耗热量包括哪些？怎样计算？

1-7 冷风渗透耗热量如何进行计算？渗透冷空气量如何计算？

1-8* 室外空气综合温度的物理意义及其变化特征是什么？

1-9* 对旅馆客房等的卫生间，当其排风量大于民用建筑的最小新风量时，新风量该如何取值？

1-10* 现代暖通空调在观念上发生了哪些变化？在技术上呈现出怎样的发展趋势？

第 2 章　室内供暖系统

2.1　热水供暖系统

2.1.1　热水供暖系统的特点

供给室内供暖系统末端装置使用的热媒主要有三类：热水、蒸汽与热风。以热水作为热媒的供暖系统，称为热水供暖系统，同理可定义其他两类供暖系统。从卫生条件和节能等因素考虑，民用建筑应采用热水作为热媒。热水供暖系统也用在生产厂房及辅助建筑中。

热水供暖系统的热能利用率高，输送时无效热损失较小，散热设备不易腐蚀，使用周期长，且散热设备表面温度低，符合卫生要求；系统操作方便，运行安全，易于实现供水温度的集中调节，系统蓄热能力高，散热均匀，适于远距离输送。系统中的水在锅炉中被加热到所需要的温度，并用循环水泵做动力使水沿供水管流入各用户，散热后回水沿回水管返回锅炉，水不断地在系统中循环流动。系统在运行过程中的漏水量或被用户消耗的水量由补给水泵把经水处理装置处理后的水从回水管补充到系统内，补水量的多少可通过压力调节阀控制。膨胀水箱设在系统最高处，用以接纳水因受热后膨胀的体积。

室内热水供暖系统是由供暖系统末端装置及其连接的管道系统组成，根据观察与思考问题的角度，可以按照下述方法分类。

① 按照热媒温度的不同，可分为低温水供暖系统和高温水供暖系统。在各个国家，对于高温水和低温水的界限，都有自己的规定，并不统一。某些国家的热水分类标准，可见表 2-1。在我国，习惯认为：水温低于或等于 100℃ 的热水，称为低温水，水温超过 100℃ 的热水，称为高温水。

表 2-1　　　　　　　　　某些国家的热水分类标准

国别	低温水	中温水	高温水
美国	<120℃	120~176℃	>176℃
日本	<110℃	110~150℃	>150℃
德国	≤110℃		>110℃
俄罗斯	≤115℃		>115℃

室内热水供暖系统，大多采用低温水做热媒。设计供、回水温度多采用 95/70℃

（也有采用85/60℃）。低温热水辐射供暖供、回水温度60/50℃。高温水供暖系统一般宜在生产厂房中应用。设计供、回水温度大多采用120～130℃/70～80℃。

② 按照系统循环动力的不同，可分为重力（自然）循环系统和机械循环系统。靠水的密度差进行循环的系统，称为重力循环系统；靠机械（水泵）力进行循环的系统，称为机械循环系统。

③ 按照系统管道敷设方式的不同，可分为垂直式和水平式。垂直式供暖系统是指不同楼层的各散热器用垂直立管连接的系统；水平式供暖系统是指同一楼层的散热器用水平管线连接的系统。

④ 按照散热器供、回水方式的不同，可分为单管系统和双管系统。热水经立管或水平供水管顺序流过多组散热器，并顺序地在各散热器中冷却的系统，称为单管系统。热水经供水立管或水平供水管平行地分配给多组散热器，冷却后的回水自每个散热器直接沿回水立管或水平回水管流回热源的系统，称为双管系统。

自20世纪90年代以来，我国从计划经济向社会主义市场经济全面转轨，相应的住房及其供暖制度也由福利制向商品化转变。供暖系统也在常规供暖系统形式的基础上出现了新形式——分户供暖系统，并得到了广泛应用，同时，在实践中对一些既有建筑的传统供暖系统进行了分户改造。

2.1.2　热水供暖系统的形式

（1）热水供暖系统的循环动力

热水供暖系统的循环动力叫作作用压头。按照循环动力的不同，将热水供暖系统分为重力（自然）循环系统和机械循环系统（图2-1）。重力循环系统［图2-1（a）］中水靠其密度差循环，该作用压头称为重力作用压头。水在锅炉1中受热，温度升高到t_s，体积膨胀，密度减少到ρ_s，加上来自回水管7冷水的驱动，使水沿供水管6上升流到散热器2中。在散热器中热水将热量散发给房间，水温降低到t_r，密度增大到ρ_r，沿回水管7回到锅炉内重新加热，这样周而复始循环，不断把热量从热源送到房间。膨胀水箱3的作用是容纳系统水温升高时热膨胀而多出的水量，补充系统水温降低和泄漏时短缺的水量，稳定系统的压力和排除水在加热过程中所释放出来的空气。为了顺利排除空气，水平供水干管标高应沿水流方向下降，因为重力循环系统中水流速度较小，可以采用气水逆向流动，使空气从管道高点所连膨胀水箱排除。重力循环系统不需要外来动力，运行时无噪声、调节方便、管理简单。由于作用压头小，所需管径大，只宜用于没有集中供热热源、对供热质量有特殊要求的小型建筑物中。机械循环系统［图2-1（b）］中水的循环动力来自循环水泵4，该系统的循环动力称为机械作用压头。膨胀水箱多接到循环水泵4的入口侧。在此系统中膨胀水箱不能排气，所以，在系统供水干管末端设有集气罐5，进行集中排气。集气罐连接处为供水干管最高点。机械循环系统作用半径大，是集中供暖系统的主要形式。图2-1中虚线框表示系统的热力中心。

（2）热水供暖系统的供回水温度

按照供水温度的高低，将热水供暖系统分为高温水供暖系统和低温水供暖系统。各国高温水与低温水的界限不一样。我国将设计供水温度高于100℃的系统称为高温水供

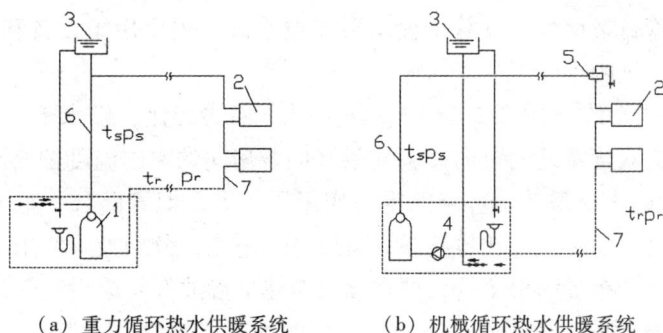

（a）重力循环热水供暖系统　　　（b）机械循环热水供暖系统

图 2-1　按照热水循环动力分类的热水供暖系统

1—锅炉；2—散热器；3—膨胀水箱；4—循环水泵；5—集气罐；

6—供水管；7—回水管

暖系统；设计供水温度低于 100℃ 的系统称为低温水供暖系统。高温水供暖系统由于散热器表面温度高，易烫伤皮肤，烤焦有机灰尘，卫生条件及舒适度较差，但可节省散热器用量，设计供回水温差较大，可减小管道系统管径，降低输送热媒所消耗的电能，节省运行费用。主要用于对卫生要求不高的工业建筑及其辅助建筑中。低温水供暖系统的优缺点正好与高温水供暖系统相反，是民用及公用建筑的主要供暖系统形式。

高温水系统的设计供回水温度常取 130/70℃，130/80℃，110/70℃ 等。低温水系统的设计供回水温度常取 95/70℃，85/60℃，80/60℃，60/50℃ 等。设计供水温度、设计供回水温差的数值应综合热源、管网和热用户的情况，通过经济技术比较确定。

（3）热水供暖管道系统

应考虑热源来向，建筑物的规模、层数，布置管道的条件和用户要求，确定热水供暖管道系统的形式。

根据建筑物布置管道的条件，热水供暖管道系统可采用图 2-2 所示的上供下回式、上供上回式、下供下回式和下供上回式。"上供"是热媒从立管沿纵向从上向下供给各楼层散热器的系统；"下供"是热媒从立管沿纵向从下向上供给各楼层散热器的系统。"上回"是热媒从立管各楼层散热器沿纵向从下向上回流；"下回"是热媒从立管各楼层散热器沿纵向从上向下回流。

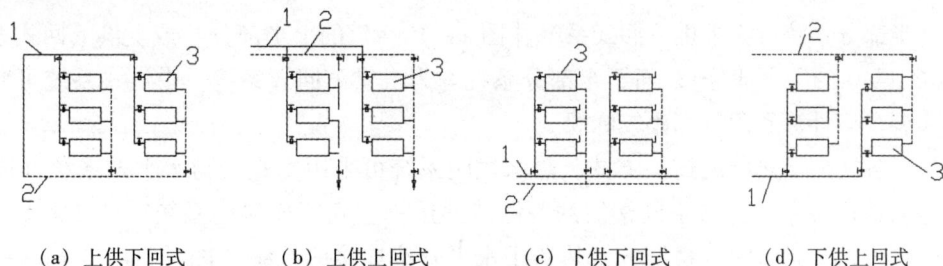

（a）上供下回式　　　（b）上供上回式　　　（c）下供下回式　　　（d）下供上回式

图 2-2　按照供、回水方式分类的供暖系统

1—供水干管；2—回水干管；3—散热器

① 上供下回式系统［图 2-2（a）］，布置管道方便，排气顺畅，是用得最多的系统形式。

② 上供上回式系统［图 2-2（b）］，供暖干管不与地面设备及其他管道发生占地矛

盾。但立管消耗管材量增加，立管下面均要设放水阀。主要用于设备和工艺管道较多、沿地面布置干管发生困难的工厂车间等。

③ 下供下回式系统［图2-2（c）］，与上供下回式相比，供水干管无效热损失小、可减轻上供下回式双管系统的竖向失调（沿竖向各房间的室内温度偏离设计工况称为竖向失调）。因为通过上层散热器环路的重力作用压头大，但管路长，阻力损失大，有利于水力平衡。顶棚下无干管，比较美观，可以分层施工，分期投入使用。底层需要设管沟或有地下室以便于布置两根干管，要在顶层散热器设放气阀或设空气管排除空气。

④ 下供上回式系统［图2-2（d）］，与上供下回式系统相对照，被称为倒流式系统。如供水干管在一层地面明设时其散热量可加以利用，因而无效热损失小，与上供下回式系统相比，底层散热器平均温度升高，从而减少底层散热器面积，有利于解决某些建筑物中底层房间热负荷大、散热器面积过大、难于布置的问题。立管中水流方向与空气浮升方向一致，在图2-2所示四种系统形式中最有利于排气。当热媒为高温水时，底层散热器供水温度高，然而水静压力也大，有利于防止水温较高的供水的汽化。

⑤ 中供式系统，如图2-3所示。

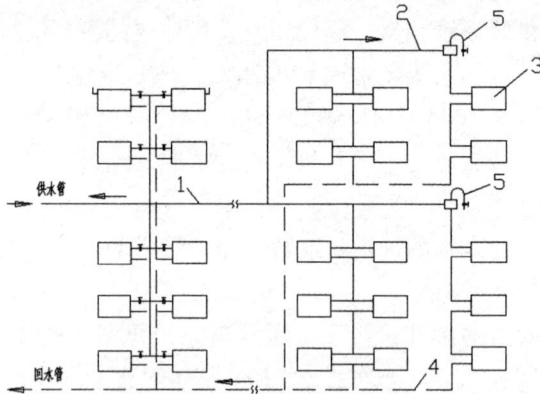

图2-3　中供式热水供暖系统
1—中部供水管；2—上部供水管；3—散热器；
4—回水干管；5—集气罐

上半部分系统可为下供下回式系统［图2-3（a）的上半部分］或上供下回式系统［图2-3（b）的上半部分］，而下半部分系统均为上供下回式系统。中供式系统可减轻竖向失调，但计算和调节都比较麻烦。

根据各楼层散热器的连接方式，热水供暖系统可采用垂直式与水平式系统（图2-4）。垂直式供暖系统是将不同楼层的各散热器用垂直立管连接的系统［图2-4（a）］；水平式供暖系统是将同一楼层的散热器用水平管线连接的系统［图［2-4（b）］。垂直式供暖系统中一根立管可以在一侧或两侧连接散热器［图2-4（a）左边立管］。

图2-4所示的水平式系统，可用于公共建筑的厅、堂等场所。近年来用于设计住宅分户热计量热水供暖系统。该系统大直径的干管少，穿楼板的管道少，有利于加快施工进度，室内无立管比较美观。设有膨胀水箱时，水箱的标高可以降低。便于分层控制和调节。要采用图2-5所示的措施解决热胀冷缩引起的漏水和散热器内集聚空气不热或欠

热的问题。用于公共建筑如水平管线过长时要在散热器两侧设乙字弯（图中未示出），每隔几组散热器加乙字弯管补偿器 5 或方形补偿器 4。水平式系统中串联散热器组数不宜太多。可在各散热器上设放气阀 2 或多组散热器用串联的空气管 3 来排气。

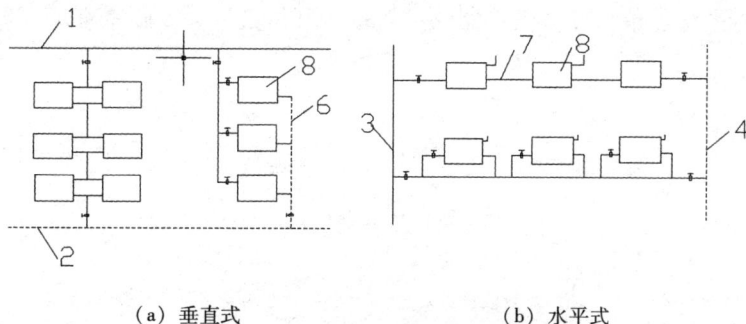

（a）垂直式　　　　　　　　　　（b）水平式

图 2-4　垂直式与水平式供暖系统

1—供水干管；2—回水干管；3—水平式系统供水立管；4—水平式系统回水立管；

5—供水立管；6—回水立管；7—水平支路管道；8—散热器

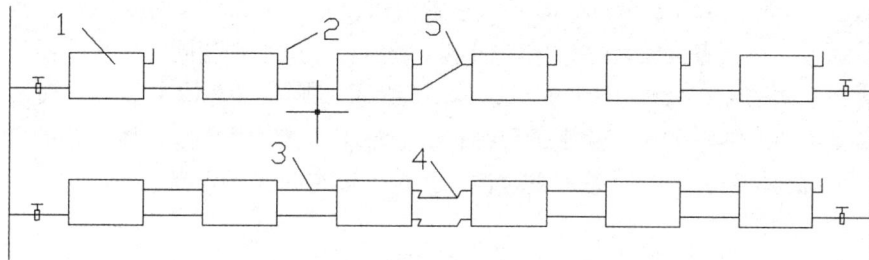

图 2-5　水平式系统的排气及热补偿措施

1—散热器；2—放气阀；3—空气管；

4—方形补偿器；5—乙字弯管补偿器

　　按照连接相关散热器的管道数量，热水供暖系统有单管系统与双管系统（图 2-6）之分。单管系统是用一根管道将多组散热器依次串联起来的系统；双管系统是用两根管道（一根供水管、一根回水管）将多组散热器相互并联起来的系统。图 2-6 中只表示了系统的立管部分。多个散热器用管道关联，如所关联的散热器位于不同的楼层，则形成垂直单管系统；如所关联的散热器位于同一楼层，则形成水平单管系统。

　　图 2-6（a）表示垂直单管系统的基本组合体，单管系统又有顺流式与跨越管式之分。其左边为顺流式单管基本组合体，立管中的全部热媒依次流过各层散热器；右边为跨越管式单管基本组合体，立管中的部分热媒流过各层散热器。

　　图 2-6（b）为垂直双管式系统基本组合体。

　　图 2-6（c）为水平式系统单管基本组合体，其上图为顺流式水平单管基本组合体，下图为跨越管式水平单管基本组合体。

　　图 2-6（d）为水平双管式系统基本组合体。

　　单管系统节省管材、造价低、施工进度快，顺流式单管系统不能调节单个散热器的散热量。跨越管式单管系统如在散热器支管上设置普通的闸阀或截止阀，则以多耗管材（跨越管）和增加散热器片面积为代价换取散热量在一定程度上的可调性。目前推行的在各组散热器上安装温度调节阀的措施，可设定室温并自动调节流量，使室内温度控制在一定水平上，是供暖系统节能和实行热计量的措施之一。单管系统的水力稳定性比双管系统好。如采用上供下回式单管系统，往往底层散热器片数较多，有时造成散热器布置困难。双管系统可单个调节散热器的散热量，管材耗量大、施工麻烦、造价高、易产生竖向失调。

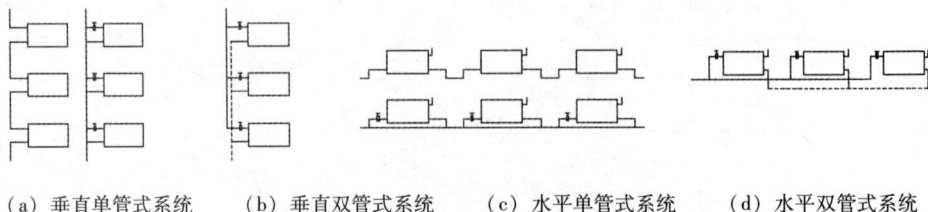

(a) 垂直单管式系统　　(b) 垂直双管式系统　　(c) 水平单管式系统　　(d) 水平双管式系统

图2-6　单管系统与双管系统的基本组合体

供暖系统按照各并联环路水的流程，可划分为同程式系统与异程式系统（图2-7）。沿各基本组合体热媒流程基本相等的系统称为同程式系统［图2-7（a）］。图［2-7（a）］中立管①离供水总管最近，离回水总管最远；立管①离供水总管最远，离回水总管最近。通过①~④各立管环路的供、回水干管路径长度基本相同。异程式系统指沿各基本组合体热媒的流程长度不同的系统。系统中通过基本组合体①的供、回水干管均短；通过基本组合体①的供、回水干管都长。通过①~④各基本组合体环路的供、回水干线的长度都不同。只有一个基本组合体的系统，没有同程和异程之分。

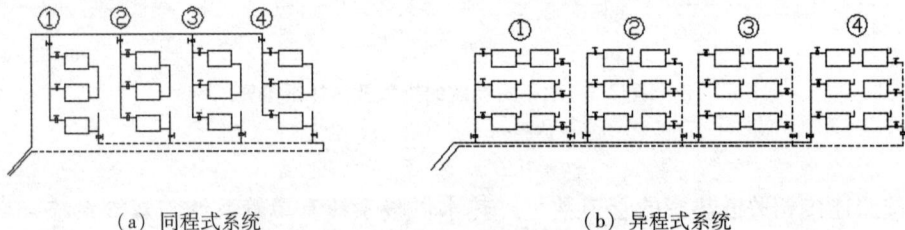

(a) 同程式系统　　　　　　　　　　　　　(b) 异程式系统

图2-7　同程式系统与异程式系统

水力计算时同程式系统各环路易于平衡，水力失调较轻，但有时可能要多耗费些管材，其耗量决定于系统的具体条件和布管的技巧，布置管道合理时管材耗量增加不多。系统底层干管明设有困难时要置于管沟内。同程式系统中最不利环路不明确，通过水力阻力最大的立管的环路是最不利环路，该立管可能是中间某立管，而且实际运行时同程式系统水力不平衡时不像异程式系统那样易于调整，因此，同程式系统水力计算时要绘制压力平衡图，防止系统运行时水力失调。异程式系统可节省管材，降低投资。但由于各环路的流动阻力不易平衡，常导致离热力人口（热力人口是室外供热系统与建筑物的供暖系统相连接处的管道和设施的总称）近处立管（或基本组合体）的流量大于设计值，远处立管（或基本组合体）的流量小于设计值的现象。为此要力求从设计上采取措施解决远近环路的不平衡问题，如减小干管阻力，增大立支管路阻力，在立支管路上采用性能好的调节阀等。一般把从热力人口到最远基本组合体［图2-7（b）］中的基本组合体④）水平干管的展开长度称为供暖系统的作用半径。机械循环系统作用压力大，因此，允许阻力损失大，作用半径较大的系统宜采用同程式系统。

2.1.3　分户供暖系统

本节所介绍的分户供暖系统是对传统的顺流式供暖系统在形式上加以改变，以建筑中具有独立产权的用户为服务对象，使该用户的供暖系统具备分户调节、控制与关断的功能。

分户供暖的产生与我国社会经济发展紧密相连。20 世纪 90 年代以前，我国处于计划经济时期，供热一直作为职工的福利，采取"包烧制"，即冬季供暖费用由政府或职工所在单位承担。之后，我国从计划经济向市场经济转变，相应的住房分配制度也进行了改革。职工购买了本属单位的公有住房或住房分配实现了商品化。加之所有制变革、行业结构调整、企业重组与人员优化等改革措施，职工所属单位发生了巨大变化。原有经济结构下的福利用热制度已不能满足市场经济的要求，严重困扰城镇供热的正常运行与发展。因为在旧供热体制下，供暖能耗多少与热用户经济利益无关，用户一般不考虑供热节能，能源浪费严重，供暖能耗居高不下。节能增效刻不容缓，分户供暖势在必行。

分户供暖是以经济手段促进节能。供暖系统节能的关键是改变热用户的现有"室温高，开窗放"的用热习惯，这就要求供暖系统在用户侧具有调节手段，先实现分户控制与调节，为下一步分户计量创造条件。

对于民用建筑的住宅用户，分户供暖就是改变传统的一幢建筑一个系统的"大供暖"系统的形式，实现分别向各个单元具有独立产权的热用户供暖并具有调节与控制功能的供暖系统形式。因此，分户供暖工作必然包含两方面的工作内容：一是既有建筑供暖系统的分户改造；二是新建住宅的分户供暖设计。本书主要针对的是第二方面的内容。

分户供暖是实现分户热计量及用热的商品化的一个必要条件，不管形式上如何变化，它的首要目的仍是满足热用户的用热需求，需在供暖形式上作分户的处理。分户供暖系统的形式是由我国城镇居民建筑具有公寓大型化的特点决定的——在一幢建筑的不同单元的不同楼层的不同居民住宅，产权不同。根据这一特点及我国民用住宅的结构形式，楼梯间、楼道等公用部分应设置独立供暖系统，室内的分户供暖主要由以下三个系统组成。

① 满足热用户用热需求的户内水平供暖系统，就是按户分环，每一户单独引出供回水管，一方面便于供暖控制管理，另一方面用户可实现分室控温。

② 向各个用户输送热媒的单元立管供暖系统，即用户的公共立管，可设于楼梯间或专用的供暖管井内。

③ 向各个单元公共立管输送热媒的水平干管供暖系统。同时还要辅之以必要的调节、关断及计量装置。但分户供暖系统相对于传统的大供暖系统没有本质的变化，仅仅是利用已有的供暖系统形式，采取新的组合方式，在形式上满足热用户一家一户供暖的要求，使其具有分别调节、控制、关断功能，便于管理与未来分户计量的开展，它的服务对象主要是民用住宅建筑。

（1）户内水平供暖系统形式与特点

为满足在一幢建筑内向每一热用户单独供暖，应在每一热用户的入口具有单独的供回水管路，用户内形成单独环路。适合于分户供暖的户内系统进、出散热器的供、回水管为水平式安装，其位置可选用上进上出、上进下出、下进下出等组合方式。考虑到美观，一般采用下进下出的方式。并根据实际情况，水平管道可明装，沿踢脚板敷设；或水平管道暗装，镶嵌在踢脚板内或暗敷在地面预留的沟槽内。管道连接形式常采用如下五种形式（图2-8）：水平单管串联式、水平单管跨越式、水平双管同程式、水平双管异程式和水平网程（章鱼）式。

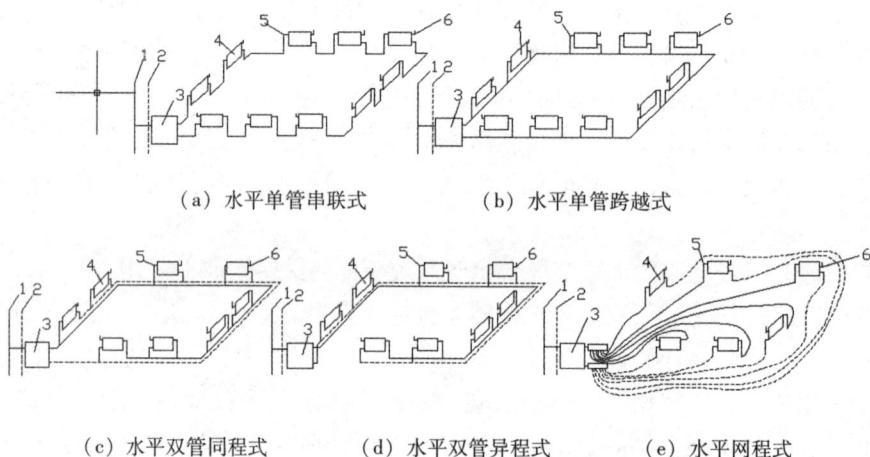

(a) 水平单管串联式　　　　　(b) 水平单管跨越式

(c) 水平双管同程式　　(d) 水平双管异程式　　(e) 水平网程式

图2-8　户内水平供暖系统

1—供水立管；2—回水立管；3—户内系统热力入口；4—散热器；5—温控阀或关断阀门；6—冷风阀

比较这几种连接形式：图2-8（a）中的热媒顺序地流经各个散热器，温度逐次降低。环路简单，阻力最大，各个散热器不具有独立调节能力，工作时相互影响，任何一个散热器出现故障其他均不能正常工作。并且散热器组数一般不宜过多，否则，末端散热器热媒温度较低，供暖效果不佳。图2-8（b）较图2-8（a）每组散热器下多一根跨越管，热媒一部分进散热器散热，另一部分经跨越管与散热器出口热媒混合，各个散热器具有一定的调节能力。图2-8（c）中的热媒经水平管道流入各个散热器，并联散热器的热媒进出日温度相等，水平管道为同程式，即进出散热器的管道长度相等。但比图2-8（a）多一根水平管道，给管道的布置带来了不便。但热负荷调节能力强，可根据需要对负荷任意调节，且不相互影响。图2-8（d）为双管异程布置。图2-8（e）中热媒由分、集水器提供，可集中调节各个散热器的散热量，此方式常应用于低温辐射地板供暖。以上5种分户供暖户内连接形式，由于户内供、回水采用的是水平下供下回的方式，系统的局部高点是散热器，必须安装冷风阀，以便于排出系统内的空气。户内的水平供、回水管道也可以采用上供下回、上供上回等多种形式。

（2）单元立管供暖系统形式与特点

设置单元立管的目的在于向户内供暖系统提供热媒，是以住宅单元的用户为服务对象，一般放置于楼梯间内单独设置的供暖管井中。单元立管供暖系统应采用异程式立管（图2-9）已形成共识。从其结构形式上看，同程式立管到各个用户的管道长度相等，压降也相等，似乎更有利于热量的分配，但在实际应用时由于同程式立管无法克服重力循环压力的影响，故应采用异程式立管。同时必须指出的是单元异程式立管的管径不应因设计的保守而加大；否则，其结果与同程式立管一样将造成垂向失调，上热下冷。自然重力压头的影响与水力工况分析见第四章。立管上还需设自动排气阀 1、球阀 2，便于系统顶端的空气及时排出。

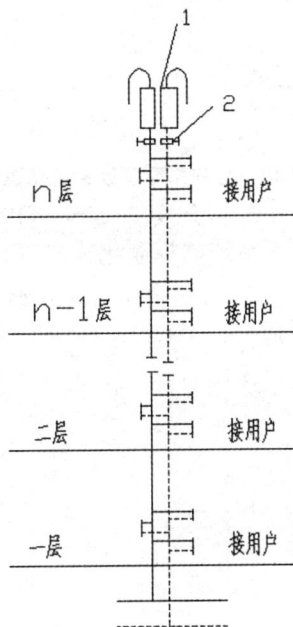

图 2-9　单元立管供暖系统

1—自动排气阀；2—球阀

（3）水平干管供暖系统形式与特点

设置水平干管的目的在于向单元立管系统提供热媒，是以民用建筑的单元立管为服务对象，一般设置于建筑的供暖地沟中或地下室的顶棚下。向各个单元立管供应热媒的水平干管若环路较小，可采用异程式，但一般多采用同程式的，如图 2-10 所示。由于在同一平面上，没有高差，无重力循环附加压力的影响，同程式水平干管保证了到各个单元供回水立管的管道长度相等，使阻力状况基本一致，热媒分配平均，可减少水平失调带来的不利影响。

整体来看，室内分户供暖系统是由户内系统、单元立管系统和水平干管系统三部分组成，较以往传统的垂直单管顺流式系统室内系统管道的数量有所增加，总循环阻力增大。但二者没有本质的区别，进一步比较，可以更清楚地了解分户供暖系统的特点。如图 2-11 所示是上供下回垂直单管顺流式供暖系统简图，图 2-11（a）为异程式系统，供水干管为 MA，回水干管为 BN；图 2-11（b）为同程式系统，水平供水干管为 MA，水平回水干管为 NB；MN、KL、…；AB 为立管，热媒由上至下流经各层热用户。对图 2-12 所示供暖系统逆时针旋转 90°就成了分户供暖系统的一部分，即户内水平供暖系统与单元立管供暖系统。在图 2-12 中，AY 间的热用户 1 就是图 2-11 的立管 AB，供水立管

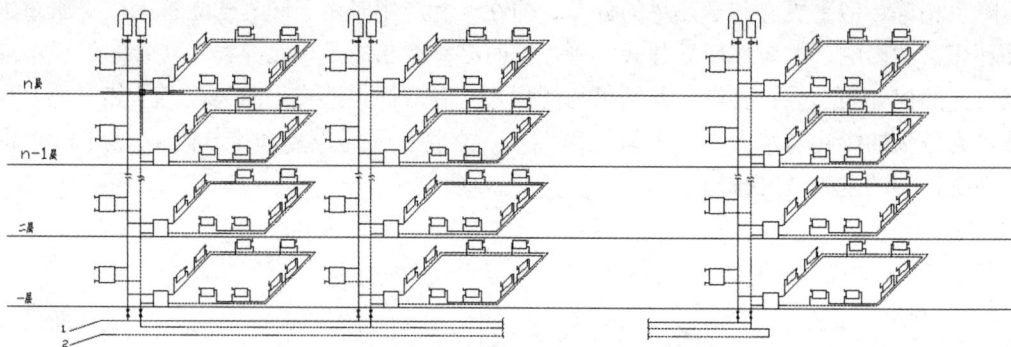

图 2-10 分户供暖管线系统示意图

1—水平供水干管；2—水平回水干管

MA 就是以前的水平干管 *MA*，……系统规模简化，即原有的整个建筑的上供下回式单管顺流式（大供暖）系统，缩小、旋转为适合于分户供暖单个单元供暖的小系统。热用户内散热器的连接形式由垂直变为水平，水平干管变为单元立管，再用水平干管将各个经过"缩小、旋转"的小系统水平连接起来，就是分户供暖系统。

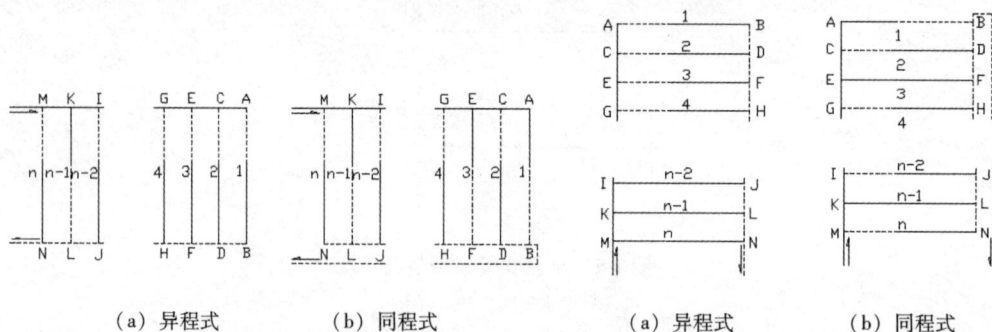

（a）异程式　　　（b）同程式　　　　（a）异程式　　　（b）同程式

图 2-11 上供下回垂直单管顺流式供暖系统简图　图 2-12 分户供暖系统户内与单元供暖系统简图

分户供暖系统从各个单元来看，较原有的整个建筑的供暖系统规模缩小了、简化了，便于控制与调节，这是近些年分户供暖工作得以顺利开展并取得成功的一个重要原因。但分户供暖的整个系统与原有的垂直单管顺流式系统相比，管道量增多、管路阻力增加。下面给出的是建筑入口预留压力的推荐值，仅供参考：对于 3 单元的小型住宅，推荐参考预留压力为 30kPa（3mH$_2$O）；对于 3 单元的中型住宅，推荐参考预留压力为 40kPa（4mH$_2$O）；

对于 7 单元的较大型住宅，推荐参考预留压力为 50kPa（5mH$_2$O），低温热水地板辐射供暖的压力预留应在此基础上分别提高 20kPa（2mH$_2$O）。因此，在提高收费率及满足用户调节节能的情况下，还应该考虑如何对社会财富的有效节省，探索不同使用条件下的合理供暖系统形式。

（4）分户供暖的入户装置

分户供暖的入户装置安装位置可分为户内供暖系统入户装置与建筑供暖入口热力装置。

下面介绍户内供暖系统入户装置。

如前所述，分户供暖户内系统包括水平管道、散热装置及温控调节装置，还应该包括系统的入户装置。如图 2-13 所示。对于新建建筑户内供暖系统入户装置一般设于供暖管井内，改造工程应设置于楼梯间专用供暖表箱内，同时保证热表的安装、检查、维修的空间。供回水管道均应设置锁闭阀，供水热量表前设置 Y 型过滤器，滤网规格宜为 60 目。可采用机械式或超声波式热表，前者价格较低，但对水质的要求高；后者的价格较前者高，可根据工程实际情况自主选用。对于仅分户但不实行计量的热用户可考虑暂不安装热表，但对其安装位置应预留。

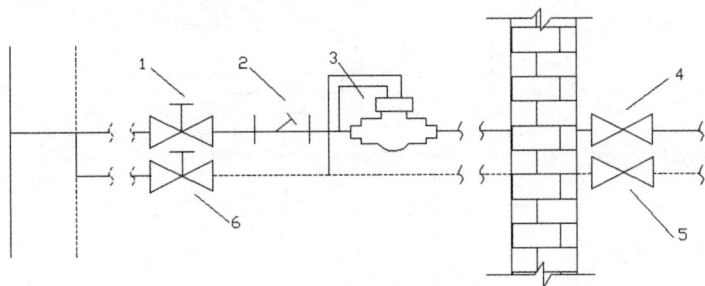

图 2-13　户内供暖系统入户装置
1，6—锁闭阀；2—Y 形过滤器；3—热量表；4，5—户内关闭阀

2.2　高层建筑热水供暖系统

2.2.1　高层建筑热水供暖系统的特点

高层建筑楼层多，供暖系统底层散热器承受的压力大。供暖系统的高度增加，更容易产生竖向失调。在确定高层建筑热水供暖系统与集中热网相连的系统形式时，不仅要满足本系统最高点不倒空、不汽化、底层散热器不超压的要求，还要考虑该高层建筑供暖系统连到集中热网后不会导致其他建筑物供暖散热器超压。高层建筑供暖系统的形式还应有利于减轻竖向失调。在遵照上述原则下，高层建筑热水供暖系统也可有多种形式。

2.2.2　高层建筑热水供暖系统的形式

（1）分区式高层建筑热水供暖系统

分区式高层建筑热水供暖系统是将系统沿垂直方向分成两个或两个以上独立系统的形式。即将系统分为高、低区或高、中、低区。其分区取决于集中热网的压力工况、建筑物总层数和所选散热器的允许承压能力等条件。分区式供暖系统的优点是可同时解决系统下部散热器超压和减轻系统的竖向失调问题。低区系统可与集中热网直连或间接连接。高区系统可根据外网的压力选择下述形式。

① 高区采用间接连接的系统。高区供暖系统与热网间接连接的分区式供暖系统如图 2-14 所示，向高区供热的换热站可设在该建筑物的底层、地下室及中间技术层内，还可设在室外的集中热力站内。室外热网在用户处提供的资用压力较大，供水温度较高

时可采用高区间接连接的系统。从而可以给换热器提供足够的克服阻力的动力和传热温差，减小其传热面积。

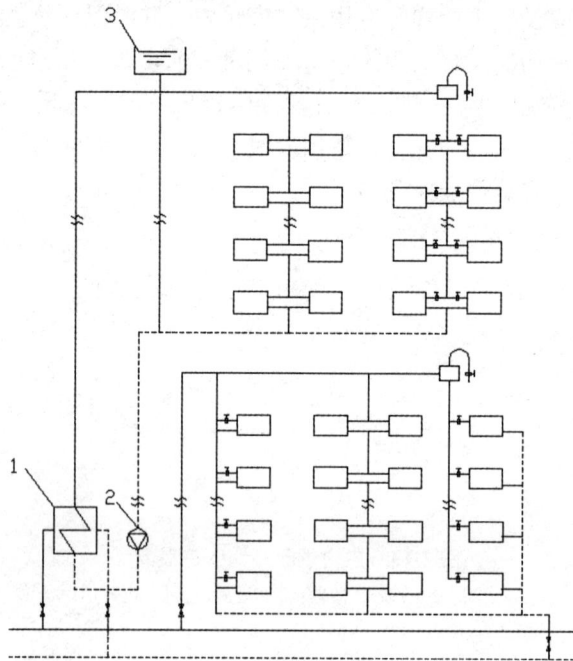

图2-14　分区式高层建筑热水供暖系统
（高区间接连接）
1—换热器；2—循环水泵；3—膨胀水箱

② 高区采用双水箱或单水箱的系统。高区采用双水箱或单水箱的系统如图 2-15 所示。图 2-15（a）在高区设两个水箱，用水泵 1 将供水注入供水箱 3，依靠供水箱 3 与回水箱 2 之间的水位高差（图中的 h），作为高区供暖系统的循环动力。图 2-15（b）在高区设一个水箱，利用水泵 1 出口的压力与回水箱 2 的位差作为高区供暖系统的循环动力。系统停止运行时，利用水泵出口逆止阀使系统高区与室外热网供水管水力不相通，系统高区的静水压力传递不到底层散热器及室外热网的其他用户。由于回水箱溢流管 6 内的壅水高度取决于室外热网回水管的压力值。回水箱高度超过用户所在室外热网回水管的压力。溢流管 6 上部为非满管流，起到了将高区系统与室外热网隔离的作用。该系统简单，省去了设置换热站的费用。但建筑物高区要有放置水箱的地方，建筑结构要承受其荷载。水箱为开敞式，系统容易掺气，增加氧腐蚀。若室外热网在用户处提供的资用压力较小、供水温度较低时，可采用高区设置水箱的系统。该系统中高区采用直接连接，回避了采用间接连接时传热温差偏小、换热面积过大的问题；热力入口设加压水泵，将热媒提升到高区，提供高区的循环动力。

此外，还有不在高区设水箱，在供水总管上设加压泵，回水总管上安装减压阀的分区式系统和高区采用下供上回式系统，回水总管上设"排气断流装置"的分区式系统。

（2）其他类型的高层建筑热水供暖系统

在高层建筑中除了上述系统形式之外，还可以采用以下系统形式。在这些系统形式中，

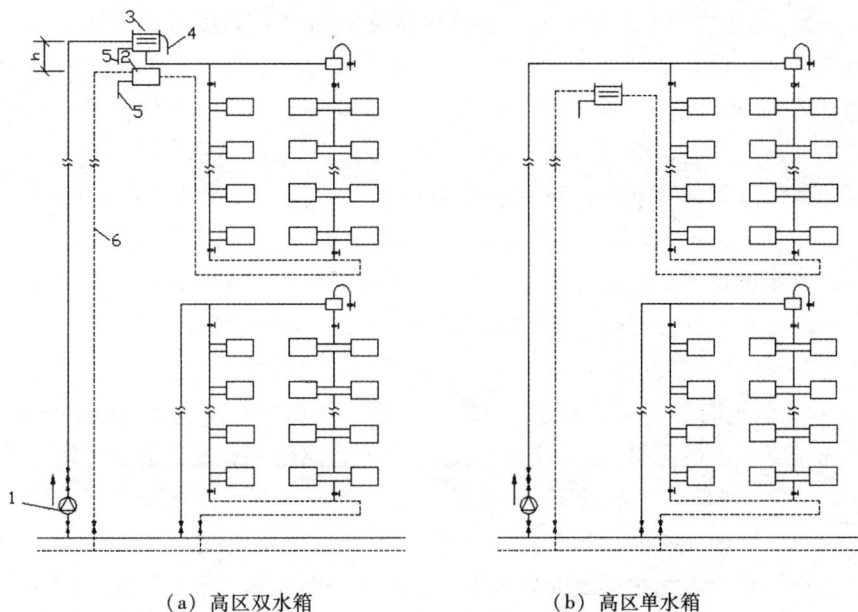

（a）高区双水箱　　　　　　　　（b）高区单水箱

图 2-15　高区采用双水箱或单水箱的高层建筑热水供暖系统

1—加压水泵；2—回水箱；3—供水箱；4—供水箱溢流管；5—信号管；6—回水箱溢流管

有的既可以防止下部散热器超压，又可减轻系统竖向失调；有的只能缓解系统竖向失调。

① 双线式热水供暖系统。双线式热水供暖系统只能减轻系统失调，不能解决系统下层散热设备压力大的问题。分为垂直双线和水平双线热水供暖系统（图 2-16）。

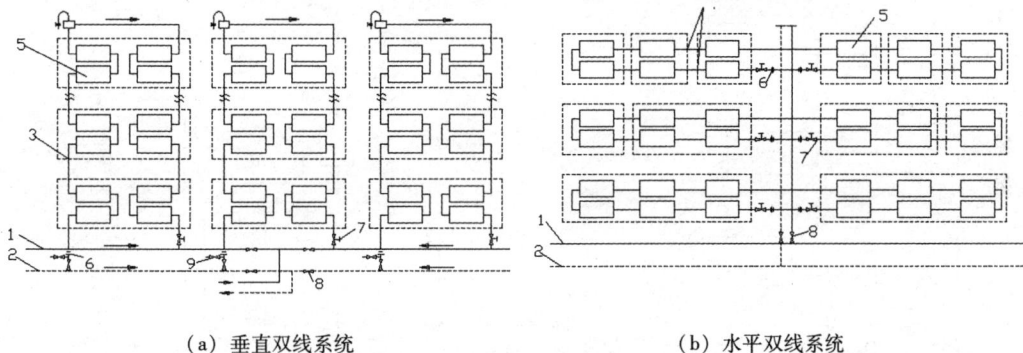

（a）垂直双线系统　　　　　　　　（b）水平双线系统

图 2-16　双线式热水供暖系统

1—供水干管；2—回水干管；3—双线立管；4—双线水平管；5—散热设备；6—节流孔板；

7—调节阀；8—截止阀；9—排水阀

　　a. 垂直双线热水供暖系统。图 2-16 为垂直双线热水供暖系统，立管上设置于同一楼层一个房间中的散热设备（钢制串片散热器、钢管制蛇形管散热器或墙面辐射板）为两组（图中虚线框所示），按照热媒流动方向每一个房间的立管由上升和下降两部分构成，使得各层房间两组散热设备的平均温度近似相同，总传热效果接近，从而减轻竖向失调。立管阻力增加，提高了系统的水力稳定性。适用于公共建筑一个房间可设置两组散热器或两块辐射板的情形。

　　b. 水平双线热水供暖系统。图 2-16 为水平双线热水供暖系统，图中虚线框表示连接于水平支管上设置于同一房间的散热装置（钢制串片散热器、钢管制蛇形管散热器或墙面辐射板），与垂直双线系统类似。各房间散热设备平均温度近似相同，减轻水平失调，在每层水平支线上设调节阀 7 和节流孔板 6，可实现分层调节和减轻竖向失调。

② 单双管混合式热水供暖系统。图 2-17 为单双管混合式热水供暖系统。该系统中将散热器沿竖向分成组，组内为双管系统，组与组之间采用单管连接。利用了双管系统散热器可局部调节和单管系统提高系统水力稳定性的优点，减轻了双管系统层数多时，重力作用压头引起的竖向失调严重的问题，但不能解决系统下部散热器压力过大的问题。

双线式热水供暖系统和单双管混合式热水供暖系统不能解决系统下部散热器压力过大的问题，因此系统的高度要受到限制。在散热设备为辐射板时，其承压能力有所增加，采用此类系统可缓解这一矛盾。

③ 热水和蒸汽混合式供暖系统。对特高层建筑（例如高度大于 160m 的建筑），如采用直接连接系统，最底层的水静压力已超过一般管路附件和设备的承压能力（一般为 1.6MPa）。为此，可将建筑物沿竖向分成高、中、低三个区，该系统见图 2-18。高区利用蒸汽做热媒，高区汽水换热器 3 的加热热媒——蒸汽——来源于室外蒸汽管网或位于底层的蒸汽锅炉房，被加热热媒为高区供暖系统中的循环水。中、低区采用热水作为热媒，根据集中热网的压力和温度决定其系统采用直接连接或间接连接。图 2-18 中、低区采用间接连接。这种系统既可以解决系统下部散热器超压的问题，又可以减轻竖向失调。

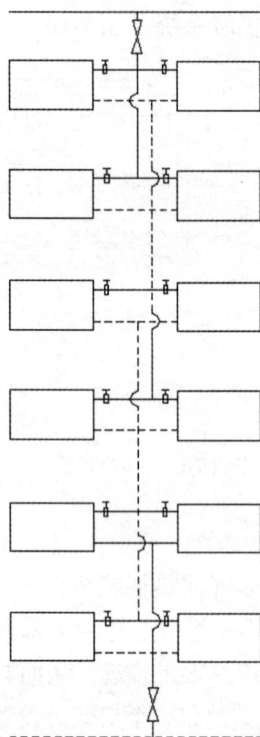

图 2-17　单双管混合式热水供暖系统

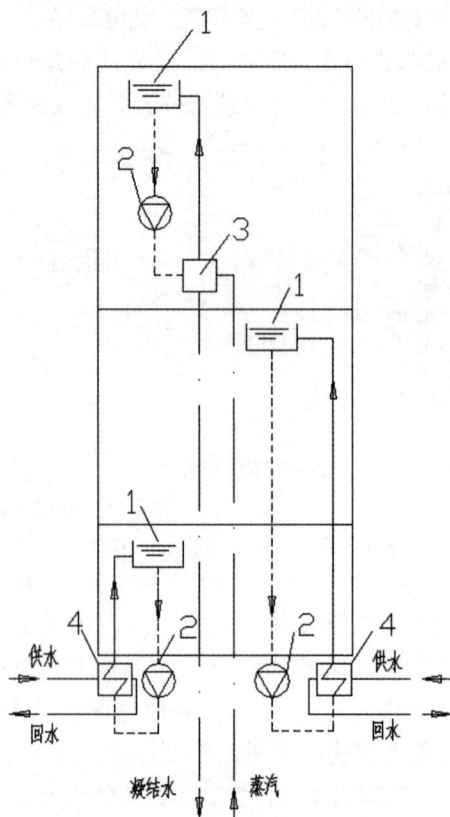

图 2-18　特高建筑热水供暖系统

1—膨胀水箱；2—循环水泵；3—汽 – 水换热器；4—水 – 水换热器

2.3　蒸汽系统

蒸汽是暖通空调系统中常用的热媒之一。在暖通空调中除了用于供暖之外，还用于通风、空调、制冷和热水供应。

2.3.1　蒸汽在暖通空调中的应用

（1）供暖热媒

作为供暖系统的热媒，蒸汽供暖系统的蒸汽压力一般不大于 0.39MPa。供暖设备可以是散热器和暖风机。

（2）加热空气

加热通过热空气幕的空气，在寒冷地区为阻挡室外冷风侵入建筑物，常在人员出入频繁、经常开启的外门设热空气幕。蒸汽做热媒的热空气幕供热能力大，一般使用表压 0.39MPa 的蒸汽，但也可以应用 0.5~0.6MPa 的蒸汽。

冬季用蒸汽-空气换热器加热通风机组、空调机组和新风处理机组中的空气，供给通风系统、全空气空调系统或空气-水空调系统。

（3）制备热水

用汽-水换热器制备热水，供给全水空调系统或空气-水空调系统或全空气系统使用。

用汽-水换热器间接加热或直接加热自来水，供给热水供应系统满足工业、商业和生活用热水的需求。

（4）加湿空气

在有现成蒸汽热源时，用干蒸汽加湿器对空气进行加湿。它不仅加湿迅速、均匀、稳定、效率高（接近100%）、不带水滴和细菌，而且节省电能，运行费用低，布置方便。所需蒸气压力为 0.02~0.4MPa。

（5）制冷热源

吸收式制冷是用热能做动力的制冷方法。单效溴化锂吸收式制冷机可使用热水和蒸汽为热媒，蒸汽压力 $P=0.02~0.1$MPa（表压），热水温度≤150℃。双效溴化锂吸收式制冷机，采用压力 $P=0.6~0.8$MPa（表压）的蒸汽做热媒时，热力系数约比单效溴化锂制冷机高 60%~70%。为了提高热力系数，应尽量使用压力高的饱和蒸汽，但一般不能高于 0.8MPa（表压），温度不超过 175℃。

2.3.2　蒸汽系统形式

蒸汽供暖系统可以分为多种类型。

① 根据供汽压力 P 可分为：高压蒸汽供暖系统（供汽压力 P（表压）＞0.07MPa），低压蒸汽供暖系统（供汽压力 P（表压）≤0.07MPa）和真空蒸汽供暖系

统［供汽压力 P（绝对压力）＜0.1MPa）］。根据供汽汽源的压力、对散热器表面最高温度的限度和用热设备的承压能力来选择高压或低压蒸汽供暖系统。工业建筑及其辅助建筑可用高压蒸汽供暖系统。真空供暖系统的优点是热媒密度小，散热器表面温度低，便于调节供热量；其缺点是需要抽真空设备，对管道气密性要求较高。因真空供暖系统需增加设施和运行管理复杂，国内外用得都很少。

② 根据立管的数量可分为：单管蒸汽供暖系统和双管蒸汽供暖系统。单管蒸汽供暖系统中通向各散热器的供汽和凝结水立、支管合二为一；双管蒸汽供暖系统中通向各散热器的供汽和凝结水立、支管分别为两根管。由于单管蒸汽供暖系统中蒸汽和凝结水在同一条管道中流动，而且经常是反向流动，易产生水击和汽水冲击噪声，所以单管蒸汽供暖系统用得很少，多采用垂直双管蒸汽供暖系统。

③ 根据蒸汽干管的位置可分为：上供式、中供式和下供式。

④ 根据凝结水回收动力可分为：重力回水系统和机械回水系统。根据凝结水系统是否通大气可分为：开式系统（通大气）和闭式系统（不通大气）。如果蒸汽系统有一处（一般是凝结水箱或空气管）通大气则是开式系统；否则是闭式系统。

⑤ 根据凝结水充满管道断面的程度可分为：干式回水系统和湿式回水系统。凝结水干管内不被凝结水充满，系统工作时该管道断面上部充满空气，下部流动凝结水，系统停止工作时，该管内全部充满空气。这种凝结水管称为干式凝结水管，这种回水方式称为干式回水。凝结水干管的整个断面始终充满凝结水，这种凝结水管称为湿式凝结水管，这种回水方式称为湿式回水。

（1）低压蒸汽供暖系统

低压蒸汽供暖系统中蒸汽压力低，"跑、冒、滴、漏"的情况比较缓和，为了简化系统，一般都采用开式系统。根据凝结水回收的动力将其分为重力回水系统和机械回水系统两大类。按照供汽干管位置可分为上供式、下供式和中供式。低压蒸汽供暖系统用于有蒸汽汽源的工业厂房、工业辅助建筑和厂区办公楼等场合。

（2）低压蒸汽供暖系统的形式

① 重力回水低压蒸汽供暖系统。重力回水低压蒸汽供暖系统的主要特点是供汽压力小于 0.07MPa 及凝结水在有坡管道中依靠其自身的重力回流到热源。图 2-19 为重力回水低压蒸汽供暖系统原理图。图 2-19（a）为上供式，图 2-19（b）为下供式。上供式系统和下供式系统中其蒸汽干管分别位于供给蒸汽的所有各层散热器上部或下部。锅炉 1 内的蒸汽在自身压力作用下，沿蒸汽管 2 输送进入散热器 6，同时将积聚在供汽管道和散热器内的空气驱赶入凝结水管 3，4，经连接在凝结水管末端 B 点的空气管 5 排出。蒸汽在散热器内冷凝放热，凝结水靠重力作用返回锅炉，重新加热变成蒸汽。锅筒内水位为Ⅰ-Ⅰ。在蒸汽压力作用下，总凝结水管 4 内的水位Ⅱ-Ⅱ比锅筒内水位Ⅰ-Ⅰ水位高出 h（h 为锅筒蒸汽压力折算的水柱高度），水平凝结水干管 3 的最低点比Ⅱ-Ⅱ水位还要高出 200~250mm，以保证水平凝结水干管 3 内不被水充满。系统工作时该管道断面上部充满空气，下部流动凝结水；系统停止工作时，该管内充满空气。凝结水管 3 称为干式凝结水管。总凝结水管 4 的整个断面始终充满凝结水，凝结水管 4 称为湿

式凝结水管。图 2-19（b）中水封 8 用于排除蒸汽管中的沿途凝结水，可防止立管中的汽水冲击并阻止蒸汽窜入凝结水管。水平蒸汽干管应坡向水封。水封底部应设放水丝堵供排污和放空之用。图中水封高度 h' 应大于水封与蒸汽管连接点处蒸汽压力 P_B 所对应的水柱高度。

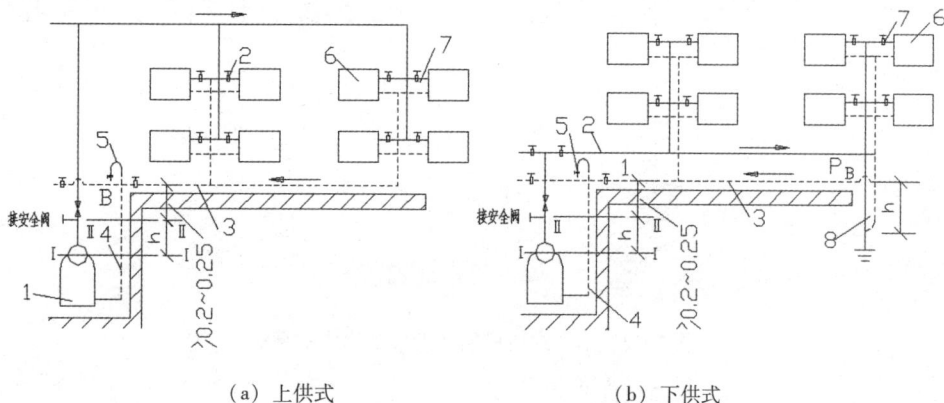

（a）上供式　　　　　　　　（b）下供式

图 2-19　重力回水低压蒸汽供暖系统

1—锅炉；2—蒸汽管；3—干式自流凝结水管；4—湿式凝结水管；
5—空气管；6—散热器；7—截止阀；8—水封

重力回水低压蒸汽供暖系统简单，不需要设置占地的凝结水箱和消耗电能的凝结水泵；供汽压力低，只要初调节时调好散热器入口阀门，原则上可以不装疏水器，以降低系统造价。一般重力回水低压蒸汽供暖系统的锅炉位于一层地面以下。当供暖系统作用半径较大，需要采用较高的蒸汽压力才能将蒸汽送入最远的散热器时，图 2-19 中的 h 值也加大，即锅炉的标高将进一步降低。如锅炉的标高不能再降低，则水平凝结水干管内甚至底层散热器内将充满凝结水，空气不能顺利排出，蒸汽不能正常进入系统，从而影响供热质量，系统不能正常运行。因此，重力回水低压蒸汽供暖系统只适用于小型蒸汽供暖系统。

② 机械回水低压蒸汽供暖系统。机械回水低压蒸汽供暖系统的主要特点是供汽表压力 $P \leq 0.07$MPa 及凝结水依靠水泵的动力送回热源重新加热。图 2-20 为中供式机械回水低压蒸汽供暖系统原理图。由蒸汽锅炉输送来的蒸汽沿蒸汽管 1 输送进入散热器 9，散热后凝结水汇集到凝结水箱 6 中，再用凝结水泵 7 沿凝结水管 3 送回热源重新加热。凝结水箱 6 应低于底层凝结水干管 2，管 2 末端插入水箱水面以下。从散热器 9 流出的凝结水靠重力流入凝结水箱 6。空气管 4 在系统工作时排除系统内的空气，在系统停止工作时进入空气。通气管 5 用于排除凝结水箱 6 水面上方的空气。水平凝结水干管仍为干式凝结水管。图中的高度 h 用来防止凝结水泵汽蚀。止回阀 8 用于防止凝结水倒流，保护水泵。疏水器 11 用于排除蒸汽管中的沿途凝结水以减轻系统的水击。机械回水低压蒸汽供暖系统消耗电能，但热源不必设在一层地面以下，系统作用半径较大，适用于较大型的蒸汽供暖系统。

在中供式系统中蒸汽干管位于供给蒸汽的各层散热器的层间。原则上无论是上供式、中供式还是下供式系统都可用于重力回水或机械回水低压蒸汽供暖系统中。由于在上供式系统的立管中蒸汽与凝结水同向流出，有利于防止水击和减少运行时的噪声，从而较其他形式应用较多。

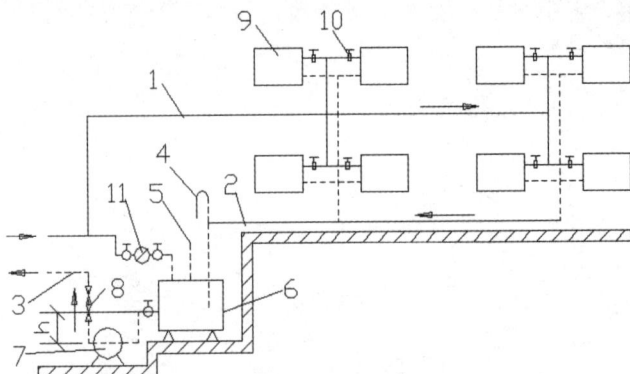

图 2-20　中供式机械回水低压蒸汽供暖系统

1—蒸汽管；2—凝结水管；3—回热源的凝结水管；4—空气管；5—通气管；6—凝结水箱；7—凝结水泵；
8—止回阀；9—散热器；10—截止阀；11—疏水器

（3）高压蒸汽供暖系统

高压蒸汽供暖系统多用于对供暖卫生条件和室内温度均匀性要求不高、不要求调节每一组散热器散热量的生产厂房。高压蒸汽供暖系统的供汽表压力 $P > 0.07\text{MPa}$，但一般不超过 0.39MPa。

一般高压蒸汽供暖系统与工业生产用汽共用汽源，而且蒸汽压力往往大于供暖系统允许最高压力，必须减压后才能和供暖系统连接。高压蒸汽供暖系统原则上也可以采用上供式、中供式或下供式。为了简化系统及防止水击，应尽可能采用上供式，使立管中蒸汽与沿途凝结水同向流动。

图 2-21 为开式上供高压蒸汽供暖系统的示意图。由锅炉房将蒸汽输送到热用户。首先进入高压分汽缸 1，将高压蒸汽分配给工艺生产用汽。高压分汽缸上可分出多个分支，向有不同压力要求的工艺用汽设备供汽。蒸汽经减压阀 4 减压后进入低压分汽缸 3。减压阀设有旁通管 5，供修理减压阀时旁通蒸汽用。安全阀 7 限制进入供暖系统的最高压力不超过额定值。从低压分汽缸 3 上还可以分出许多供汽管，分别供通风空调系统的蒸汽加湿、汽水换热器及蒸汽加热器和用蒸汽的暖风机等用汽设备。系统中设有疏水器 13，将沿途及系统产生的凝结水排到凝结水箱 14 中，凝结水箱上有通气管 16 通大气、排除箱内的空气和二次蒸汽，也因此称为开式系统。凝结水箱中的水由凝结水泵巧送回凝结水泵站或热源。

高压蒸汽供暖系统每一组散热器的供汽支管和凝结水支管上都要安装阀门，用于调节供汽量或关闭散热器，防止修理、更换散热器时高压蒸汽或凝结水汽化产生的蒸汽进入室内。高压蒸汽供暖系统温度高，对管道的热胀冷缩问题应更加重视。图 2-21 中水平供汽干管和凝结水干管上设置方形补偿器 12，用补偿器的变形来吸收管道热胀冷缩时产生的应力，防止管道被破坏。凝结水在流动过程中压力降低，饱和温度也降低。凝结水管管壁的散热量比较小，凝结水压力降低的速率快于焓值降低的速率，凝结水中多

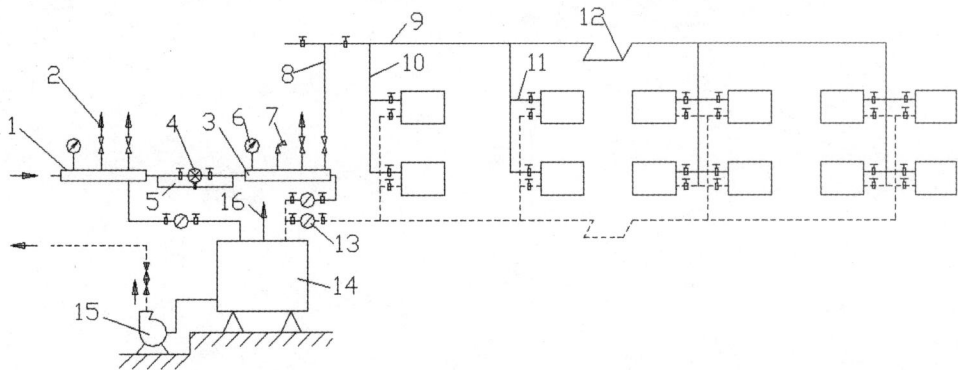

图 2-21　开式上供高压蒸汽供暖系统示意图

1—高压分汽缸；2—工艺用户供汽管；3—低压分汽缸；4—减压阀；5—减压阀旁通管；6—压力表；7—安全阀；8—供汽主立管；9—水平供汽干管；10—供汽立管；11—供汽支管；12—方形补偿器；13—疏水器；14—凝结水箱；15—凝结水泵；16—通气管

余的焓值会使部分凝结水重新汽化变成"二次蒸汽"。在开式系统中二次蒸汽从通气管 16 排出，浪费了能源。在闭式高压蒸汽供暖系统中采用图 2-22 所示闭式凝结水箱。由补汽管 5 向箱内补给蒸汽，使其内部压力维持在 5kPa 左右（由压力调节器 3 控制）。水箱上设置安全水封 2，防止箱内压力升高、二次蒸汽逸散和隔绝空气，从而减轻系统腐蚀、节省热能。

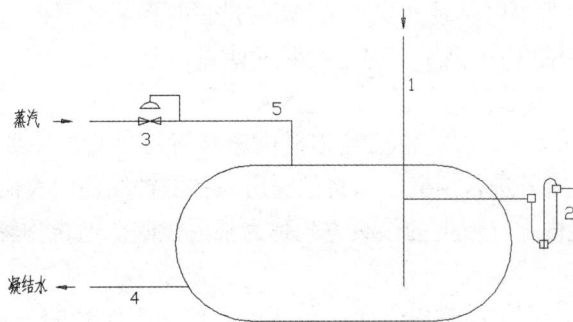

图 2-22　闭式凝结水箱

1—凝结水进入管；2—安全水封；3—压力调节器；4—凝结水排出管；5—补汽管

　　当工业厂房中用汽设备较多，用汽量大时，凝结水系统产生的二次蒸汽量大，还可以利用二次蒸发箱将二次汽汇集起来加以利用。图 2-23 是设置二次蒸发箱的高压蒸汽供暖系统。高压用汽设备 1 的凝结水通过疏水器 3 进入二次蒸发箱 5。二次蒸发箱设置在车间内 3m 左右高度处。蒸汽在二次蒸发箱内扩容后产生的二次汽可加以利用。当二次汽量较小时，由高压蒸汽供汽管补充。靠压力调节器 7 控制补汽量，以保持箱内压力在 20～40kPa（表压力），并满足二次蒸汽热用户的用汽量要求。当二次蒸发箱内二次汽量超过二次蒸汽热用户的用汽量时，二次蒸发箱内压力增高，箱上安装的安全阀 6 开启，排汽降压。

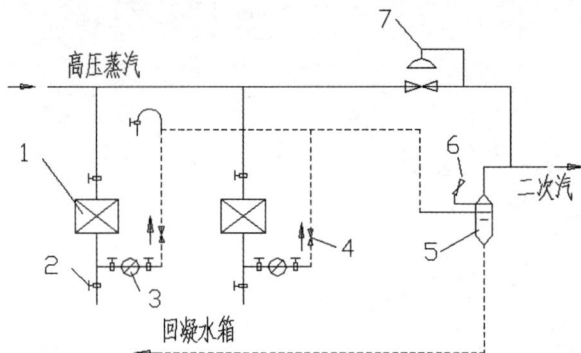

图 2-23　设置二次蒸发箱的高压蒸汽供暖系统

1—高压用汽设备；2—放水阀；3—疏水器；4—止回阀；5—二次蒸发箱；6—安全阀；7—压力调节器

2.4　辐射供暖与辐射供冷

2.4.1　辐射供暖（供冷）的定义

主要依靠供热（冷）部件与围护结构内表面之间的辐射换热向房间供热（冷）的供暖（供冷）方式称为辐射供暖（供冷）。辐射供暖时房间各围护结构内表面（包括供热部件表面）的平均温度 $t_{s.m}$ 高于室内空气温度计 t_R，即

$$t_{s.m} > t_R$$

对流供暖时，$t_{s.m} < t_R$，这一特征是辐射供暖与对流供暖的主要区别。在国外，辐射供暖用这一特征来对其进行定义，即将供暖房间各围护结构内表面（包括供热部件表面）平均温度高于室内空气温度的供暖方式称为辐射供暖。通常称辐射供暖的供热部件为供暖辐射板。

辐射供冷时房间各围护结构内表面（包括供冷部件表面）的平均温度 $t_{s.m}$ 低于室内空气温度 t_R，即

$$t_{s.m} < t_R$$

辐射供暖（供冷）可以是集中式或局部式；辐射板表面的温度可以为高温或低温。本章主要介绍低温、集中式辐射供暖（供冷），不介绍用燃气器具或电炉等的局部高温辐射供暖。

2.4.2　辐射供暖与辐射供冷的特点

（1）辐射供暖

辐射供暖时热表面向围护结构内表面和室内设施散发热量，辐射热量部分被吸收、部分被反射，反射到热表面的部分，还要产生二次辐射，二次辐射最终也被围护结构和室内设施所吸收。辐射供暖同对流供暖相比，提高了围护结构内表面温度（高于房间空气的温度），因而创造了一个对人体有利的热环境，减少了人体向围护结构内表面的辐

射换热量，热舒适度增加，辐射供暖正是迎合了人体这一生理特征。辐射供暖同对流供暖相比，提高了辐射换热量的比例，但仍存在对流换热。所提高的辐射换热量的比例与热媒的温度、辐射热表面的位置等有关。各种辐射供暖方式的辐射换热量在其总换热量中所占的大致比例是：顶面式 70% ~ 75%；地面式 30% ~ 40%；墙面式 30% ~ 60%（随辐射板在墙面上的高度和板面温度的增加而增加）。可以看出，只有在顶面式辐射供暖时辐射换热量占绝对优势，在地面式和墙面式辐射供暖时对流换热量还是占优势。然而房间的供暖方式不是用哪种换热方式占优势来决定的，而是用整个房间的温度环境来决定。

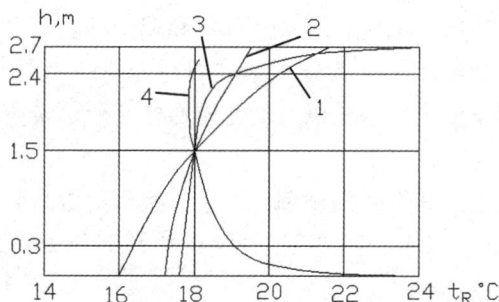

图 2-24　不同供暖方式下沿房间高度室内温度的变化
1—热风供暖；2—窗下散热器供暖；3—顶面辐射供暖；4—地面辐射供暖

辐射供暖时沿房间高度方向温度比较均匀。图 2-24 给出了不同供暖方式下沿高度方向室内温度的变化。以房间高 1.5m 处，空气温度为 18℃ 为基础来进行比较。图中的热风供暖指的是直接输送并向室内供给被加热的空气的供暖方式。从图中可以看出，热风供暖时（曲线 1）沿高度方向温度变化最大，房间上部区域温度偏高，工作区温度偏低。采用辐射供暖（曲线 3 和 4），特别是地面辐射供暖（曲线 4）时，工作区温度较高。地面附近温度升高，有利于增加人的舒适度。设计辐射供暖时相对于对流供暖时规定的房间平均温度可低 1 ~ 3℃，这一特点不仅使人体对流放热量增加，增加人的舒适感，与对流供暖相比，房间室内设计温度的降低，使辐射供暖设计热负荷减少；房间上部温度增幅的降低，使上部围护结构传热温差减小，导致实际热负荷减少；供暖室内温度的降低，使冷风渗透和外门冷风侵入等室内外通风换气的耗热量减少。总之，上述多种因素的综合作用使辐射供暖可降低供暖热负荷。因此，在正确设计时，辐射供暖可降低供暖能耗。如果设计不当，例如：辐射板面积过大、加热管排列过密、热媒温度过高等，将造成室内温度偏高，辐射供暖不仅不能降低供暖能耗，而且对增加室内舒适度和保证人体健康不利。

辐射供暖的特点是利用加热管（通热媒的管道）做供热部件向辐射表面供热。地板辐射供暖管道埋设在混凝土中，比加热管明装时管道的传热量有较大幅度的增加。主要原因就是利用管外包裹的混凝土或其他材料增加了散热表面积。因而，在相同的供暖设计热负荷下，辐射散热表面的温度可大幅度降低，从而可采用较低温度的热媒，如地热水、供暖回水等。

埋管式供暖辐射板的缺点是要与建筑结构同时安装，容易影响施工进程，如果埋管预制化则可大大提高施工进度。与建筑结构合成或贴附一体的供暖辐射板，热惰性大，启动时间长。在间歇供暖时，热惰性大，使室内温度波动较小，这一缺点此时可变成优点。埋管式供暖辐射板如果用金属管，接头渗漏时维修困难。采用耐老化、耐腐蚀、承压高、结垢轻、阻力小的铝塑复合管等管材，其制造长度可做到埋设部分无接头，易于施工，可实现一个地面供暖辐射板的盘管采用一整根无接头的管子。这些新型管材的生产为埋管式辐射板的应用创造了有利条件。

顶棚式辐射板热惰性小，能隔声，供暖用时可适当提高热媒温度。可在顶棚式辐射板上方敷设照明电缆和通风管道等其他管道，检修时可不破坏建筑结构。其缺点是增加房高。顶棚式辐射板在英国、法国、瑞典、挪威和瑞士等国家得到应用。

踢脚板式供暖辐射板贴墙下踢脚线安装。可用于冬季室外气温不太低的地区中商店、展览厅等要求散热设备高度小，以及幼儿园、托儿所等希望贴近地面处温度较高的场所闭。

大多数辐射板不占用房间有效面积和空间。一些辐射板暗装在建筑结构内而见不到供热（供冷）设备，舒适美观。生产工厂预制的模块式辐射板，可进一步加快施工进度和有利于该项技术的推广。

辐射供暖可用于住宅和公共建筑。当地面辐射供暖用于热负荷大、散热器布置不便的住宅及公共建筑的入口大厅，希望地面温度较高的幼儿园、托儿所，希望脚底有温暖感的游泳池边的地面等。

辐射供暖除用于住宅和公共建筑外，还广泛用于高大空间的厂房、场馆和对洁净度有特殊要求的场合，如精密装配车间等。不宜用于要求迅速提高室内温度的间歇供暖系统和有大面积玻璃幕墙建筑的供暖系统。

电热辐射供暖具有辐射供暖和电供暖的优点：减少空气垂直对流及室内扬尘，水平温度场均匀、舒适；没有直接的燃烧排放物；便于分室、分户调节与控制室内温度；运行简便；占用室内建筑空间少；如用于间歇供暖时室温上升快、停止供暖时无冻坏供暖设备的危险电热辐射。但供暖要消耗高品位的电能，不符合能量逐级应用的原则，运行费用较高。

（2）辐射供冷

辐射供冷系统与辐射供暖系统一样，有多种形式。原则上，辐射板也可有整体式、贴附式和悬挂式。既可用于民用建筑供冷，也可用于工业建筑降温。但目前见得最多的是顶面式辐射板——冷却吊顶。这种辐射供冷方式施工安装和维护方便，不影响室内设施的布置，不易破坏辐射板和不易影响其供冷效果。冷却吊顶辐射供冷系统近年来在欧洲发展十分迅速。由于冷却吊顶从房间上部供冷，可降低室内垂直温度梯度，避免"上热下冷"的现象。因此，这种供冷方式能为人们提供较高的舒适感。但为了防止冷却吊顶表面结露，其表面温度必须高于室内露点温度。因此，冷却吊顶无除湿功能，不宜单独应用，通常与新风（经冷却去湿处理后的室外空气）系统结合在一起应用。新风系统用来承担房间的湿负荷（潜热负荷），同时又满足了人们对室内新风的需求。

2.4.3 辐射供暖与辐射供冷系统

（1）热水辐射供暖系统

热水辐射供暖系统的管路设计如同热水供暖系统，可采用上供式或下供式，也可采用单管或双管系统。墙面或窗下供暖辐射板可采用单管系统、双管系统或双线系统，但是，如为窗下供暖辐射板时只在房间窗下部分墙面上设置加热管。地面供暖辐射板、顶面供暖辐射板及地面-顶面供暖辐射板应采用双管系统，以利于调节和控制。供暖辐射板水平安装时，其加热管内的水流速不应小于 0.25m/s，以便排气。应设放气阀和放水阀。图 2-25 表示了下供上回式双管系统中的辐射板与管路连接方式。此系统有利于排除供暖辐射板中的空气。供暖辐射板 1 并联于供水立管 2 和回水立管 3 之间，可用阀门 4 独立地关闭，用放水阀 5 放空和冲洗。

还可以只在建筑物的个别房间（例如公用建筑的进厅）装设混凝土供暖辐射板。在这种情况下热水供暖系统的设计供回水温度根据建筑物主要房间的供暖条件确定。个别房间如安装窗下供暖辐射板，可连到供水管上；如安装顶面、地面供暖辐射板，可连到回水管上。图 2-26 给出了一个大厅两块地面供暖辐射板 1 连到热水供暖系统回水干管 6 上的情况。从回水干管 6 来的供暖系统回水温度比较低，正好适合地面供暖辐射板要求热媒温度较低的条件，经辐射板散热后再流回热源。不仅美观、充分利用了回水的能量，而且解决了一层大厅需要散热器面积多、布置困难的问题。集气罐 2 用于集气和排气，旁通管上的阀门 7 可调节进入辐射板的流量，温度计 3 显示辐射板的供热情况。此外，还可以在房间的部分顶板、部分地面布置供暖辐射板。这种情况下一般沿房间顶板或地面的周边、顶板或地面靠外墙处布置供暖辐射板。

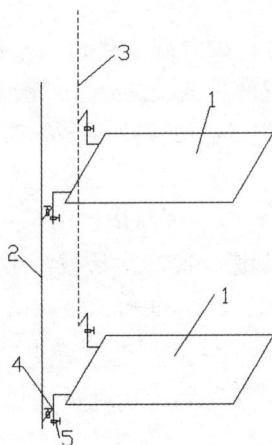

图 2-25 下供上回双管系统中的地面-顶面供暖辐射板

1—地面-顶面供暖辐射板；2—供水立管；
3—回水立管；4—关闭调节阀；5—放水阀

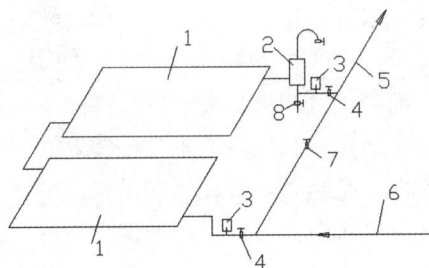

图 2-26 地面供暖辐射板与回水干管的连接

1—地面供暖辐射板；2—集气罐；3—温度计；
4—阀门；5—回热源的回水干管；6—来自供暖系统的回水干管；7—旁通管上的调节阀；8—放水阀

供暖辐射板本身阻力大（100~500kPa），是此类系统不易产生水力失调的基本原因之一。供暖辐射板作为末端装置，其阻力损失比散热器大得多，而且不同的辐射板阻力损失差别较大,因此,在一个供暖系统中宜采用同类供暖辐射板,否则,应有可靠的调节措施及调节性能好的阀门调节流量。

辐射供暖系统的最大工作压力不应大于加热管的最大承压能力。对热水系统而言,最大工作压力一般发生在系统的底层。低温热水地板辐射供暖系统的工作压力不宜大于0.8MPa,当超过上述压力时,应采取相应的措施。例如,采用竖向分区式热水供暖系统。

(2)冷却吊顶的水系统

冷却吊顶又称冷却顶板。冷却吊顶的传热有两种形式,即辐射和自然对流。两者的传热比例取决于顶板的结构形式及顶板附近的空气流动方式。当冷却吊顶下面的冷辐射面为封闭式时,两者的比例大约为1:1;而冷辐射面为开敞式或辐射面上有贯通的气流通道的对流冷却吊顶,对流换热的比例则要大得多,供冷量也较大。

由于冷却吊顶供冷通常与新风系统结合在一起应用,因此,在给冷却吊顶系统提供冷冻水的同时,须考虑新风的处理方案。新风系统的主要任务是承担房间的湿负荷,需对新风进行除湿,以获得比较干燥的空气供给房间。除湿的方法可以用温度较低的冷冻水对空气进行冷却除湿处理,也可以采用吸收式或吸附式进行除湿。当新风系统也需由冷水机组提供冷量时,必须同时考虑冷却吊顶系统和新风系统对水系统有以下不同的要求。

① 为了避免冷却吊顶表面结露,冷却吊顶要求的供水温度比较高,而新风系统的供水温度因除湿的要求要比冷却吊顶低得多。冷却吊顶的表面温度应比室内的露点温度高1 ~ 2℃,需根据冷却吊顶的结构形式与室内的设计参数来确定供水温度。一般情况下,冷却吊顶的供水温度在14 ~ 18℃之间,实际设计中,多采用16℃。新风系统的供水温度一般为6 ~ 7℃。

② 一般来说,冷却吊顶供、回水温差为2℃,而新风系统的供、回水温差一般为5℃。满足上述两条要求的系统形式有多种,下面介绍两种典型的系统。图2-27为冷水机组供冷和冷却塔供冷相结合的水系统。图中冷水机组(由2和3构成)制备6 ~ 7℃的冷冻水并直接供新风系统使用;6 ~ 7℃冷冻水再通过水 – 水板式换热器4将18℃的水冷却到16℃,供冷却吊顶系统使用。当室外温度适宜时,可停止使用6 ~ 7℃的冷冻水,而利用冷却塔8进行自然供冷。由于采用开式冷却塔,冷却水易被污染。因此,让冷却水通过板式换热器来提供冷却吊顶1的用水。由图2-27可知,冷却吊顶的冷水系统实际上是独立系统,它的供水温度可通过控制流经板式换热器的冷冻水(或冷却水)的流量来调节。冷却吊顶的供冷量通过电动阀11控制(开或关)冷水流量来调节。该系统的优点是可以利用冷却塔提供的自然冷量。

图2-28为用混合法制备冷却吊顶冷媒的水系统。新风系统和冷却吊顶水系统分别为两个回路,每个回路上设置各自的循环水泵4和5,以满足新风系统和冷却吊顶系统对供、回水温度的不同要求。由冷水机组2统一提供6 ~ 7℃的冷冻水。其中一部分直接供新风系统使用,即新风的水系统回路;另一回路为冷却吊顶1的水系统回路,其供水温度通过由三通电动调节阀8调节6 ~ 7℃的冷冻水与冷却吊顶的回水的混合比来达到。冷却吊顶的供冷量由水路上的电动阀7控制(开或关)。

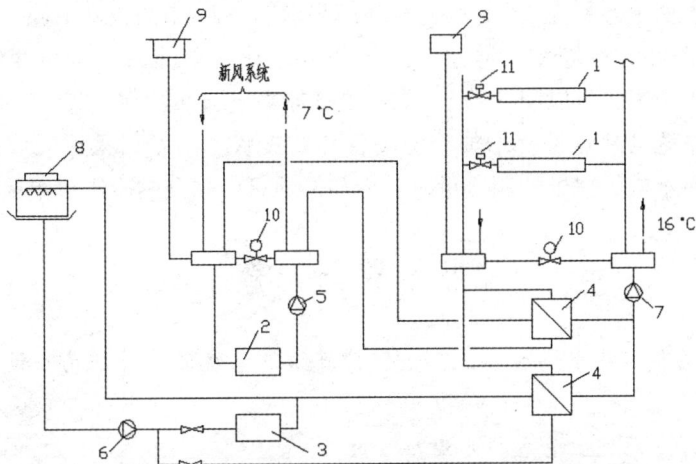

图 2-27　冷水机组供冷和冷却塔供冷相结合的冷却吊顶水系统图

1—冷却吊顶；2—冷水机组蒸发器；3—冷水机组冷凝器；4—水－水板式换热器；

5—冷冻水循环水泵；6—冷却水循环水泵；7—冷却吊顶系统冷媒循环水泵；

8—开式冷却塔；9—膨胀水箱；10—压差调节阀；11—电动阀

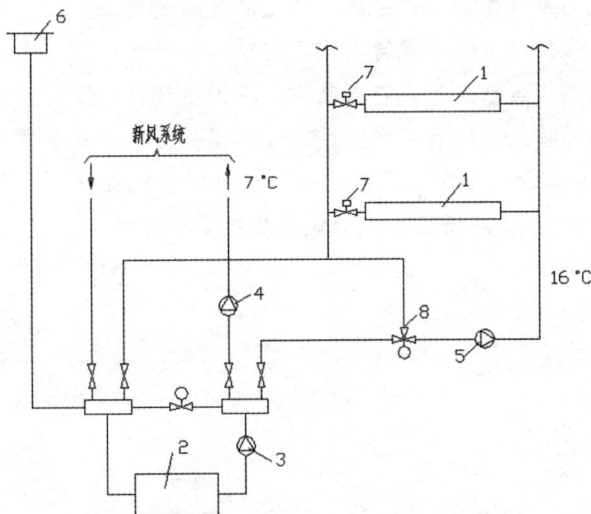

图 2-28　用混合法制备冷却吊顶冷媒的水系统图

1—冷却吊顶；2—冷水机组；3—冷水机组循环水泵；4—新风系统循环水泵；

5—冷却吊顶系统循环水泵；6—膨胀水箱；7—电动阀；8—三通电动调节阀

　　上述两个水系统形式，新风系统（或其他系统，例如风机盘管系统）和冷却吊顶都采用了同一冷源（冷水机组），它只能按照要求最低的冷冻水供水温度运行，而要求温度较高的冷却吊顶系统的冷水只能靠二次换热或混合的办法来获得。无法用提高冷水机组的蒸发温度来实现节能运行。为此，可以把冷却吊顶系统与新风系统分设为两个独立的闭式水系统。利用两套独立的制冷系统分别向新风机组和冷却吊顶供冷冻水。这样，冷却吊顶水系统的冷水机组供水温度可提高，从而提高了该冷水机组的性能系数，耗电量减少。但是应注意，目前生产的冷水机组的冷冻水流量是按 5℃ 温差设计的，而冷却顶板的供、回水温差为2℃，因此，还应采取图2-28中的技术措施。不过，冷水机组可提供13℃左右的冷冻水，通过三通阀调节冷却吊顶的回水量可使供水温度达到16℃，在这种系统中，可以图2-27一样利用冷却水的自然冷量。冷却吊顶与新风分设为两个独立水系统的缺点是要增加冷源设备和初投资。当新风采用吸收式或吸附式除湿，而不需要冷水机组提供的制冷量时，冷却吊顶可由独立的冷水机组提供冷冻水。

思考题与习题

2-1 什么是重力循环热水供暖系统？如何计算该类系统的工作压力？设计注意事项有哪些？

2-2 如何计算单管系统立管各段水温？

2-3 什么是机械循环热水供暖系统？试分析比较与重力循环系统的主要区别点？

2-4 机械循环热水系统常用的形式、适用范围及优缺点有哪些？设计注意事项都有什么？

2-5* 高层建筑热水供暖系统目前宜采用哪两种？各自的特点及适用场合？

2-6 热水供暖系统的垂直失调和水平失调产生的原因是什么？

2-7 常用的低压蒸汽供暖系统形式特点及适用范围是什么？设计中应注意哪些事项？

2-8 常用的高压蒸汽供暖系统形式特点及适用范围是什么？设计注意事项有哪些？

2-9 低压蒸汽与高压蒸汽系统在回水方式、疏水器设置及排气等方面有何不同？

2-10* 分户热计量供暖系统有何优点？它与一般供暖系统在设计上有哪些不同？

2-11 什么是辐射供暖？辐射供暖系统形式及应用范围是什么？

第 3 章 空调系统

3.1 空调系统的分类

3.1.1 按建筑环境控制功能分类

① 以建筑热湿环境为主要控制对象的系统。主要控制对象为建筑物室内的温湿度，属于这类系统的有空调系统［如图 3-1（a）所示的系统）］和供暖系统。

② 以建筑内污染物为主要控制对象的系统。主要控制建筑室内空气品质，如通风系统［（如图 3-1（b）所示的系统）］、建筑防烟排烟系统等。

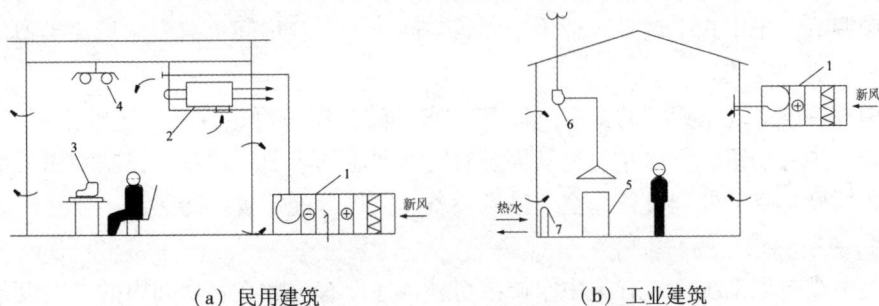

（a）民用建筑　　　　　　　　　　（b）工业建筑

图 3-1　民用建筑和工业建筑的供暖通风和空调系统

上述两大类的控制对象和功能互有交叉。如以控制建筑室内空气品质为主要任务的通风系统，有时也可以有供暖功能，或除去余热和余湿的功能；而以控制室内热湿环境为主要任务的空调系统也具有控制室内空气品质的功能。

3.1.2 按承担室内热负荷、冷负荷和湿负荷的介质分类

以建筑热湿环境为主要控制对象的系统，根据承担建筑环境中的热负荷、冷负荷和湿负荷的介质不同可以分为以下五类。

① 全水系统——全部用水承担室内的热负荷和冷负荷。当为热水时，向室内提供热量，承担室内的热负荷，目前常用的热水供暖即为此类系统；当为冷水（常称冷冻水）时，向室内提供冷量，承担室内冷负荷和湿负荷。

② 蒸汽系统——以蒸汽为介质，向建筑供应热量。可直接用于承担建筑物的热负荷，例如蒸汽供暖系统、以蒸汽为介质的暖风机系统等；也可以用于空气处理机中加

热、加湿空气；还可以用于全水系统或其他系统中的热水制备或热水供应的热水制备。

③ 全空气系统——全部用空气承担室内的冷负荷、热负荷。例如，向室内提供经处理的冷空气以除去室内显热冷负荷和潜热冷负荷，在室内不再需要附加冷却。

④ 空气-水系统——以空气和水为介质，共同承担室内的冷负荷、热负荷。例如，以水为介质的风机盘管向室内提供冷量或热量，承担室内部分冷负荷或热负荷，同时，有一新风系统向室内提供部分冷量或热量，而又满足室内对室外新鲜空气的需要，图3-1（a）就是这样的系统。

⑤ 冷剂系统——以制冷剂为介质，直接用于对室内空气进行冷却、去湿或加热。实质上，这种系统是用带制冷机的空调器（空调机）来处理室内的负荷，所以，这种系统又称机组式系统。本书将以此分类编排章节。

3.1.3 按空气处理设备的集中程度分类

以建筑热湿环境为主要控制对象的系统，又可以按对室内空气处理设备的集中程度来分类，可分为有以下三类。

（1）集中式空调系统

集中式空调系统的所有空气处理机组及风机都设在集中的空调机房内，通过集中的送、回风管道实现空调房间的降温和加热。集中式空调系统的优点是作用面积大，便于集中管理与控制。其缺点是占用建筑面积与空间，且当被调房间负荷变化较大时，不易进行精确调节。集中式空调系统适用于建筑空间较大、各房间负荷变化规律类似的大型工艺性和舒适性空调。

集中式空调系统是典型的全空气系统，它广泛应用于舒适性或工艺性空调工程中，例如商场、体育场馆、餐厅及对空气环境有特殊要求的工业厂房中。它主要由五部分组成，进风部分、空气处理设备、空气输送设备、空气分配装置、冷热源。

（2）半集中式空调系统

半集中式空调系统除设有集中空调机房外，还设有分散在各房间内的二次设备（又称末端装置），其中多半设有冷热交换装置（也称二次盘管），其功能主要是处理那些未经集中空调设备处理的室内空气，例如风机盘管空调系统和诱导器空调系统就属于半集中式空调系统。半集中式空调系统的主要优点是易于分散控制和管理，设备占用建筑面积或空间少、安装方便。其缺点是无法常年维持室内温湿度恒定，维修量较大。这种系统多用于大型旅馆和办公楼等多房间建筑物的舒适性空调。

（3）分散式空调系统

分散式空调系统是将冷热源和空气处理设备、风机及自控设备等组装在一起的机组，分别对各被调房间进行空调。这种机组一般设在被调房间或其邻室内，因此，不需要集中空调机房。分散式系统使用灵活、布置方便，但维修工作量较大，室内卫生条件有时较差。

集中式空气调节系统的组成：

（1）进风部分

空气调节系统必须引入室外空气，常称"新风"。新风量的多少主要由系统的服务用途和卫生要求决定。新风的入口应设置在其周围不受污染影响的建筑物部位。新风口连同新风道、过滤网及新风调节阀等设备，即为空调系统的进风部分。

（2）空气处理设备

空气处理设备包括空气过滤器、预热器、喷水室（或表冷器）、再热器等，是对空气进行过滤和热湿处理的主要设备。它的作用是使室内空气达到预定的温度、湿度和洁净度。

（3）空气输送设备

它包括送风机、回风机、风道系统，以及装在风道上的调节阀、防火阀、消声器等设备。它的作用是将经过处理的空气按照预定要求输送到各个房间，并从房间内抽回或排出一定量的室内空气。

（4）空气分配装置

它包括设在空调房间内的各种送风口和回风口。它的作用是合理组织室内空气流动，以保证工作区内有均匀的温度、湿度、气流速度和洁净度。

（5）冷热源

除了上述四个主要部分以外，集中空调系统还有冷源、热源及自动控制和检测系统。空调装置的冷源分为自然冷源和人工冷源。自然冷源的使用受到多方面的限制。人工冷源是指通过制冷机获得冷量，目前主要采用人工冷源。

空调装置的热源也可分为自然热源和人工热源两种，自然热源是指太阳能和地热能，它的使用受到自然条件的多方面限制，因而应用并不普遍。人工热源是指通过燃煤、燃气、燃油锅炉或热泵机组等所产生的热量。

3.1.4　按用途分类

以建筑热湿环境为主要控制对象的空调系统，按其用途或服务对象不同，可以分为以下两类。

（1）舒适性空调系统

舒适性空调系统简称舒适空调，为室内人员创造舒适健康环境的空调系统。舒适健康的环境令人精神愉快、精力充沛，工作学习效率提高，有益于身心健康。办公楼、旅馆、商店、影剧院、图书馆、餐厅、体育馆、娱乐场所、候机或候车大厅等建筑中所用的空调都属于舒适空调。由于人的舒适感在一定的空气参数范围内，所以这类空调对温度和湿度波动的要求并不严格。

（2）工艺性空调系统

工艺性空调系统又称工业空调，为生产工艺过程或设备运行创造必要环境条件的空调系统，工作人员的舒适要求有条件时可兼顾。由于工业生产类型不同、各种高精度设备的运行条件也不同，因此，工艺性空调的功能、系统形式等差别很大。例如，半导体元器件生产对空气中含尘浓度极为敏感，要求有很高的空气净化程度；棉纺织布车间对相对湿度要求很严格，一般控制在70%～75%；计量室要求全年基准的温度为20℃，波动为±1℃；高等级的长度计量室要求20℃±0.2℃；Ⅰ级坐标镗床要求环境温度为20℃±1℃；抗菌素生产要求无菌条件，等等。

3.1.5 以建筑内污染物为主要控制对象分类

（1）按用途分类

① 工业与民用建筑通风——以治理工业生产过程和建筑中人员及其活动所产生的污染物为目标的通风系统。

② 建筑防烟和排烟——以控制建筑火灾烟气流动，创造无烟的人员疏散通道或安全区的通风系统。

③ 事故通风——排除突发事件产生的大量有燃烧、爆炸危害或有毒气体、蒸气的通风系统。

（2）按通风的服务范围分类

① 全面通风——向某一房间送入清洁新鲜空气，稀释室内空气中污染物的浓度，同时，把含污染物的空气排到室外，从而使室内空气中污染物的浓度达到卫生标准的要求。这种通风也称为稀释通风。

② 局部通风——控制室内局部地区污染物的传播或控制局部地区污染物浓度达到卫生标准要求的通风。

3.2 全空气系统

全空气系统是完全由空气来担负房间的冷热负荷的系统。一个全空气空调系统通过输送冷空气向房间提供显热冷量和潜热冷量，或输送热空气向房间提供热量，对空气的冷却、去湿或加热、加湿处理完全由集中于空调机房内的空气处理机组来完成，在房间内不再进行补充冷却；对输送到房间内空气的加热可在空调机房内完成，也可在各房间内完成。全空气空调系统的空气处理基本上集中于空调机房内完成，因此，常称为集中空调系统。集中空调系统的机房一般设在空调房间外，如地下室、屋顶间或其他辅助房间。一个全空气集中空调系统可以为一个或多个房间服务，也可为房间内某些区域服务。其实全空气空调系统根据不同的特征还可以进行如下分类：① 按送风参数的数量来分类；② 按送风量是否恒定来分类；③ 按所使用空气的来源分类。

3.2.1 焓湿图及其应用

全空气系统或空气–水系统为实现房间内的空气达到设定的温湿度条件，必须对空气进行各种处理，所有这些处理过程和不同状态的空气送入房间后的变化过程的分析、计算都离不开湿空气的焓湿图（$h-d$图）。在"工程热力学"课程中已对焓湿图的绘制及应用作了详细的阐述。本节只就焓湿图的构成及空调中常见的空气状态变化过程在焓湿图上的表示作简单的回顾，以便读者容易明白本书中应用焓湿图进行的有关分析。

（1）湿空气的焓湿图

图 3-2 为湿空气焓湿图（部分）的示意图。该图是以 1kg 干空气的湿空气为基准绘制的。不同大气压的焓湿图是不同的。当地大气压与之相差较大时，应选用相近大气压

的焓湿图。焓湿图上有几种等值参数线：等焓（h）线——与纵坐标轴成角的斜直线；等含湿量（d）线——平行纵坐标轴的直线；等干球温度（t）线——近似水平的直线；等相对湿度（ϕ）线——图中的曲线；等湿球温度（t_{wb}）线——近似与等焓线平行，图中未予表示；水蒸气分压力（p_w）——与 d 成单值函数关系，其值表示于 d 值的上方，等 p_w 线平行于等 d 线；图的右下方给出了热湿比 $\varepsilon\left(1000\dfrac{\Delta h}{\Delta d}, \text{kJ/kg}\right)$ 线，热湿比又称为角系数。

已知湿空气的两个独立状态参数，即可在焓湿图上确定该状态点，并可读出该状态下湿空气的其他参数。例如，已知在大气压 101.3kPa 下，湿空气的干球温度为 25℃，相对湿度为 55%，则可在大气压 101.3kPa 的湿空气焓湿图上确定出一点，并可得到该状态点的其他参数：$h = 53\text{kJ/kg}$，$d = 10.8\text{g/kg}$，$t_{wb} = 18.7℃$，$p_w = 1.73\text{kPa}$，露点温度 $= 15.4℃$。

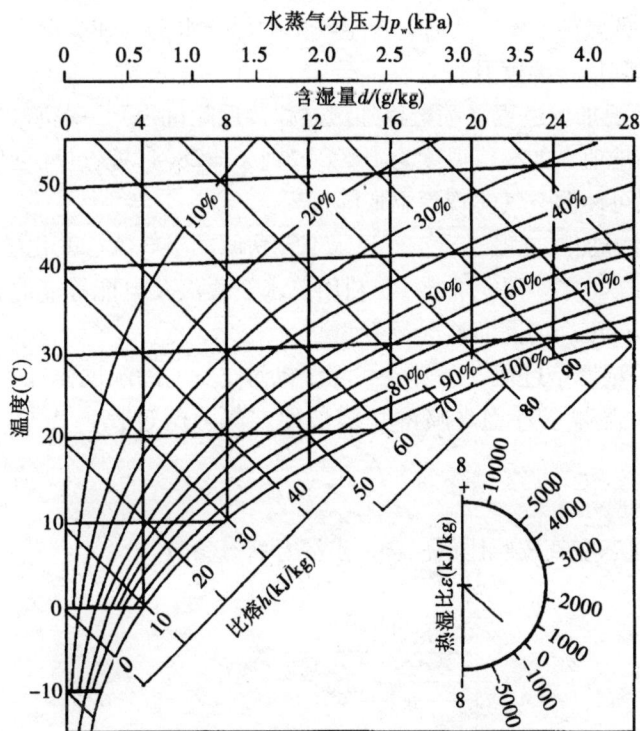

图 3-2　湿空气焓湿图（示意图）

（2）焓湿图上过程线的物理意义

图 3-3 表示了空调工程中常遇到的空气状态变化过程。

0—1 为空气冷却去湿过程（空气在表冷器或喷水室中的冷却去湿过程）。

0—2 为空气干冷却过程（当用表冷器处理空气，且其表面温度高于空气露点温度时，空气在表冷器中的冷却过程，d 为常数，）利用冷水或其他冷媒通过金属等表面对湿空气冷却，在其冷表面温度等于或大于湿空气的露点温度时，空气中的水蒸气不会凝结，因此，其焓湿量也不会变化，只是温度将降低。

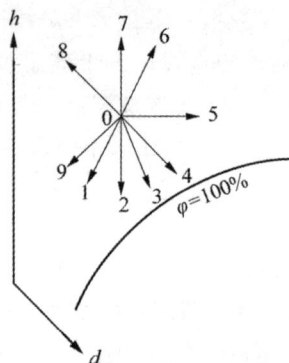

图3-3　焓湿图上几种典型的过程线

0—3 为空气冷却加湿过程（热空气送入空调房间的空气状态变化过程，$\varepsilon<0$）。

0—4 为空气等焓加湿过程（喷水室中喷淋循环水的空气冷却加湿过程接近此过程，$\varepsilon=0$），利用固体吸湿剂干燥空气时，湿空气中的部分水蒸气在吸湿剂的微孔表面上凝结，湿空气含湿量降低，温度升高。

0—5 为空气等温加湿过程（喷蒸汽加湿过程接近此过程），向空气中喷蒸汽，其热湿比等于水蒸气的焓值，如蒸汽温度为100℃，则 $\varepsilon=2864$，该过程近似于沿等温线变化，故常称喷蒸汽可使湿空气实现等温加湿过程。

0—6 为空气升温加湿过程（冷空气送入空调房间的空气状态变化过程）。

0—7 为空气加热过程（d 为常数），利用热水、蒸汽及电能等能源，通过热表面对湿空气加热，则其温度会增高而焓湿量不变。

0—8 为空气去湿增焓过程（如转轮式除湿机对空气的除湿过程）。

0—9 为空气去湿减焓过程（喷淋盐溶液的空气除湿过程，其方向与溶液温度有关）。

（3）焓湿图的应用

① 已知两种状态空气按照比例混合，求混合状态参数。

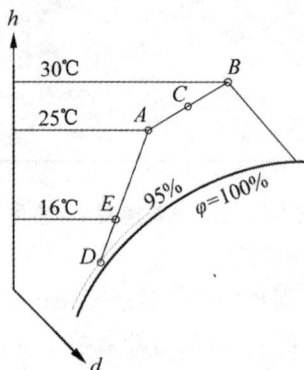

图3-4　利用焓湿图求空气状态参数

设有 A，B 两种状态的空气，空气 A 的温、湿度为25℃、55%，空气量 $\dot{M}_A=3\text{kg/s}$；空气 B 的干、湿球温度为30，25℃，空气量 $\dot{M}_B=2\text{kg/s}$；当地大气压为101.3kPa，求

混合状态点的参数。将已知状态 A，B 画在焓湿图上，如图 3-4 所示。B 点的其他状态参数为：$h = 76kJ/kg$，$d = 17.9g/kg$，$\phi = 67\%$。混合状态点 C 位于 AB 的连线上，且有 $AC/AB = \dot{M}_B /(\dot{M}_A + \dot{M}_B) = 2/(3+2) = 2/5$，根据此比例即可求得混合点 C，它的状态参数为 $h_c = 62kJ/kg$，$t_c = 27℃$。也可以按照，A，B 的比焓和它们的流量求有关参数，如 $h_c = (53 \times 3 + 76 \times 2)/5 = 62.2kJ/kg$，$t_c = (25 \times 3 + 30 \times 2)/5 = 27℃$。两种方法求得的 h_c 不相等，是用焓湿图计算的误差。

② 已知一状态点和热湿比求另一状态点。空气调节经常需要使空气按照设定的过程进行变化。例如，已知空气状态 A：25℃，55%（见图 3-4），求沿热湿比 $\varepsilon = 10000kJ/kg$ 的过程线到达已知状态点 A 的另一空气状态。可以通过 A 点引一直线（过程线），即平行于 $h-d$ 图右下角的热湿比为 10000kJ/kg 的直线，在此过程线上任何一点均可变化到状态点 A，此问题无定解，需要补充条件。如果补充条件为该空气状态接近饱和状态（95%），则可以将过程线延长与 $\phi = 95\%$ 的等相对湿度线相交即得，所求的状态点为 D：14℃，95%（见图 3-4）；如果补充条件为该空气的温度比状态 A 的温度低9℃，则过程线与 $t = 16℃$ 的等温线相交即得，所求的状态点为 E：16℃，86%（见图 3-4）。

3.2.2 空气处理过程

3.2.2.1 送风量和送风参数的确定

设有一空调房间，确定送入一定量经处理的空气，消除室内负荷后排出，如图 3-5 所示。假定送入室内的空气（称送风）吸收热量和湿量后，状态变化到室内状态，且房间内温湿度均匀，排出房间的空气参数即为室内空气的参数。当系统达到平衡后，全热量、显热量和湿量都达到平衡，即

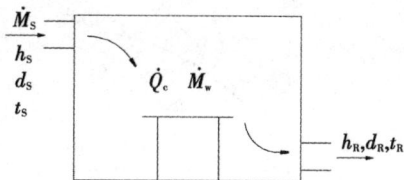

图 3-5 空调房间的热湿平衡

全热平衡

$$\dot{M}_S h_S + \dot{Q}_C = \dot{M}_S h_R \tag{3-1}$$

$$\dot{M}_S = \frac{\dot{Q}_C}{h_R - h_S} \tag{3-2}$$

显热平衡

$$\dot{M}_S c_p t_S + \dot{Q}_{C,S} = \dot{M}_S c_p t_R \tag{3-3}$$

$$\dot{M}_S = \frac{\dot{Q}_{C,S}}{c_p (t_R - t_S)} \tag{3-4}$$

暖通空调技术应用

湿平衡

$$\dot{M}_S d_S \times 10^{-3} + \dot{M}_w = \dot{M}_S d_R \times 10^{-3} \qquad (3\text{-}5)$$

$$\dot{M}_S = \frac{1000\dot{M}_w}{d_R - d_S} \qquad (3\text{-}6)$$

式中，$\dot{M}_S$ ——送人房间的风量，称送风量，kg/s；

$\dot{Q}_C$，$\dot{Q}_{C,S}$ ——分别为房间的全热冷负荷和显热冷负荷，kW；

$\dot{M}_W$ ——房间湿负荷，kg/s；

h_R，h_S ——分别为室内空气和送风的比焓，kJ/kg；

t_R，t_S ——分别为室内空气和送风的温度，℃；

d_R，d_S ——分别为室内空气和送风的焓湿量，g/kg；

c_p ——空气定压比热，kJ/(kg·℃)。

式 (3-2)、式 (3-4) 和式 (3-6) 都可以用于确定消除室内负荷的送风量，即送风量计算公式。

图 3-6 为送入室内的空气（送风）吸收室内的热量、湿量的状态变化过程。图中 R 为室内状态点，S 为送风状态点。变化过程的热湿比为

$$\varepsilon = \frac{1000(h_R - h_S)}{d_R - d_S} \qquad (3\text{-}7)$$

热湿比的单位为 kJ/kg。根据式 (3-2)、式 (3-6) 有

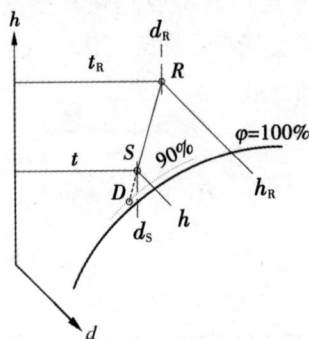

图 3-6 送风状态的变化过程

$$\varepsilon = \frac{\dot{Q}_C}{\dot{M}_W} \qquad (3\text{-}8)$$

在系统设计时，室内状态点 R 是已知的（可根据规范或工艺要求确定），冷负荷与湿负荷及室内过程的热湿比 ε 也是已知的，待确定量是 $\dot{M}_s$ 和送风状态点 S 的状态参数。从图 3-6 中可以看到，送风状态点在通过室内状态点 R、热湿比的线上。如果预先选定送风温度，则其他参数及送风量也就很容易确定了。工程上常根据送风温差 $\Delta t_s = t_R - t_s$ 来确定送风状态点 S。显然 Δt_s 越大，风量越小，相应的空气处理设备和管路也越小，

56

系统比较经济；但是，风量小会导致室内温湿度分布均匀性和稳定性变差。因此，对于温湿度控制严格的场合，送风温差应小些。对于舒适性空调和温湿度控制要求不严格的工艺性空调，可以选用较大的送风温差。

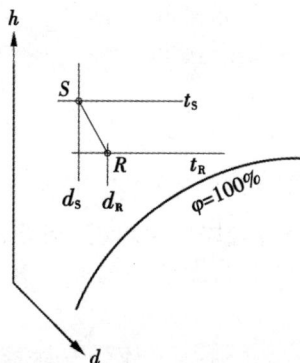

图 3-7　冬季送风状态变化过程

对于全年应用的全空气空调系统，冬季的送风量就取夏季设计条件下确定的送风量。这时只需要确定冬季的送风状态点。在冬季室外温度较低的地区，室内通常要供热。其空调设计热负荷主要是建筑围护结构热负荷。当室内有稳定的热源、湿源时，总热负荷中应扣除热源的散热量，还应考虑湿源的散湿量；而当室内的热源和湿源随机性很大时，就不宜考虑。

图 3-7 为冬季对室内供热的空调系统的送风状态变化过程。室内有热负荷和湿负荷，送风在室内的变化一般是减焓增湿过程。因此，根据式 (3-7)，热湿比为负值。式 (3-2)、式 (3-4)、式 (3-8) 中分子项均用全热热负荷或显热热负荷取代，并取负值。若送风量取交季的送风量，则送风温度应为

$$t_s = t_R - \frac{\dot{Q}_{h,s}}{\dot{M}_s c_p} \tag{3-9}$$

式中，$\dot{Q}_{h,s}$——室内显热热负荷（负值），kW。

冬季送风量也可以与交季不同，可取较大的送风温差和较小的风量。

【例 3-1】某空调房间室内全热冷负荷为 75kW，湿负荷为 8.6g/s，室内状态为 25℃，60%，当地大气压力为 101.3kPa，求送风量和送风状态。

【解】① 根据式 (3-8) 求热湿比

$$\varepsilon = \frac{1000 \times 75}{8.6} = 8721 \text{ kJ/kg}$$

② 在 $h-d$ 图（图 3-6）上确定室内状态点 R，并在此点做 $\varepsilon = 8721$kJ/kg 的过程线。若采用露点送风，取 ε 线与 $\phi = 90\%$ 线的交点 D 为送风状态点 S。在 $h-d$ 图上，查得 $h_s = 42$kJ/kg，$t_s = 16$℃，$d_s = 10.25$g/kg，$h_R = 55.5$kJ/kg，$d_R = 11.8$g/kg。

③ 利用式 (3-2) 计算送风量，即

$$\dot{M}_s = \frac{75}{55.5 - 42} = 5.56 \text{ kg/s} = 20000 \text{ kg/h}$$

也可以利用式（3-6）进行计算，即

$$\dot{M}_s = \frac{8.6}{11.8 - 10.25} = 5.55 \text{ kg/s} = 19974 \text{ kg/h}$$

两者计算有差值，这是由于查 $h - d$ 图带来的误差。

空调系统的送风温差 $\Delta t_s = 25 - 16 = 9℃$，符合标准[1]要求。

3.2.2.2 确定空调系统的新风量

确定最小新风量的原则：

空调系统除了满足对室内如下环境的温、湿度控制以外，还须给环境提供足够的室外新鲜空气（简称新风）。本节只讨论民用建筑和一般工业建筑（无工业污染物发生）中的全空气系统或空气－水系统所必需的新风量。新风量通常应满足以下三个要求。

① 不小于按照卫生标准或文献［2］规定的人员所需最小新风量。

② 补充室内燃烧所耗的空气和局部排风量。

③ 保证房间的正压。在全空气系统中，通常取上述要求计算出新风量中的最大值作为系统的最小新风量。

（1）人员必需通风量。对于以人群活动为主的建筑，人群是主要污染源，其 CO_2 的散发量指示了人体的生物散发物。因此，这类建筑都是用稀释人体散发的 CO_2 来确定必需的通风量——人员所需的最小新风量。人体的 CO_2 发生量与人体代谢率有关[2]，即

$$\dot{q} = 4 \times 10^{-5}(MA_p) \tag{3-10}$$

式中，$\dot{q}$——每个人的 CO_2 发生量，L/s；

M——新陈代谢率，W/m^2；

A_p——人体表面积，m^2。

对于一个标准的中国男人，A_p 平均为 $1.69 \ m^2$ 时，其 CO_2 发生量为

$$\dot{q} = 6.76 \times 10^{-5} M \tag{3-11}$$

稀释 CO_2 所需要的通风量按照稳定状态稀释方程来计算，即

$$\dot{v} = \frac{\dot{q}}{c - c_o} \tag{3-12}$$

式中，$\dot{v}$——每人稀释 CO_2 所需的新风量，$m^3/(s \cdot p)$；

c——室内 CO_2 的允许浓度，L/m^3，我国标准规定允许浓度在 $0.07\% \sim 0.15\%$ 范围内，一般可取 $0.1\% = 1L/m^3$；

c_o——室外空气 CO_2 浓度，L/m^3，一般可取 $0.3L/m^3$。

一般坐着活动的人（办公室、学校、住宅中人员），$M = 70W/m^2$，根据式（3-11）和式（3-12），并取 $c = 0.1\%$，计算得每人所需的最小新风量为 $6.76L/(s \cdot p) = 24 \ m^3/(h \cdot p)$。

各国根据建筑物中房间的用途，都制定了每人所需新风量的标准。我国在各种标准、规范中也规定了人员的新风标准，如影剧院、音乐厅、录像厅、体育馆、商场、书

店、餐厅等为 20 m³/(h·p)；办公室、游艺厅、舞厅等为 30 m³/(h·p)；旅馆客房 3 ~5 星级为 30 m³/(h·p)，1~2 星级为 20 m³/(h·p)。

（2）补充排风量或燃烧需要的空气量。排风量的大小暂不讨论，建筑物内的燃烧设备有燃气热水器、燃气灶和火锅等。燃烧设备燃烧时要消耗空气中的氧气。如果这些燃烧设备在空调系统所控制的室内环境中，系统必须给予补充新风，以弥补燃烧所耗的空气。燃烧所需的空气量可从燃烧设备的样本或说明书中获得，如无确切资料时，可根据燃料的种类和消耗量来估算，估算公式为：

① 液体燃料：

$$V_{\text{l}} = 0.228 \times 10^{-3} q_{\text{l}} \tag{3-13}$$

② 气体燃料：

$$V_{\text{g}} = 0.252 \times 10^{-3} q_{\text{g}} \tag{3-14}$$

式中，V_{l}——每 kg 液体燃料需要的空气量，m³；

V_{g}——每 kg 气体燃料需要的空气量，m³；

q_{l}——液体燃料的热值，kJ/kg；

q_{g}——气体燃料的热值，kJ/m³；

火锅餐厅中常用的燃料——酒精，燃烧需要的空气量实测值约为 3.81 m³/kg。

（3）保持正压新风量。保持房间正压的新风量，等于在室内外一定压差下通过门缝、窗缝等缝隙渗出的风量，可以按式（3-15）计算。

$$\dot{V}_{\text{i}} = \mu A_{\text{c}} (\Delta p)^n \tag{3-15}$$

式中，$\dot{V}_{\text{i}}$——从房间缝隙渗出的风量，也就是正压新风量，m³/s；

A_{c}——缝隙（门、窗等）面积，m²；

Δp——房间内正压，缝隙两侧的压差，一般取 5~10Pa，不应大于 50Pa[1]；

μ——流量系数，0.39~0.64；

n——流动指数，0.5~1，一般取 0.65。

根据式（3-15）还衍生出各种形式的按照缝长计算的公式，这里不再赘述。按照公式计算比较烦琐，而且在设计时，尚无确定的缝隙资料，因此，工程上常按照换气次数估算：有外窗的房间，正压新风量可取 1~2 h⁻¹（根据窗的多少取值）；无窗和无外门房间取 0.5~0.75。前苏联暖通空调设计规范[3]关于正压新风量的规定为：当房间高度≤6m 时，取 1 h⁻¹；当房间高度 >6m 时，按照每平方米地板面积 6 m³/h 风量确定。

3.2.3　定风量单风道系统

（1）露点送风系统系统图

图 3-8 为一最简单的定风量露点送风单风道空调系统。单风道系统指空调系统送出单一参数的空气。露点送风指空气经冷却处理到接近饱和状态点（称机器露点），不经再加热送入室内。夏季工况为：送风在机房内经冷却去湿处理后，送到室内，消除室内的冷负荷和湿负荷；回风机从室内吸出空气（称回风），一部分空气用于再循环（称再循环回风），并与新风混合，经处理后再送入房间，另一部分直接排到室外，称为排风。

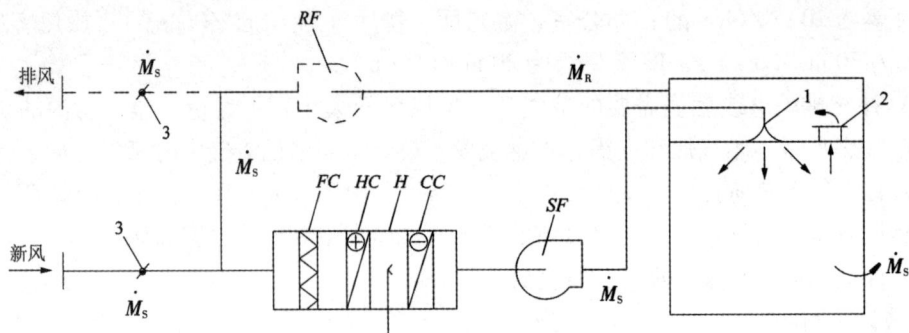

图3-8 定风量露点送风单风道空调系统

SF—送风机；CC—冷却盘管（表冷器）；HC—加热盘管；F—空气过滤器；H—加湿器；RF—回风机
1—送风口；2—回风口；3—调节风阀

冬季工况为：送风在机房内经过滤、加热、加湿后，送到房间，其循环方式同夏季。这个系统的送风是部分回风与新风的混合风，故又称回风式系统（混合式系统）。图中回风机可以设置，也可以不设置，不设置时系统无排风（图中虚线）。设有回风机的系统称为双风机系统，这种系统可根据季节调节新、回风量之比，在过渡季可以充分利用室外空气的自然冷量，实现全新风经济运行，从而节约能耗；而在夏季和冬季可以采用最小新风量。不设回风机的系统称为单风机系统，这种系统在过渡季难于实现全新风运行，除非在房间内设排风系统，否则会造成房间内正压太大，导致门启闭困难。在一些寒冷地区，新风与回风的混合点可能处于雾区，这时必须对新风进行预热。图3-8的系统是可以全年运行的全年性空调系统，如果取消加热盘管（HC），则成为只在夏季运行的季节性空调系统。对于全年性空调系统，加热盘管（HC）在寒冷地区应配置在冷却盘管的上游。以避免当混合风温度低于0℃时，将冷却盘管（通常存有水）冻坏。

由图3-5可见，系统中风量之间存在如下关系：

$$\dot{M}_s = \dot{M}_R + \dot{M}_i \tag{3-16}$$

$$\dot{M}_R = \dot{M}_r + \dot{M}_e \tag{3-17}$$

$$\dot{M}_s = \dot{M}_r + \dot{M}_o \tag{3-18}$$

$$\dot{M}_o = \dot{M}_e + \dot{M}_i \tag{3-19}$$

式中，$\dot{M}_s$，$\dot{M}_R$——系统的送风量和回风量，kg/s；

$\dot{M}_r$，$\dot{M}_e$——系统再循环回风量和排风量，kg/s；

$\dot{M}_o$，$\dot{M}_i$——系统室外风量（新风量）和房间维持正压的渗风量，kg/s。

对于单风机系统，系统无排风量后 $\dot{M}_e = 0$，回风全部再循环，即 $\dot{M}_r = \dot{M}_e$。因此有

$$\dot{M}_s = \dot{M}_R + \dot{M}_o \tag{3-20}$$

$$\dot{M}_o = \dot{M}_i \tag{3-21}$$

当 $\dot{M}_o = 0$ 时，即为再循环系统；$\dot{M}_r = 0$ 时为直流（全新风）系统。

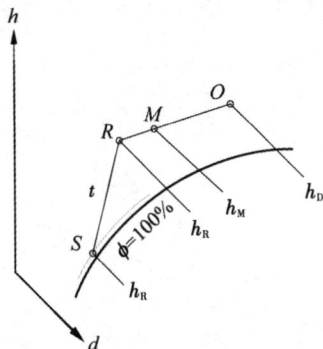

图 3-9　露点送风系统夏季工况

（2）工况分析

图 3-9 为系统夏季的设计工况在 $h - d$ 图上的表示。R，O 分别为室内、室外状态点。室内状态点 R 可根据规范、标准或工艺要求确定。室外状态点取当地历年平均不保证 50h/年的干球温度和湿球温度。设已知室内的冷负荷（包括显热冷负荷和潜热冷负荷）$\dot{Q}_c$（kW）和湿负荷 $\dot{M}_w$（kg/s）。根据冷负荷与湿负荷计算出热湿比 ε，则可在湿空气的 $h - d$ 图上通过 R 点按 ε 画出送风在室内的状态变化过程线，该线与 $\phi = 90\% \sim 95\%$ 线相交，即为送风状态点。利用式（3-2）或式（3-4）、式（3-6）即可计算出送风量 $\dot{M}_s$；系统最小新风量按照上节的方法确定；根据式（3-18）即可确定再循环回风量；将最小新风量与送风量之比 $\dot{M}_o / \dot{M}_s$ 称为最小新风比 m。根据两种空气混合的原理，在 $h - d$ 图上，混合点 M 应位于 RO 线上，且满足

$$m = \frac{RM}{RO} = \frac{h_M - h_R}{h_o - h_R} \tag{3-22}$$

式中，h_R，h_o，h_M 分别为室内状态点 R、室外状态点 O 混合点 M 的比焓（kJ/kg）。由公式（3-22）可以确定出 M 点的焓值及其他状态参数。MS 就是混合空气处理过程，空气处理设备需提供的制冷量应为

$$\dot{Q}_{p,r} = \dot{M}_s (h_M - h_s) \ (\text{kW}) \tag{3-23}$$

式中，h_s——送风的比焓，kJ/kg。

空气处理设备所提供的冷量，实质上包括两部分：① 室内冷负荷 $\dot{Q}_c$；② 新风冷负荷。其中新风冷负荷为

$$\dot{Q}_{c,o} = \dot{M}_o (h_o - h_R) \tag{3-24}$$

式中，$\dot{Q}_{c,o}$——新风冷负荷，kW。

室内湿负荷 $\dot{M}_w$ 比较大的场合，角系数 ε 往往很小，可能与 $\phi = 90\% \sim 95\%$ 不相交，这表明空气处理设备难于处理到所要求的状态。这时可以在条件许可的情况下改变室内

设计参数（如增大相对湿度）。如果改变室内设计参数后，仍无法确定出送风状态点，这表明用露点送风在设计条件下无法达到所要求的室内参数。若要求必须达到室内设计参数，则应采用再热式系统。

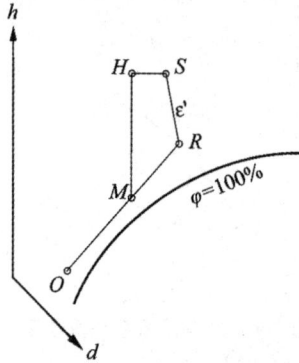

图 3-10　露点送风系统冬季工况

图 3-10 为系统冬季工况在 $h-d$ 图上的表示。设冬季室内热负荷为 $\dot{Q}_h$（kW）及稳定的湿负荷为 $\dot{M}_w$（kg/s），由此可以计算得到冬季送风在室内变化过程角系数。送风进入室内的变化过程是冷却加湿过程，按照热湿比的定义 [式（3-7）]，ε' 为负值。热负荷 $\dot{Q}_h$ 应是全热热负荷。当有稳湿负荷时，室内全热热负荷应是显热热负荷（房间的失热量，负值）与潜热热负荷（房间获得的与湿负荷相当的潜热，正值）的代数和。通过 R 点作 ε' 线，并根据式（3-9）求送风温度 t_s，t_s 等温线与 ε' 线的交点即为送风状态点 S。空气处理过程为：室外新风（状态 O）与再循环回风（状态 R）混合到 M 点，经过加热器加热的 H，喷蒸汽加湿到点 S。HS 为近等温过程，SR 即送风进入室内的状态变化过程。

目前，空气加湿的方法除了喷蒸汽等温加湿外，还有电极式、电热式、超声波、喷水室（喷循环水）、淋水填料层、高压喷雾等加湿方法。其中，除了电极式和电热式加湿器为等温加湿外，其余均为等焓加湿。如果用等焓加湿，则应将空气加热到通过 S 的等焓线上系统加湿设备的加湿量 $\dot{M}_{p,w}$（kg/s）应为

$$\dot{M}_{p,w} = \dot{M}_s(d_s - d_M) \times 10^{-3} \tag{3-25}$$

式中，d_s，d_M——送风点和混合点的含湿量，g/kg。

（3）全新风系统和再循环系统

送风全部采用新风的系统称为全新风系统，或称直流式系统。全新风系统的夏季工况如图 3-11 所示。室外新风 O，直接处理到送风状态点 S（机器露点），再送入空调房间消除室内的冷负荷和湿负荷。

全新风系统要求的送风量 $\dot{M}_s$ 一般大于系统的最小新风量 $\dot{M}_o$，大部分地区夏季室外空气比焓 h_o 于室内空气比焓 h_R，使系统的能耗高。因此，这种系统适用于不允许有回风的场合及防止污染物互相传播的场合。

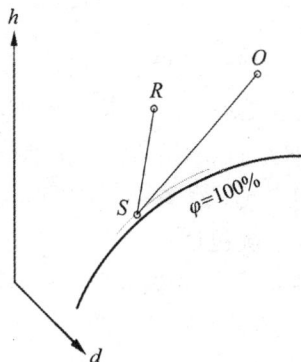

图 3-11　全新风系统夏季工况

送风全部采用回风（无新风）的系统称再循环系统，或称封闭式系统。室内空气（状态 R）处理到送风状态点 S，再送到室内消除室内冷、热负荷（参见图 3-11）。不难看出，这个系统无新风负荷，节省能量。但是室内无新风供应，卫生条件差。因此，在有人员的空调房间不应采用这样的系统。然而对于间歇运行的系统，如体育馆、剧场等的空调系统，在对房间预调节时，这时人员极少，可以采用再循环系统运行，从而降低能耗。

3.3　空气 – 水系统

空气 – 水系统是由空气和水共同来承担空调房间冷、热负荷的系统，除了向房间内送入经处理的空气外，还在房间内设有以水作为介质的末端设备对室内空气进行冷却或加热。在全空气系统中，为了对房间温度进行调节，有时在房间内或末端设备（如变风量末端机组）中设置加热盘管（用热水、蒸汽或电），这种系统不算作空气 – 水系统，仍属全空气系统。

3.3.1　空气 – 水系统的特点及应用

空气 – 水系统的特点：风道、机房占建筑空间小，不需设回风管道；如果采用四管制，可同时供热、供冷；而在过度季节不能采用全新风系统；检修比较麻烦，湿工况要除霉菌；部分负荷时除湿能力下降。

根据在房间内末端设备的形式可分为以下三种系统。

① 空气 – 水风机盘管系统——在房间内设置风机盘管的空气 – 水系统。其特点是：可用于建筑周边处理周边负荷，系统分区调节容易；风量、水量均可调节，可独立调节或开停而不影响其他房间，运行费用低；风机余压小，不能用高性能空气过滤器。通常适用于客房、办公楼、商用建筑。

② 空气 – 水诱导器系统——在房间内设置诱导器（带有盘管）的空气 – 水系统。其特点是：末端噪声大；旁通风门个别控制不灵，管道系统复杂；二次风过滤难，新风量取决于带动二次风的动力要求，空气输送动力消耗大。房间同时使用率低的场合不使

用，因此逐渐被风机盘管所取代。

③ 空气－水辐射板系统——房间内设置辐射板（供冷或供暖）的空气－水系统。其特点是：可用于抵消窗际辐射和处理周边负荷；无吹风感，舒适性较好，室温可以提高；承担瞬时负荷能力强，但单位面积承担负荷能力有限。

上述分类只是全空气系统和空气－水系统主要的分类方式，实际上还有其他分类方式。目前国内最普遍使用的空调系统包括：① 集中式中央空调系统（定风量单风道空调系统、全空气系统）：商场、影剧院、宾馆大厅、体育馆等。② 风机盘管加新风系统（半集中式系统）：办公室建筑、宾馆客房等。③ 家用空调（局部空调系统）：住宅、办公室等。

3.3.2 空气－水的风机盘管系统

空气－水风机盘管系统习惯上称为风机盘管加独立新风系统。它是空气－水系统中的一种形式，是目前应用广泛的一种空调系统方式，室内的冷、热负荷和新风的冷热负荷由风机盘管与新风系统共同来承担。

（1）新风系统的功能与划分

新风系统承担着向房间提供新风的任务。风机盘管加独立新风系统一般用于民用建筑中，因此，新风系统的主要功能是满足稀释人群活动所产生污染物的要求和人对室外新风的需求。新风量可以根据规范和有关设计手册按照人数或建筑面积进行确定。新风系统的划分原则：① 按照房间功能和使用时间划分系统，即相同功能和使用时间基本一致的可合为一个新风系统；② 有条件时，分楼层设置新风系统；③ 高层建筑中，可若干楼层合用一个新风系统，但切忌系统太大，否则各个房间的风量分配很困难。

（2）房间中新风的送风方式

房间中新风供应有以下两种方式：① 直接送到风机盘管吸入端，与房间的回风混合后，再被风机盘管冷却（或加热）后送入室内。这种方式的优点是比较简单，缺点是一旦风机盘管停机后，新风将从回风口吹出，回风口一般都有过滤器，此时过滤器上灰尘将被吹入房间；如果新风已经冷却到低于室内温度，将导致风机盘管进风温度降低，从而降低风机盘管的出力。因此，一般不推荐采用这种送风方式。② 新风与风机盘管的送风并联送出，可以混合后再送出，也可以各自单独送入室内。这种系统的安装稍微复杂一些，但避免了上述两条缺点，卫生条件好，应优先采用这种方式。

（3）新风处理状态点的分析

房间的显热冷负荷和湿负荷（包括新风负荷）是由风机盘管与新风共同来承担的，因此，风机盘管与新风如何分配这些负荷是设计者必须考虑的。目前有4种设计方案。

方案一：新风冷却去湿处理到低于室内的含湿量，承担室内的湿负荷及部分显热冷负荷。这时风机盘管只承担室内部分显热冷负荷，在干工况下运行。为使盘管在干工况下运行，必须提高冷冻水温度，一般在15～18℃。新风的这种处理方案的优点是：① 盘管表面干燥，无霉菌滋生条件，卫生条件好；② 风机盘管用的冷冻水温度高，如盘管用冷冻水由单独的冷水机组制备，则它的制冷系数高、能耗低；③ 在室外湿球温度低时，可利用冷却塔的水做风机盘管冷源，或采用地下水做冷源，以降低人工制冷的能耗。缺点是：① 新风系统需要温度比较低的冷冻水，而盘管需要温度比较高的冷冻水，因此冷冻水系统比较复杂；② 盘管在干工况下运行，其制冷能力大约只有原来标准工况（7℃冷冻水）的 60% 以下，虽然风机盘管负荷减少了，但所选用的风机盘管规格并不能减小，而这时新风系统的冷却设备因负荷增加而需要加大规格；③ 一些不可预见的原因使室内湿负荷增加（如室内人员密度增加，室外湿空气渗入房间），风机盘管也可能出现所不希望的湿工况。当空调冷源采用冰蓄冷系统时，有温度很低的冷冻水供应，这时宜选用这种新风处理方案。

方案二：新风冷却去湿处理到室内空气的焓值，而风机盘管承担室内人员、设备冷负荷和建筑维护结构冷负荷。新风与风机盘管的空气处理过程及送风（风机盘管送风和新风）在室内的状态变化过程在 $h-d$ 图上的表示见图 3-12。室外新风 O 被冷却处理到机器露点 D；此点的温度根据设计的室内状态点的焓值线与相对湿度 90% ~95% 线的交点确定，一般可取 17 ~19℃。实际工程中，就按照确定的温度控制对新风的处理，而不因室内焓值的变化修正控制的温度。风机盘管处理到 F 点，与新风混合后到 M 点。MR 为处理后空气送入室内的状态变化过程。这种处理方案并不一定满足房间对温湿度的要求。原因如下：在已确定条件下，室内的冷负荷和湿负荷是一定的，即室内的热湿比（ε_R）是确定的，因此，要求风机盘管处理后状态点 F 与新风处理后状态点 D 混合后的状态点 M 刚好落在室内 ε_R 线上，才有可能最终达到所要求的室内状态点 R。然而，风机盘管处理过程的热湿比 ε_{FC} 在一定水温、水量、进风参数及风机转速下是一定的，并不一定满足上述要求。如果混合点在 ε_R 左侧，室内相对湿度会比设计的低些，这在夏季是有利的；反之，混合点在 ε_R 的右侧，室内相对湿度会比设计值高，太高就不能满足舒适的要求。因此，设计者必须对此进行校核。

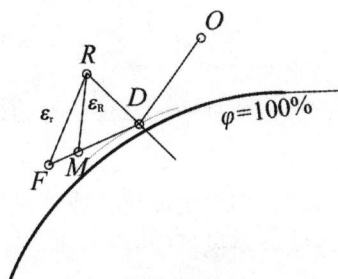

图 3-12　方案二的处理过程

方案三：根据室内的冷负荷、湿负荷和风机盘管的热湿比确定新风的处理状态点。

设：室内的全热冷负荷为 $\dot{Q}_c$（kW），湿负荷为 $\dot{M}_w$（kg/s），新风量 $\dot{V}_o$（m³）。室内状态点的参数为：比焓 h_R（kJ/kg）、含湿量 d_R（g/kg）。新风处理后的状态点的参数为：比焓 h_D（kJ/kg）、含湿量 d_D（g/kg）。新风送入室内后，将给室内带入全热冷负荷 $\rho\dot{V}_o(h_D-h_R)$ 和湿负荷 $\rho\dot{Q}_o(d_D-d_R)\times10^{-3}$，上述负荷若为负值，表示新风承担了部分房间冷负荷或湿负荷。综合考虑新风带入负荷后的室内热湿比应为

$$\varepsilon_r = \frac{\dot{Q}_c + \rho\dot{V}_o(h_D - h_R)}{\dot{M}_w + \rho\dot{V}_o(d_D - d_R) \times 10^{-3}} \tag{3-26}$$

式中，ρ——送入新风的密度，kg/m^3。

如风机盘管的空气处理过程的热湿比 ε_{FC} 等于或稍小于 ε_r，则可满足设计要求，即必须有

$$\frac{\dot{Q}_c + \rho\dot{V}_o(h_D - h_R)}{\dot{M}_w + \rho\dot{V}_o(d_D - d_R) \times 10^{-3}} \geqslant \varepsilon_{FC} \tag{3-27}$$

对于某一品牌的风机盘管，在一定水温、水量、进风参数、转速条件下，它的 ε_{FC} 是已知的，通常可在设备制造厂提供的样本上获得。但是，即使已知风机盘管的和室内冷负荷、湿负荷，也无法由式（3-27）确定出新风处理后的状态点，因该式中有两个未知数——h_D 和 d_D，必须补充条件。对于我国大多数地区，夏季需对新风进行冷却去湿处理，用4排管以上的表冷器都可把新风处理到 $\varphi = 90\% \sim 95\%$[4]。在该等 φ 线上，h_D 与 d_D 有确定的关系，这样就可以用式（3-27）确定出新风处理后的状态参数。对于夏季室外含湿量 $d_o < d_R$ 的气候干燥地区，可以对新风进行干冷却处理，即令 $d_D = d_o$，则也容易由式（3-27）确定出新风处理后的状态参数。

方案四：新风经除湿（非冷却除湿）后承担室内湿负荷，风机盘管承担室内显热冷负荷。新风与用15～18℃冷冻水冷却的盐溶液（如氯化钠溶液）直接接触，实现对新风冷却去湿处理，使新风处理后的含湿量 $< d_R$（满足除去室内湿负荷的要求），温度降到室内温度；风机盘管也采用15～18℃冷冻水对室内空气进行冷却（承担室内显热冷负荷）。这种方案的特点是风机盘管与新风分别对室内的温度和湿度进行独立控制[5]。这种温湿度独立控制方案，既保留了方案一的优点，又避免了要求有低温冷冻水和要求有高、低两种温度冷冻水的缺点。

对于冬季工况，新风一般可以加热到室内温度，并根据房间的湿负荷确定对新风的加湿量。

对新风的处理通常采用组合式空调机组或整体式新风机组。机组一般具有过滤、冷却、加热、加湿等功能。在冬季室外新风低于0℃的地区，新风机组应有防冻措施，如在新风入口处设电动保温密闭阀，与风机联动。当停机时，密闭阀将自动关闭。另外，加热盘管应位于机组内冷却盘管的上游，以防在冬季运行时，由于冷却盘管中未放水或水未放尽而冻坏盘管。

【例3-2】一标准客房室内全热冷负荷为1.4kW；室内湿负荷为200g/h（5.56 × 10^{-5} kg/s）；送入新风量为80/h（2.22 × 10^{-2} /s）；室内设计参数为25℃和50%；当地大气压为99.3kPa，求新风处理后的状态。

【解】查某企业风机盘管样本，在冷冻水进水温度为7℃、额定流量和室内设计参数条件下，型号为FP34和FP51风机盘管的平均显热比 SHF（显热/全热）= 0.75，则风机盘管处理过程的热湿比为

$$\varepsilon_{FC} = \frac{2500}{1 - SHF} = 10000 \text{ kJ/kg}$$

根据室内参数，在大气压力为 99.3kPa（745mmHg）的 $h\text{-}d$ 图上查得，$h_R = 51\text{kJ/kg}$，$d_R = 10.1\text{g/kg}$，代入式（3-26），得

$$\varepsilon_r = \dfrac{1.4 + 2.22 \times 10^2 \times 1.17\ (h_D - 51)}{5.56 \times 10^{-5} + 2.22 \times 10^{-2} \times 1.17\ (d_D - 10.1)\ \times 10^{-3}}$$

用试算法，取 $h_D = 51.2\text{kJ/kg}$，$\phi = 95\%$，$d_D = 12.9\text{g/kg}$，代入上式后得 $\varepsilon_r = 10950\text{kJ/kg} > \varepsilon_{FC}$（10000kJ/kg）。要求新风处理后的焓值 $h_D \approx$ 室内焓值 h_R。这也说明，对于客房用的新风系统，方案二是可行的。

（4）空气－水风机盘管系统中风机盘管的选择

风机盘管容量的确定应考虑新风系统所承担的室内冷负荷。风机盘管所承担的冷负荷 $\dot{Q}_{FC}$（kW）应为

$$\dot{Q}_{FC} = \dot{Q}_C - \rho \dot{V}_o (h_R - h_D) \tag{3-28}$$

式中符号同前。根据 $\dot{Q}_{FC}$ 先选择风机盘管的规格。若采用方案二的新风处理方案，则风机盘管直接根据室内冷负荷进行选择。

（5）空气－水风机盘管系统的运行调节

空气－水风机盘管系统的运行调节分为两大部分：设在房间内的风机盘管和新风系统的运行调节；房间内的风机盘管的供冷量或供热量根据房间内的温度进行调节。新风系统的运行调节相对于全空气空调系统来说比较简单。夏季将新风冷却并恒定在设计确定的新风温度（t_D）。当室外新风温度 $t_o < t_D$，且室内有冷负荷时，新风可以不经冷却或加热处理直接进入室内；但当室外空气温度较低时，就不宜直接进入室内，以避免室内有吹冷风感。对于一般的舒适性空调建筑，当送新风的高度在 5m 以下时，送入新风的温度不宜低于 14～15℃；当送新风的高度在 5m 以上时，新风的温度不宜低于 10～11℃。因此，当室外温度低于上述温度时，即使室内仍有冷负荷，也应对新风进行加热，并保持某一允许的较低温度值。冬季若新风系统所负担的区域室内有热负荷，则应将新风加热到室内温度，并进行必要的加湿；若新风系统担负的区域中有的需供冷（如内区）有的需供热（周边区），则宜将新风加热和加湿到制冷工况所确定的新风状态点。这时对于需要供热的区域来说，新风给室内带入一些热负荷，必须由风机盘管来承担。由于风机盘管的供热能力远大于制冷能力，新风所带入的热负荷完全有能力承担。

（6）空气－水风机盘管系统的优缺点

空气－水风机盘管系统与全空气系统相比的优点是：

① 各房间的温度可独立调节；当房间不需要空调时，可关闭风机盘管（关闭风机），节约能源和运行费用。

② 各房间的空气互不串通，避免交叉污染。

③ 风、水系统占用建筑空间小，机房面积小，其原因是新风系统风量小，一般仅为全空气系统的 15%～30%；水的密度比空气的大，输送同样能量时水的容积流量不到空气流量的千分之一，水管比风管小很多。

④ 水、空气的输送能耗比全空气系统小，原因同上。

它的缺点是：

① 末端设备多且分散，运行维护工作量大；

② 风机盘管运行时有噪声；

③ 对空气中悬浮颗粒的净化能力、除湿能力和对湿度的控制能力比全空气系统弱。

3.4　冷剂式系统

冷剂式空调系统是空调房间的负荷由制冷剂直接负担的系统。制冷系统蒸发器或冷凝器直接从空调房间吸收（或放出）热量。冷剂式空调系统也称机组式系统。这是一项室内热湿环境的有效控制技术。

空调机组是由空气处理设备（空气冷却器、空气加热器、加湿器、过滤器等）、通风机和制冷设备（制冷压缩机、节流机构等）组成的空气调节设备。它由制造厂家整机供应，用户按照机组规格、型号选用即可，不需对机组中各个部件与设备进行选择计算。目前，空调工程中最常见的机组式系统有：

① 房间空调器系统；

② 单元式空调机系统；

③ 变制冷剂流量空调系统；

④ 水环热泵空调系统。

3.4.1　冷剂式空调系统的特点

① 空调机组具有结构紧凑、体积小、占地面积小、自动化程度高等优点。

② 空调机组可以直接设置在空调房间内，也可以安装在空调机房内，所占机房面积较小，只是集中空调系统的50%，机房层高也相对低些。

③ 由于机组的分散布置，可以使各空调房间根据自己的需要启停各自的空调机组，以满足不同的使用要求，因此，机组系统使用灵活方便。同时，各空调房间之间也不会互相污染、串声，发生火灾时，也不会通过风道蔓延，对建筑防火有利。但是，分散布置，使维修与管理较麻烦。

④ 机组安装简单、工期短、投产快。对于风冷式机组来说，在现场只要接上电源，机组即可投入运行。

⑤ 近年来，热泵式空调机组的发展很快。热泵空调机组系统是具有显著节能效益和环保效益的空调系统。

⑥ 一般来说，机组系统就地制冷、制热，冷、热量的输送损失少。

⑦ 机组系统的能量消费计量方便，便于分户计量，分户收费。

⑧ 空调机组能源的选择和组合受到限制。目前，普遍采用电力驱动。

⑨ 空调机组的制冷性能系数较小，一般为2.5~3。同时，机组系统不能按照室外一般气象参数的变化和室内负荷的变化实现全年多工况节能运行调节，过渡季也不能用全新风。

⑩ 整体式机组系统，房间内噪声大，而分体式机组系统房间的噪声低。

⑪ 设备使用寿命较短，一般约为 10 年。

⑫ 部分机组系统对建筑物外观有一定的影响。安装房间空调机组后，经常破坏建筑物原有的建筑立面。另外，还有噪声、凝结水、冷凝器热风对周围环境的污染。

3.4.2　多联式空调机组

多联式空调机组（简称多联机）是由室外机配置多台室内机组成的冷剂式空调系统。为了适时地满足各房间冷、热负荷的要求，多联机采用电子控制供给各个室内机盘管的制冷剂流量和通过控制压缩机改变系统的制冷剂循环量，因此，多联机系统是变制冷剂流量系统。20 世纪 80 年代初，日本创立和采用并将这种系统注册为 VRV（VRV，varible re-frigerant volume）系统，它代表了单元式空调机组发展的新水平。

几十年来，几十万瓦以上的空调系统，一般采用集中式中央空调系统。但是，由于多联机系统是以制冷剂作为热传送介质，其每千克传送的热量是 205kJ/kg，几乎是水的 10 倍和空气的 20 倍，同时，可根据室内负荷的变化，瞬间进行容量调整（采用变频技术或多台压缩机组合或数码涡旋技术等改变制冷系统的质量流量），使多联机系统能在高效率工况下运行，是一种节能型的空调系统。多联机系统又常以其模式结构组合成灵活多变的系统。这样，多联机系统就可以解决集中式中央空调系统存在的诸如输送管道断面尺寸大、要求建筑物层高增加、占用大量的机房面积、维修费用高等难题。因此，多联机系统的诞生向传统的集中式中央空调系统发出了强劲的挑战，成为几百到上万平方米空调区域的新建及改建工程中实用而有意义的空调方式。

目前，中国市场上常见的多联机系统产品，主要有日本大金公司的 G，H，K 系列产品和超级 VRV 变频控制空调系统；大连三洋空调机有限公司的 ECO 一拖多机系统；海尔、美的、格力、新科、小天鹅等多联机产品。

多联机系统与传统的空调系统相比，具有如下特点。

① 设备少、管路简单、节省建筑面积与空间。多联机系统常采用风冷方式，并将制冷剂直接送入室内，不需要冷却水和冷冻水系统，从而省去冷却水循环水泵、冷冻水循环水泵、冷却塔等辅助设备及相应的水管系统；多联机系统不需要庞大的风道系统，从而减少了建筑物中的占用空间，可以降低楼层高度；超级多联机系统由于采用组合式室外机，可使制冷剂管道约减少 30%，约节省 70% 的管道井面积及空间；室外机安装在室外或屋顶，不占用制冷机房，同时也不需要空调机房。

② 布置灵活。设计者可以根据建筑物的用途、不同的负荷、装饰风格等来灵活地选择室内机。由于多联机系统有很长的配管系统和较大的高度差，布置安装灵活方便，可满足各种建筑物的要求。

③ 具有节能效益。例如，超级 VRV 系统由于采用变频型室外机与恒速型室外机组合，使系统的容量可在 5%～100% 之间调节，完全可以满足不同季节不同负荷的要求，同时也使组合式室外机与室内机有更佳的匹配关系，即使在低负荷（额定负荷的 30%）下运行时，机组的性能系数值仍可达 3.4 左右，VRV Ⅲ 新产品 8HP 机 COP（制冷）达 4.27，平均 COP 为 3.75，由此带来节能效益。室内机可单独控制，故不需要空调的房

值可以根据使用者的要求关闭室内机，减少了能源的浪费。不同房间可以设定不同的温度，既提高了舒适水平，又避免了集中控制造成的无效能源浪费。将制冷剂送入室内，直接冷却室内空气，无二次换热，提高了能源利用率。

④ 运行管理方便、维修简单。多联机系统具有多种控制方式，对室内机可选用有线或无线遥控器，根据用户的需要分别采用单遥控、双遥控、组控及中央控制等方式，也可与楼宇自控系统联网，实现计算机统一控制管理，十分方便。系统可视需求分层、分区、分户控制，分别计量，分别计费。系统具有故障自动诊断功能，可以自动显示出故障的类型和部位，以便迅速而简单地进行维修，因而，不需要专门的管理人员，提高了检修效率。

⑤ 多联机系统的经济效率显著。多联机系统的初投资要大些。现以 VRV 系统为例，一般来说，VRV 系统比一般集中式空调装置约贵 30%。但年运行费用低，据统计，VRV 变频系统与风冷式冷水机组的年运行费用之比是 69.7∶100，这意味着可节约 30% 的运行费用。据文献［6］介绍，由于安装费用、运转成本、维修成本和能量消耗等较低。所以，多联机系统总的寿命成本仅是冷水机组系统的 86% 左右。由此可见，其经济效益是十分显著的。但是，目前多联机产品的价格偏高，仍难于让用户接受多联机系统。

⑥ 联机系统容量可根据建筑物负荷的大小自由组合，并具有灵活的扩展能力，因此，多联机系统是一种灵活多变的空调系统。

⑦ 多联机系统制冷剂管路过长，导致系统的制冷（热）能力下降。众所周知，系统配管长，制冷剂流动阻力损失就大，使室外机（主机）吸气压力降低，这又引起吸气比容的相应增大，最终管路长导致系统能力衰减[5]。

⑧ 多联机系统内制冷剂充灌量大，微小的泄漏也会影响系统的正常运行[5]。

3.5 空调系统的选择与划分原则

3.5.1 系统形式的选择

本章介绍了各种空调系统形式，那么究竟如何选择这些系统呢？对于某一特定建筑，排除满足不了基本要求的系统外，一般都有几种系统形式可供选择。通常不可能有绝对最好的系统，只可能几项主要指标是最优或较优的系统。需要考虑的指标也有很多，也只能择其重要的或比较重要的指标进行考虑。通常需要考虑的指标有：经济性指标——初投资和运行费用或其综合费用；功能性指标——满足对室内温度、湿度或其他参数的控制要求的程度；能耗指标——能耗实际上已反映在运行费用中，但有时被其他费用所掩盖，而节能是我国的基本国策，应当优先选择节能型系统；系统与建筑的协调性——如系统与装修、系统与建筑空间和平面之间的协调；还有维护管理的方便性、噪声等。在选择系统之前，还必须了解建筑和空调房间的特点与要求，如冷负荷密度（即单位面积冷负荷）、冷负荷中的潜热部分比例（即热湿比）、负荷变化特点、房间的污

染物状况、建筑特点、室内装修要求、工作时段、业主要求和其他特殊要求等。系统的
选择实质上是寻求系统与建筑的最优搭配。下面举例说明系统选择的分析方法。

① 空气系统在机房内对空气进行集中处理，空气处理机组有多种处理功能和较强
的处理能力，尤其是有较强的除湿能力。因此，适用于冷负荷密度大、潜热负荷大（室
内热湿比小）或对室内含尘浓度有严格控制要求的场所，例如，人员密度大的大餐厅、
火锅餐厅、剧场、商场、有净化要求的场所等。系统经常需要维修的是空气处理设备，
全空气系统的空气处理设备集中于机房内，维修方便，且不影响空调房间的使用，因
此，全空气系统也适用于房间装修高级、常年使用的房间，例如，候机大厅、宾馆的大
堂等。但是，全空气系统有较大的风管及需要空调机房，在建筑层低、建筑面积紧张的
场所，它的应用受到了限制。

② 高大空间的场所宜选用全空气定风量系统。在这些场所，为使房间内温度均匀，
需要有一定的送风量，故应采用全空气系统中的定风量系统。因此，像体育馆比赛大
厅、候机大厅、大车间等宜用全空气定风量空调系统。

③ 一个系统有多个房间或区域，各房间的负荷参差不齐，运行时间不完全相同，
且各自有不同要求时，宜选用全空气系统中的变风量系统、空气－水风机盘管系统、空
气－水诱导器系统等。如果这些系统中有多个房间的负荷密度大、湿负荷较大，应选用
单风道变风量系统或双风道系统。空气－水风机盘管、空气－水辐射板系统和空气－水
诱导器系统适用于负荷密度不大、湿负荷也较小的场合，如客房、人员密度不大的办公
室等。

④ 一个系统有多个房间，且需要避免各房间污染物互相传播时，如医院病房的空
调系统，应采用空气－水风机盘管系统、一次风为新风的诱导器系统或空气－水辐射板
系统。设置于房间内的盘管最好干工况运行。

⑤ 建筑加装空调系统，比较适宜的系统是空气－水系统；一般不宜采用全空气集
中空调系统。因为空气－水系统中的房间负荷主要由水来承担，携带同样冷、热量的水
管远比风管小很多，在旧建筑中布置或穿楼层较为容易；空气－水系统中的空气系统一
般是新风系统，风量相对较少，且可分层、分区设置，这样风管尺寸很小，便于布置、
安装。如果必须采用全空气集中空调时，也应尽量将系统划分得小一些。

3.5.2　系统划分的原则

一幢建筑不仅有多种形式的系统，而且同一种形式的系统还可以划分成多个小系
统。系统划分的原则如下。

① 系统应与建筑物分区一致。一幢建筑物通常可分为外区和内区。外区又称周边
区，是建筑中带有外窗的房间或区域。如果一个无间隔墙的建筑平面，周边区指靠外窗
一侧 5~7m（平均为 6m）的区域；内区是除去周边区外的无窗区域，当建筑宽度 <
10m 时，就无内区。周边区还可以分为不同朝向的周边区。不同区的负荷特点各不相
同。一般来说，内区中常年有灯光、设备和人员的冷负荷，冬季只在系统开始运行时有
一定的预热负荷或室外新风加热负荷，但最上层的内区有屋顶的传热，冬季也可能有热
负荷。周边区的负荷与室外有着密切的关系，不同朝向的周边区的围护结构冷负荷差别

很大。北向冷负荷小，东侧上午出现最大冷负荷，西侧下午出现最大冷负荷，南向负荷并不大，但 4 月、10 月南向的冷负荷与东、西向相当。冬季周边区一般都有热负荷，尤其在北方地区，其中，北向周边区的负荷最大。在有内、外区的建筑中，就有可能出现需要同时供冷和供热的工况，系统宜分内、外区设置，外区中最好分朝向设置，因为有的系统无法同时满足内外区供冷和供热要求。虽然有再热的变风量系统或空气－水诱导器系统，可以实现同时对内区供冷和对周边区供热，但会引起冷、热量抵消，浪费能量。因此，最好把内外区的系统分开。

② 在供暖地区，有内、外区的建筑，且系统只在工作时间运行（如办公楼），当采用变风量系统、诱导器系统或全空气系统时，无论是否分区设置，宜设一独立的散热器供暖系统，以在建筑无人时（如夜间、节假日）进行值班供暖，从而可以节约运行费用。

③ 各房间或区的设计参数和热湿比相接近、污染物相同，可以划分为一个全空气系统；对于定风量单风道系统，还要求工作时间一致，负荷变化规律基本相同。

④ 一般民用建筑中的全空气系统不宜过大，否则风管难于布置；系统最好不跨楼层设置，需要跨楼层设置时，层数也不应太多，这样有利于防火。

⑤ 空气－水系统中的空气系统一般都是新风系统，这种系统实质上是一个定风量系统，它的划分原则是功能相同、工作班次一样的房间可划分为一个系统；虽然新风量与全空气系统中的送风量相比小很多，但系统也不宜过大，否则，各房间或区域的风量分配很困难；有条件时可分层设置，也可以多层设置一个系统。

⑥ 工业厂房的空调、医院空调等在划分系统时要防止污染物互相传播。应将同类型污染的房间划分为一个系统；并应使各房间（或区）之间保持一定的压力差，引导室内的气流从干净区流向污染区。

思考题与习题

3－1 什么叫全空气系统和空气－水系统？

3－2 两种干、湿球温度分别为 32℃，26℃ 和 25℃，19℃ 的空气以 1:2 的比例混合，求混合后空气的 h，d，t（注：大气压为 101.3kPa；以下题，如无特殊说明，均设大气压为 101.3kPa）。

3－3* 在焓湿图中，有哪四条主要的参数线？工程上怎样实现"等焓加湿过程""等温加湿过程""等温加热过程""等湿冷却过程"？借助焓湿图怎样查出空气的"湿球温度"与"露点温度"？

3－4 试确定热湿比为 8000kJ/kg 的过程线通过温、湿度为 26℃，60% 的状态点，并交 φ ＝ 95% 相对湿度线的状态点的 h 和 t。

3－5 同上题，交 t＝17℃ 等温线的状态点的 h 和 ϕ。

3－6 试确定热湿比为 －5000kJ/kg 的过程线通过温、湿度为 22℃，55% 的状态点，并交 t ＝ 30℃ 等温线的状态点的 h 和 t。

3－7 为什么说等湿球温度线近似等焓线？

3-8 空调室内的设计温、湿度为 25 ℃，55 %，室内冷负荷为 80kW，湿负荷为 36 kg/h，送风温差为 10℃，求送风量和送风状态参数（h，t，ϕ）。

3-9* 两种不同状态的空气混合，它们的流量、比焓和含湿量分别为：A 点（G_1，h_1，d_1），B 点（G_2，h_2，d_2），混合后空气状态 C 点（G_3，h_3，d_3），如果混合过程中与外界没有热交换，如何确定混合状态 C 点的位置？

3-10 图 3.2-7 的全空气露点送风空调系统，已知室内冷负荷为 100kW，湿负荷为 36kg/h，室内设计温、湿度为 26 ℃，55%，室外干、湿球温度为 30℃，25℃，新风量占总风量的 30%，求系统的送风量、新风冷负荷和空气冷却设备的冷负荷。

3-11 同上题，已知冬季建筑热负荷为 75kW（显热），湿负荷为 36kg/h，室内设计温、湿度为 22℃，55 %，室外冬季温、湿度为 -5℃，70%，送风量、新风量同上题，求冬季室内热湿比、送风状态点、新风热负荷、空调机中空气加热设备的热负荷及喷蒸汽的加湿量（kg/h）。

3-12 同上题，若采用等焓加湿设备，试在 $h-d$ 图上绘出空气处理过程，并求空气加热设备的热负荷。

第4章 建筑通风

4.1 通风系统分类

4.1.1 通风的目的

"通风"，从浅显的意义上理解，就是把室内污浊的空气排出去，将室外新鲜空气（经过处理后）送进来，不断地进行换气。实际上，它已构成研究合理有效组织处理房间进、排换气的自然学科。

这门学科主要包含：了解工业有害物性质、产生、对人体和生产的危害及防治的综合措施；着重掌握控制工业有害物的通风方法——通风类型、系统组成、风量计算、风量平衡和热平衡等；掌握局部排风罩类型、原理、计算方法；掌握粉尘、有害气体的净化原理、方法、正确选用净化方案和设施；掌握通风管道设计、气力输送、隔热降温、消防排烟、通风系统的测试与维护管理等相关方面的技术知识。

伴随现代工业的不断发展，散发的工业有害物日益增加，大气污染后果严重。工业通风的主要任务：控制生产过程中产生的粉尘、有害气体、高温高湿，制造良好的生产环境和保护大气环境，保护人民健康，提高劳动生产率。因此，它与人类生产和生活关系是密不可缺的。

建筑通风是指建筑物室内污浊的空气直接或净化后排至室外，再把新鲜的空气补充进去，从而保持室内的空气环境符合卫生标准。其目的：① 排除室内污染物；② 保证室内人员的热舒适；③ 满足室内人员对新鲜空气的需要。

空调建筑通常是一个密闭性很好的建筑，如果没有合理的通风，其空气品质还不如通风良好的普通建筑。建筑中空气品质不良，容易使人患"病态建筑综合症"（sick building syndrome-SBS），SBS 是指在这些空调建筑中的人员出现诸如鼻塞、流鼻涕、眼受刺激、流泪、喉痛、呼吸急促、头痛、头晕、疲劳、乏力、胸闷、精神恍惚、神经衰弱、过敏等症状，在同一建筑中人员出现的症状普遍相似。如果一栋建筑内有 20% 以上的人员出现有关的 SBS，则认为该建筑是"病态建筑"。造成空气品质不好的原因也是多方面的，但不可否认，通风不足是其中的主要原因之一。

在空调建筑中，除了工艺过程排放有害气体需专项处理外，一般的通风问题由空调系统来承担。在空气－水系统中，通常设专门的新风系统，给各房间送新风，以承担建筑的通风和改善空气品质的任务。全空气系统应引入室外新风，与回风共同处理后送入室内，稀释室内的污染物。因此，空调系统利用了稀释通风的办法来改善室内空气品质。有关稀释通风中的原理同样适用于空调系统中的通风问题。但在全空气系统中，如有多个房间（或区），它的风量分配是根据负荷来分配的。因此，就出现负荷大的房间获得新风多、而负荷小的房间获得的新风少的现象。这有可能导致有些房间新风不足、空气品质下降。

4.1.2　通风的分类

按照建筑通风作用范围，可分为局部通风与全面通风。

① 局部通风——在局部地点进行排风或进风，有效解决室内局部性空气品质的问题。常用于局部排风罩，高温工作地点的局部进气装置等。

② 全面通风——在整个房间内进行排风和进风，解决室内全面性的问题。当设置局部通风后仍不能满足卫生标准要求，或工艺条件不允许设置局部通风时，采用全面通风。

全面通风又称稀释通风，它的原理是用一定量的清洁空气送入房间，稀释室内污染物，使其达到卫生规范的允许浓度，并将等量的室内空气连同污染物排到室外。图 4-1 为稀释通风的模型，设房间内有一污染源，污染物的发生量为 $\dot{Q}_\mathrm{p}$（g/s）；房间通风量为 $\dot{V}_\mathrm{v}$（m³/s），即送入的清洁空气量，其污染物的浓度为 c_0（g/s），送入房间的空气与室内产生的污染物充分混合，同时从房间向室外排出与通风量等量的空气及室内污染物的发生量。

根据上述模型可以列出室内污染物浓度随时间变化的全面通风微分方程。解此微分方程，得到如下的全面通风稀释方程：

$$c = \left(c_0 + \frac{\dot{Q}_\mathrm{p}}{\dot{V}_\mathrm{v}} \right) \left[1 - \exp\left(-\frac{\dot{V}_\mathrm{v}}{V_\mathrm{r}}\tau \right) \right] + c_\mathrm{i}\exp\left(-\frac{\dot{V}_\mathrm{v}}{V_\mathrm{r}}\tau \right) \tag{4-1}$$

式中，V_r ——房间的容积，m³；

τ ——时间，s。

当 $\tau \to \infty$ 时，式（4-1）可改写成

$$c = c_0 + \dot{Q}_\mathrm{p} / \dot{V}_\mathrm{v} \tag{4-2}$$

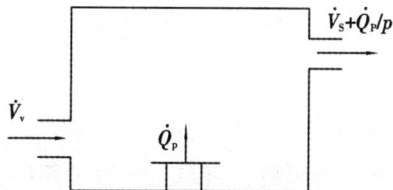

图 4-1　稀释通风模型

4.2　全面通风系统

按照房间气流的进、出，可分为排风与进风。

① 排风——把室内局部地点或整个房间不符合卫生、安全、防疫、生产环境要求标准的污浊空气排至室外。常用于室内局部或整个房间的自然和机械排气。

② 进风——把室外新鲜空气或经处理的新鲜空气送入室内。常用于室内自然和机械引入空气。

4.2.1　全面送风系统

图 4-2 为一典型的机械送风系统示意图。其中风机提供空气流动的动力，风机压力应克服从空气入口到房间送风口的阻力及房间内的压力值。风管及阀门用于空气的输送与分配，风管通常用钢板制造。一般通风用进风系统的空气处理设备具有空气过滤和空气加热（只在供暖地区有）功能。空调中用的送风系统（称新风系统）的空气处理设备中一般还具有去湿和加湿功能。

送风口的位置直接影响着室内的气流分布，因此，也影响着通风效率。室外空气入口又称新风口，是室外干净空气引入的地方。新风口设有百叶窗，以遮挡雨、雪、昆虫等。另外，新风口的位置应在空气比较干净的地方。附近有排风口时，新风口应在主导风向的上风侧，并应低于排风口。底层的新风口下缘离室外地坪不宜小于 2m，当设在绿化地带时，不宜小于 1m。为了防止室外地面的灰尘吸入系统，应尽量避免在交通繁忙道路的一侧取新风，此处的汽车尾气造成的污染比较严重。在供暖地区新风入口处应设电动密闭阀，它与风机联动，当风机停止工作时，自动关闭阀门，以防止冬季冷风渗入而冻坏加热器。如果不设电动密闭阀，也应设手动的密闭阀。

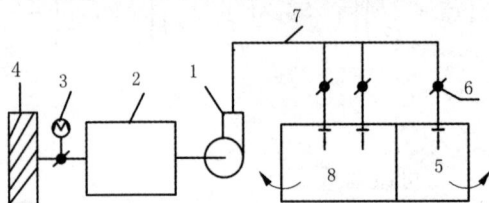

图 4-2　全面机械送风系统图

1—风机；2—空气处理器；3—电动密闭阀；4—室外空气入口；
5—送风口；6—阀门；7—风管；8—通风房间

4.2.2　全面排风系统

图 4-3 为一机械排风系统。由风机、风口、风管、阀门、排风口等组成。风机的作用同机械送风系统。风口是收集室内空气的地方，为了提高全面通风的稀释效果，风口宜设在污染物浓度较大的地方。污染物密度比空气小（指其密度 $\leqslant 0.75\rho_a$，ρ_a 为空气密度）或虽污染物密度 $> 0.75\rho_a$，但室内散发的显热全年均能形成稳定的上升气流时，

风口宜设在上方；当散发污染物的密度 $>0.75\rho_a$，而室内散发的显热不足以形成稳定的上升气流时，宜上下均设风口，下部排出 2/3 总风量，上部排出 1/3 总风量；当房间不大时，也可以只设一个风口。排风口是排风的室外出口，它应能防止雨、雪等进入系统，并使出口动压降低，以减少出口阻力。在屋顶上方用风帽，墙或窗上用百叶窗。排风口应高于进风口，且应避免进、排风短路。风管（风道）是空气的输送通道，当排风是潮湿空气时宜用玻璃钢或聚氯乙烯板制作，一般的排风系统可用钢板制作。阀门用于调节风量，或用于关闭系统。在供暖地区为防止风机停止时倒风，或洁净车间防止风机停止时含尘空气进入房间，常在风机出口管上装电动密闭阀，与风机联动。

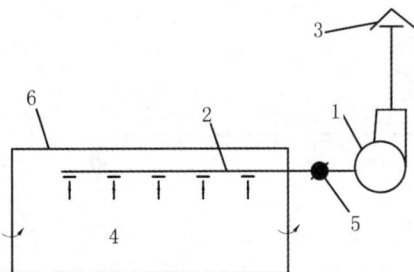

图 4-3　机械排风系统

1—风机；2—风管；3—排风口；4—风口；5—阀门；6—通风房间

4.3　局部通风与事故通风

4.3.1　局部通风系统

局部排风是直接从污染源处排除污染物的一种局部通风方式。当污染物集中于某处发生时，局部排风是最有效的治理污染物对环境危害的通风方式。如果这种场合采用全面通风方式，反而使污染物在室内扩散；当污染物发生量大时，所需的稀释通风量则过大，甚至在实际上难以实现。

局部排风是利用局部排风系统产生的局部气流直接在有害物质产生地点进行控制或捕集，避免污染物扩散到车间作业地带。

局部排风具有排风量小、控制效果好的特点，广泛应用在散放热、湿、蒸汽或有害物质的场合，建筑物内应首先考虑采用局部排风，只有不能采用局部排风，或采用局部排风后仍达不到卫生标准要求时，再采用全面通风。

污染物定点发生的情况在工业厂房中很多，如电镀槽、散料皮带传送的落料点或运转点、焊接工作台、化学分析工作台、喷漆、砂轮机等。民用建筑中也有一些定点产生污染物的情况，如厨房中的炉灶、餐厅中的火锅、学校中的化学试验台等。由此可见，局部排风的应用很广泛。

图 4-4 为一局部机械排风系统的示意图。该系统由排风罩、风机、空气净化设备、风管和排风口组成。

排风罩——用于捕集污染物的设备，是局部排风系统中必备的部件。

风管——空气输送的通道，根据污染物的性质，其材料可以是钢板、玻璃钢、聚氯乙烯板、混凝土、砖砌体等。

空气净化设备——用于防止对大气造成污染，当排风中含有污染物超过规范允许的排放浓度时，必须进行净化处理；如果不超过排放浓度可以不设净化设备和相应的系统。

排风口有风帽和百叶窗两种。当排风温度较高且危害性不大时可以不用风机输送，而依靠热压和风压进行排风，这种系统称为局部自然排风系统。

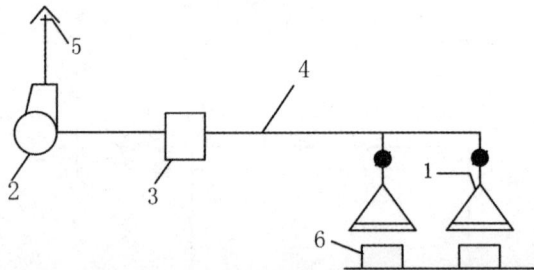

图4-4　局部机械排风系统

1—排风罩；2—风机；3—净化设备；4—风管；5—排风口；6—污染源

局部排风系统的划分应遵循如下原则。

① 污染物性质相同或相似，工作时间相同且污染物散发点相距不远时，可合为一个系统。

② 不同污染物相混可产生燃烧、爆炸或生成新的毒害性更大或腐蚀性污染物、或易使蒸汽凝结并聚积粉尘时，不应合为一个系统，应各自成独立系统。

③ 排除有燃烧、爆炸或腐蚀的污染物时，应当各自单独设立系统，并且系统应有防止燃烧、爆炸或腐蚀的措施。

④ 排除高温、高湿气体时，应单独设置系统，并有防止结露和有排除凝结水的措施。

用于排除工业生产中粉尘的局部排风系统，通常称为除尘系统。

厨房局部排风应符合下列规定。

① 炉灶排气罩最小排风量可以按照以下步骤确定：

• 按照式（4-3）计算排气罩排风量

$$L = 1000P \cdot H \qquad (4-3)$$

式中，L ——排气罩排风量，m^3/h；

　　　H ——罩口距灶面的距离，m；

　　　P ——罩子的周边长（靠墙边的边长不计），m。

• 按照罩口面积和吸风速度不小于 0.5m/s 计算排风量。

• 按照上述两项中的计算结果取其大值，作为炉灶排气罩最小排风量。

② 洗碗间的排气罩断面风速宜不小于 0.2m/s；计算补风量时，考虑到洗碗间不连续工作，可只计入其排风量的30%。

③ 应考虑厨房局部排风系统的灵活使用和节能，宜按照炉灶分设系统，不宜整个厨房设一个排风系统。

厨房全面排风宜根据下列原则设计。

① 厨房机械通风的总排风量，宜不小于按照消除余热时，通风量进行热平衡确定的通风量。厨房设备的散热量应由工业设备提出或参考有关资料；用室外新风直接补风时夏季室内计算温度宜取 35℃，向室内送冷风时宜取 31～32℃。

② 当通过热平衡计算得出的排风量大于排风罩的排风量时，差额部分应由全面排气设备排出；小于炉灶排气罩的排风量时，总排风量应按照二者较大值确定，并可另外设置全面排风设备在炉灶排风未运行时使用，但不计入总换气量。

③ 全面排风设备的排气量宜不小于 5 次/h 换气量。

4.3.2　事故通风

工厂中有一些工艺过程，由于操作事故和设备故障而突然发生大量有毒气体或有燃烧、爆炸危险的气体、粉尘或气溶胶物质。为了防止对工作人员造成伤害和防止事故进一步扩大，必须设有临时的排风系统——事故通风系统。

事故通风的排风量宜根据工艺设计要求通过计算确定，但换气次数不应小于 12 次/h，事故排风量可以由房间中设置的排风系统和专门的事故通风系统共同承担。

事故通风的吸风口应设在有毒气体或燃烧、爆炸危险性物质散发量可能最大或聚集最多的地方。在事故排风死角处，应采取导流措施。

事故通风的排风口应避开人员经常停留或通行的地方，与机械送风系统进风口的水平距离不应小于 20m。当水平距离不足 20m 时，排风口必须高出进风口，并不得小于 6m。如果排放的是可燃气体或蒸气，排风口应距可能溅落火花的地点 20m 以上。

事故通风的风机可以是离心式或轴流式。如果条件许可，也可直接在墙上或窗上安装轴流风机。排放有燃烧、爆炸危险气体的风机应选用防爆型风机。

事故通风只是在紧急的事故情况下应用，因此，可以不经净化处理直接向室外排放，而且也不必设机械补风系统，可由门、窗自然补入空气，但应注意留有空气自然补入的通道。

4.4　自然通风原理及应用

4.4.1　自然通风基本原理

自然通风依靠室内外空气温差所造成的热压，或利用室外风力作用在建筑物上所形成的压差，使室内外的空气进行交换，从而改善室内的空气环境。自然通风不需要动力，是一种经济的通风方式，但是由于进风不能进行预处理，对于洁净度要求高的作业环境，进风通常满足不了洁净要求；排风也不能进行净化，污染周围环境，特别是产生毒性较大的有毒气体的作业场所，对周围大气的影响更为严重。此外，自然通风依靠自然风压和热压来通风，这些压力是不稳定的，因此，自然通风的通风效果也是不稳定的。

自然通风降温效果与建筑平面布置及形式有密切的关系。为了更好地提高自然通风降温效果，一般应尽量将房屋布置成南北向，以避免大面积的墙和窗受西晒，在我国南方炎热地区尤应如此。通风门、通风窗的布置与结构对自然通风效果也有重大的影响，普通高温车间采用天窗结构，可大大改善自然通风效果。

自然通风与机械通风方案的选用原则：当具有自然通风的条件，利用自然通风能满足卫生标准和使用要求时，优先采用自然通风。

局部通风与全面通风方案的选用原则：对于产生粉尘、散发有害气体的部位，应首先采用局部气流直接在有害物质产生的地点对其加以控制或捕集，避免污染物扩散到作业地带，在不能设置局部通风或设置局部通风仍不能满足室内卫生标准要求或工艺条件不允许设置局部通风时，才辅以全面通风措施。

单一通风与综合通风措施的选用原则：当采用单一的通风方式不能满足室内卫生标准和使用要求时，才采用多种综合的通风方案措施。

4.4.2 自然通风应用

依靠热压或风压为动力的自然通风是应用广泛的一种通风方式。一般的居住建筑、普通办公楼、工业厂房等的室内空气品质主要依靠自然通风来保证。然而，自然通风是难于进行有效控制的通风方式。我们只有通过对自然通风基本原理的了解，采取一定的措施，才能使自然通风基本上按照预想的模式进行。

自然通风与机械通风不同，它受气候、建筑周围的微环境、建筑结构及建筑内部热源分布情况的影响较大，所以，它的设计是与气候、环境、建筑融为一体的整体设计。自然通风效果与建筑结构（窗、门、墙体等）有着密切的关系，在建筑结构设计时应考虑充分利用自然通风。

双层玻璃幕墙：在欧洲，采用玻璃幕墙的建筑很流行，为了减少夏季空调的冷负荷，需要遮阳设备。研究结果表明，采用外遮阳设备比内遮阳设备节能效果更佳，但外遮阳设备投资大且影响美观。于是发展了双层玻璃幕墙，双层玻璃之间留有较大的空间，常被称为"会呼吸的皮肤"。有时可将房间的窗户开向墙穴，如图4-5。

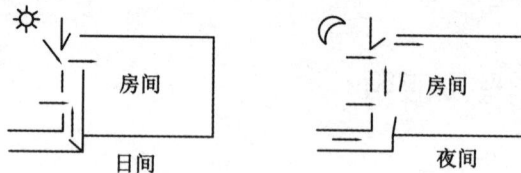

图4-5 日间、夜间通风示意图

在冬季，双层玻璃间层形成阳光温室，提高建筑围护结构表面温度；在夏季，可利用烟囱效应在间层内通风。玻璃幕墙间层内气流和温度分布受双层墙及建筑的几何、热物理、光和空气动力特性等因素的影响，该结构可大大减少建筑冷负荷、提高自然通风效率。

双层玻璃幕墙具有如下优点：避免开窗带来的对室内环境的干扰；使室内免受室外

交通噪声的干扰；夜间可安全通风。然而由于大量使用玻璃，夏季会增加太阳辐射得热而使夹层内的温度很高，引起能耗增加，甚至导致办公室过热。所以，为了减少其带来的不利影响，内层可采用浅色玻璃，间层内设置窗檐，但应注意窗檐、风口、窗户的合理安装。

　　窗户：大多数情况下，自然通风系统中以窗户来充当风口，窗户的形式、面积大小及安装位置影响通风效率、室内气流组织和室内热舒适。Per Heiselberg 等人研究了不同类型窗户的通风特性，认为对于单侧自然通风、贯流通风或热压驱动的自然通风来说，在冬季最好选择底悬式窗户，在夏季最好选择侧悬式窗户。窗户的通风系数 C_d 随着开口面积、窗户类型和室内外温差的变化而变化，不能认为是常数，仅当开口面积较大时，通风系数才近似等于 0.6。

　　中庭：高层建筑可利用中庭的热压作用实现自然通风，德国法兰克福商业银行总部大楼便是成功的一例。有中庭的建筑越来越多，但大多为封闭式，设计的目的主要是采光。

　　风塔：如图 4-6 所示，由垂直竖井和几个风口组成，在房间的排风口末端安装太阳能空气加热器以对从风塔顶部进入的空气产生抽吸作用。该系统类似于风管供风系统。

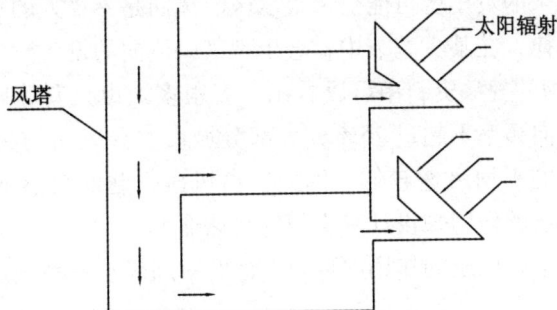

图 4-6　风塔的自然通风示意图

　　屋顶：屋顶的形状影响室外风压，从而影响自然通风效果。可采用翼形屋顶以便形成高压区和低压区。自然通风建筑中，屋顶形状和屋顶高度对自然通风情况下的室内气流分布和室内气流流速产生影响。

　　自然通风是一种具有很大潜力的通风方式，它具有节能、改善室内热舒适性和提高室内空气品质的优点，但也受到室外气候、建筑周围环境及建筑内部布局等因素的强烈影响，故其设计和控制较复杂。

4.5　通风房间的空气平衡和热平衡

　　热压与风压共同作用下的自然通风可以简单地认为它们是代数叠加。设有一建筑，室内温度高于室外温度。当只有热压作用时，室内外的压力分布如图 4-7（a）所示；只有风压作用时，迎风侧与背风侧的室外压力的分布如图 4-7（b）所示，其中，虚线为未考虑温度影响的室内压力线；图 4-7（c）为考虑了风压与热压共同作用的压力分布,这时室内压力分布是在上、下开口面积与正压、负压侧开口面积等共同作用下形成的。由此可以看出,当 $t_i > t_0$ 时,在下层迎风侧进风量增加了,下层的背风侧进风量减少了,甚至可能出现排风;上层的迎风侧排风量减少了,甚至可能出现进风,上层的背风侧排风量加大了。实测及原理分析表明:对于高层建筑,在冬季(室外温度低)时,即使风速很大,上层的迎风面房间仍然是排风的,热压起了主导作用;高度低的建筑,风速受邻近建筑影响很大,因此,也影响了风压对建筑的作用。

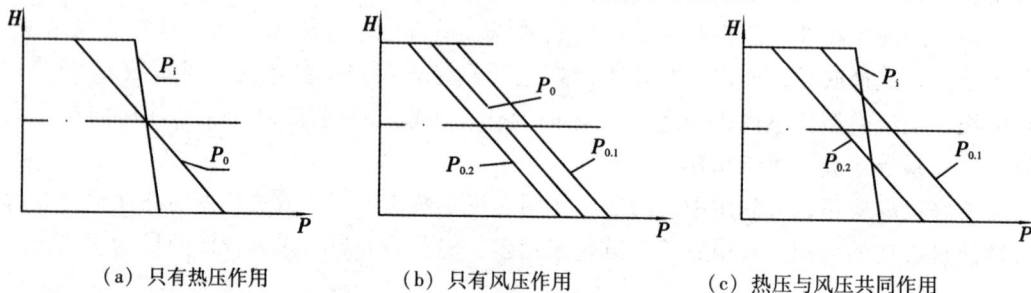

| (a) 只有热压作用 | (b) 只有风压作用 | (c) 热压与风压共同作用 |

图4-7 在热压、风压作用下建筑内外压力分布

风压作用下的自然通风与风向有着密切的关系。由于风向的转变,原来的正压区可能变为负压区,而原来的负压区可能变为正压区。风向是不受人的意志控制的,各个地区的风向都有统计规律,在某一季节中,会出现某一风向的发生频率比较多的现象(称为主导风向)。从我国的气象资料中可以看出,有很多城市只有静风的出现频率超过了50%;而其他任一风向频率不超过25%;大部分城市主导风向的频率在15% ~ 20%左右,并且大部分城市的平均风速较低。因此,由风压引起的自然通风的不确定因素过多,无法真正应用风压的作用来设计有组织的自然通风。

虽然如此,仍应了解风压的作用原理,考虑它对通风空调系统运行和热压作用下自然通风的影响。

4.5.1 空气平衡

普遍认为,湿球温度和绝热饱和温度是完全不同的两个参数。通过对湿球温度测量、空气绝热降温过程中空气状态变化的分析得出:对于任何体系,湿球温度都等于绝热饱和温度,两者并不是本质不同的状态参数。当空气 – 水系统处于热力学平衡状态时,湿球温度是平衡体系中水相的温度,而绝热饱和温度是空气相的温度,两者的数值相等,是同一平衡体系不同物相温度的表示。

对房间进行通风,实际上风量总是自动平衡的。"空气平衡"是指按照设计者或使用者的意愿进行的有计划的平衡。如果不进行空气平衡的设计,有可能在实际运行时的平衡状态达不到通风的要求。例如,在一房间内为排除某污染源散发的污染物而安装一套局部排风系统,但运行时并不好用,风量达不到要求。其问题是该房间在地下室,密闭性较好,由于没有相应的进风系统或进风通道,致使房间负压较大,排风系统风量减小。这类情况实际上经常发生。对于有自然通风的工业厂房,在进行自然通风设计时,应当考虑空气平衡,分配各部分风量。对于其他一般的通风房间(如图4-8),房间内有送风系统和排风系统(全面通风及局部通风),必然存在如下恒等式:

$$\dot{M}_0 = \dot{M}_e + \dot{M}_i \tag{4-4}$$

式中，$\dot{M}_0$ ——送入房间的室外新风量，kg/s；

$\dot{M}_e$ ——房间的排风量，包括全面排风量和局部排风量，kg/s；

$\dot{M}_i$ ——通过房间门、窗、墙、楼板等缝隙的渗透风量，kg/s，渗出为 " + "，渗入为 " - "。

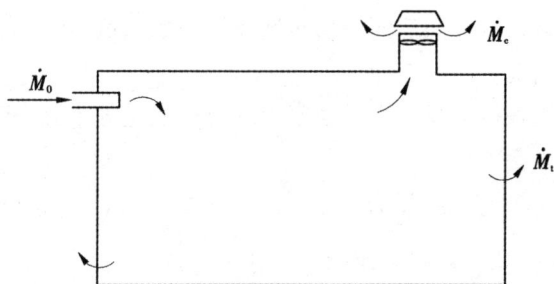

图 4-8 通风房间的空气平衡

上述平衡式是一般式，有时某个房间有可能无送风系统，即 $\dot{M}_0 = 0$，这时排风量 $\dot{M}_e$ 完全依靠渗透风量平衡；或某个房间可能无排风系统，送入的新风量依靠渗透排出；当然有的房间可能 $\dot{M}_0 = \dot{M}_e$。式 (4-4) 中 $\dot{M}_i$ 的大小和方向取决于房间内外压差，有可能从部分缝隙渗入空气，另一部分渗出空气，因此，$\dot{M}_i$ 应当指渗出和渗入空气的代数和。在通风设计时，根据房间污染物危害程度及清洁程度，经常使某些房间保持一定负压或一定正压。因此，有时使房间的 $\dot{M}_e > \dot{M}_0$，甚至使 $\dot{M}_e = 0$，例如汽车库、吸烟室、厕所等；也有时使房间内的 $\dot{M}_e < \dot{M}_0$，甚至使 $\dot{M}_e = 0$。当房间只有进风或只有排风时，应核对房间内的正压值或负压值，要求它们不过大，否则会造成门启闭困难，设置的系统达不到风量要求，或在孔口缝隙处有较大的风速而使人有不舒服的吹风感。一般房间的正压或负压保持在 5 ~ 10 Pa 为宜。保持正压或负压的渗透风量（即送、排风量之差）可根据缝隙面积确定或按照换气次数确定。如果房间只有排风（或送风）而无送风（或排风），为了不使房间内负压（或正压）过大，宜在门上或墙上装有泄压的百叶风口，风口的面积为

$$A = \phi V \tag{4-5}$$

式中，A ——门上或墙上的百叶窗风口迎风面积，m^2；

V ——通过风口风量，m^3/s，房间排风量（或送风量）减去为保持负压（或正压）而通过其他缝隙的风量，m^3/s；

ϕ ——系数，当风口的内外压差为 10Pa 时，$\phi = 0.24 \sqrt{\zeta}$，ζ 为风口的阻力系数，木制百叶窗（有效面积70%）的 ϕ 可取 0.36。

关于保持房间正压或负压的原则同样适用于空调系统，在安排房间送风量和回风量

时应当防止房间的正压或负压过大。

4.5.2 热平衡

房间在通风过程中，随着空气的进出，同时热量也进出，再加上室内有冷热负荷，从而导致房间得热和失热，最终影响房间的温度。在空调系统设计时已实现了空气平衡和热量平衡。在通风房间中，夏季除了为消除余热的热车间通风需做热平衡计算外，一般房间的通风不需进行热平衡计算。而冬季，尤其在寒冷地区，应在进行空气平衡设计时同时进行热平衡计算，以分配房间中供暖通风设备的热负荷。冬季热平衡计算分正压房间和负压房间两种情况。

要使通风房间温度保持不变，必须使室内的总得热量等于总失热量，保持室内热量平衡，即热平衡。热平衡方程式为

$$\sum Q_h + cL_p\rho_n t_n = \sum Q_f + cL_{jj}\rho_{jj}t_{jj} + cL_{zj}\rho_w t_w + cL_{hx}\rho_n(t_s - t_n) \tag{4-6}$$

式中，$\sum Q_h$ ——围护结构、材料吸热的总失热量，kW；

$\quad\quad \sum Q_f$ ——生产设备、产品及供暖散热设备的总放热量，kW；

$\quad\quad L_p$ ——局部和全部排风量，m^3/s；

$\quad\quad L_{jj}$ ——机械进风量，m^3/s；

$\quad\quad L_{zj}$ ——自然进风量，m^3/s；

$\quad\quad L_{hx}$ ——再循环空气量，m^3/s；

$\quad\quad \rho_n$ ——室内空气密度，kg/m^3；

$\quad\quad \rho_w$ ——室外空气密度，kg/m^3；

$\quad\quad t_n$ ——室内排出空气温度，℃；

$\quad\quad t_{jj}$ ——机械进风温度，℃；

$\quad\quad t_s$ ——再循环送风温度，℃；

$\quad\quad c$ ——空气的质量比热容，其值为 $1.01kJ/(kg \cdot ℃)$；

$\quad\quad t_w$ ——室外空气计算温度，℃（在冬季，对于局部排风及稀释有害气体的全面通风，采用冬季供暖室外计算温度。对于消除余热余湿及稀释低毒性有害物质的全面通风，采用冬季通风室外计算温度。冬季通风室外计算温度是指历年最冷月平均温度的平均值）。

4.6 建筑火灾烟气控制

建筑防烟的目的是建立安全的疏散通道或安全区域，防止烟气侵入。

建筑排烟的目的是将发生火灾时产生的烟气及时排除，防止烟气向防烟分区以外扩散，以确保疏散通道畅通和疏散所需的时间。

防火分区：是指采用防火墙、耐火楼板及其他防火分隔物，人为划分出的，能在一定时间内防止火灾向同一建筑物的其余部分蔓延的局部空间。防火分区的目的和作用在

于有效地控制和防止火灾沿垂直方向或水平方向向同一建筑物的其他空间蔓延；减少火灾损失。同时，能够为人员安全疏散、灭火扑救提供有利条件。

防烟分区：是指采用挡烟垂壁、隔墙或从顶板下突出不小于 50cm 的梁等具有一定耐火性能的不燃烧体，将烟气控制在一定的范围内。防烟分区的目的和作用是利于建筑物内人员安全疏散和有组织排烟。

民用建筑（包括高层和非高层建筑）的下列部位应设防烟设施：

① 防烟楼梯间及其前室；

② 消防电梯间前室或合用前室；

③ 高层建筑的避难间。

民用建筑中符合表 4-1 中限定条件的部位应设排烟设施。

表 4-1   民用建筑设置排烟设施的部位和限定条件

部 位				限 定 条 件	
地上房间	非高层民用建筑			公共建筑，面积超过 300m²	经常有人停留或可燃物质多
	高层民用建筑			面积超过 100m²	
地 下 建 筑				总面积超过 200m² 或 1 个房间面积大于 50m²	
内走道	非高层民用建筑	地下		长度超过 20m	
		地上	公共建筑	长度超过 20m	
			其他建筑	长度超过 40m	
	高层民用建筑			长度超过 20m	
中庭				无限定条件	

注：排烟房间包括汽车库

4.6.1 火灾烟气控制原则

4.6.1.1 火灾烟气流动规律

（1）起火间里的烟气流动

起火间产生的烟气温度很高，由于浮力使烟气上升。气体的上升引起大量的冷空气与上升烟气混合，这种由高温有毒气体及卷吸的冷空气组成的混合气体在火焰上方立即升起，形成可见烟柱。

吸入冷空气为进一步的燃烧提供了氧气，同时也降低了烟柱温度，燃烧不完全，就产生了固态和液态的悬浮物，形成颜色不一的烟灰。

房间里上升的烟柱遇到顶棚后向四周迅速散开，形成一层薄薄的烟气层或"顶棚射流"，直到碰到房间的边界后开始向整个房间扩散。

在起火间的烟气还未扩散至相邻空间之前，房间的几何形状、火灾发生的位置和大小、火灾附近房间开口情况及房间边界的热特性等诸多因素都会影响火灾烟气的流动。

（2）起火间以外的烟气扩散

火灾生成的高温烟气在整个起火间内扩散，当烟气浓度和温度达到一定值时，高温烟气开始通过房间开口向外扩散。如果房间开口上装有玻璃，烟气向外扩散的速度将被延迟，直到玻璃由于热应力炸裂。

（3）开口处的烟气流动

① 沿着开口边缘上升，并形成烟柱直接蔓延至中庭。

② 气流沿着开口处的阳台或其他水平凸出物经过阳台边缘形成烟柱蔓延至中庭。

③ 如果在开口处有挡烟垂壁或在阳台处有向下凸出物，那么，当烟气绕过障碍物向上上升时，会发生额外的空气卷吸。卷入流动烟层的额外空气将影响以后在中庭内上升的烟柱。如果在阳台上没有挡烟垂壁或向下凸出物，就不会发生空气的额外卷吸。

（4）中庭内的烟气流动

当烟气蔓入中庭时，形成的烟柱通常被称为"溢流"烟柱，一般有以下两种形态。

① 自由烟柱——烟气绕过阳台等水平凸出物，向空间喷射，使形成的烟柱在没有任何阻拦的情况下向上升腾，造成了大面积的空气卷吸。

② 贴附烟柱——烟柱上升时直接沿着房间开口上的垂直表面上升。

建筑中的防烟与排烟采用如下措施。

① 建筑中的防烟可采用机械加压送风防烟设施或可开启外窗的自然排烟设施。

② 建筑中的排烟可采用机械排烟设施或可开启外窗的自然排烟设施。

机械防排烟系统允许的最大风速应符合表 4-2 的规定。

表 4-2　　　　　　　　　　　机械防排烟系统的允许最大风速　　　　　　　　　　　m/s

风管和风口类别	内表面光滑的混凝土风管	金属风管	排烟口	加压送风口
允许最大风速	≤15	≤20	≤10	≤7

4.6.1.2　火灾烟气控制原则

一般高层建筑，烟气控制的方法通常是阻止或抑制火灾烟气从着火点向四周扩散，而中庭烟气控制的方法是直接将烟气安全排出。因而，通常认为有两类典型的烟控系统：加压系统和排烟系统。

美国供暖制冷空调工程师学会（ASHRAE）和美国全国消防协会（NFPA）对中庭烟控系统的定义是：用单一或组合的方法减少烟的产生和限制烟气流动的工程系统。烟气控制系统的目的是减少人员伤亡和财产损失。

减少烟气产生的方法有：安装自动喷水灭火系统，限制建筑结构中及堆放在中庭地面的可燃材料数量。

限制烟气流动的被动方法有设置挡烟垂壁或防烟卷帘，阻止烟气侵入相邻空间和疏散通道，另一被动的方法是允许烟气在人员疏散时充满中庭的上部空间。后一方法只能用在大体积空间中。

当采用被动烟控方法、而人员疏散时间不足时，通常使用主动烟控方法，即采用上层机械排烟系统以保持烟层高于疏散的人员，直到他们安全撤离，该排烟系统减缓了烟层界面下降的速率。

4.6.2　自然排烟

自然排烟的方式有两种。

① 利用可开启的外窗进行自然排烟；

② 利用室外阳台或凹廊进行自然排烟。

允许采用自然排烟的建筑部位如下。

① 除建筑高度超过 50m 的一类公共建筑和建筑高度超过 100m 的居住建筑外，靠外墙的防烟楼梯间及其前室，消防电梯间前室，宜采用自然排烟方式。

② 其他应设置排烟设施，但可以不设置机械排烟的部位。

③ 采用自然排烟的开窗面积应符合下列规定：

• 防烟楼梯间前室，消防电梯间前室可开启外窗面积不应小于 $2m^2$，合用前室不应小于 $3m^2$；

• 靠外墙的防烟楼梯间，每五层内可开启外窗总面积之和不应小于 $2m^2$；

• 长度不超过 60m 的内走道可开启外窗面积不应小于走道面积的 2%；

• 需要排烟的房间可开启外窗面积不应小于该房间面积的 2%；

• 净空高度小于 12m 的中庭可开启天窗或高侧窗的面积不应小于该中庭面积的 5%。

下列场所可采用可开启外窗的自然排烟方式。

① 符合民用建筑设置排烟设施的部位和限制条件的地上和地下房间等；

② 长度不超过 40m 的餐饮、歌舞、娱乐、放映、游艺等人员密集场所，和其他建筑长度不超过 60m 的内走道；

③ 建筑面积不超过 2000m² 的地下汽车库；

④ 多层建筑的中庭及高度≤12m 的高层建筑的中庭，可采用可开启的天窗或高侧窗的自然排烟方式。

采用自然排烟部位的开口有效面积应该按照表 4-3 确定。

表 4-3   **自然排烟部位的开口有效面积**

自然排烟部位	内走道、地上和地下房间	防烟楼梯间前室或消防电梯前室	合用前室	防烟楼梯间	中庭、剧场舞台
开口有效面积	≥走道或房间面积的 2%	≥2.0m²	≥3.0m²	每 5 层总面积≥2.0m²	≥地面积的 5%

自然排烟口的设置应符合下列规定。

① 宜设在房间、走道、楼梯间的上部或外墙上方，并应有方便开启的装置；

② 距该防烟分区内最远点的水平距离不应超过 30m。

4.6.3 机械排烟

机械排烟是使用排烟风机进行强制排烟，以确保疏散时间和疏散通道安全的排烟方式。常用于没有自然开窗，且长度超过 20 米的内走道或者地下室。在顶棚设排烟口，发生火灾时风机启动从排烟口抽烟。

设置排烟设施的场所当不具备自然排烟条件时，应设置机械排烟设施。需设置机械排烟设施且室内净高≤6m 的场所应划分防烟分区；每个防烟分区的建筑面积不宜超过 500m²，防烟分区不应跨越防火分区。防烟分区宜采用隔墙、顶棚下凸出不小于 500mm 的结构梁及顶棚或吊顶下凸出不小于 500mm 的不燃烧体等进行分隔。

机械排烟系统的设置应符合下列规定：

① 横向宜按照防火分区设置；

② 竖向穿越防火分区时，垂直排烟管道宜设置在管井内；

③ 穿越防火分区的排烟管道应在穿越处设置排烟防火阀。

（1）机械排烟量

民用建筑排风量计算。

① 排烟风机负担一个防烟分区或净空 >6m 的不划防烟分区的房间，应该按照该防烟分区面积，排风量不小于 $60m^3/(h\cdot m^2)$ 计算。单台风机的最小排烟量不小于 $7200m^3/h$；负担两个或两个以上防烟分区时，应该按照最大防烟分区面积，排风量不小于 $120m^3/h$ 计算。

② 中庭的排烟量按照其体积大小，以 $4\sim6$ 次/h 换气量计算；中庭体积 >17000m^3 时，换气次数取 4 次/h 计算。但最小排烟量不应 <102000m^3/h。

③ 选择排烟风机，应附加漏风系数，一般采用 10%～20%。排烟风机的全压按照排烟系统最不利管路进行计算。

汽车库排烟风机的排风量应该按照换气次数不小于 6 次/h 计算确定。

人防地下室的排烟风机和风管风量应该按照下列要求确定：

① 负担一个或两个防烟分区排烟时，应该按照该部分总面积 $60m^3/(h\cdot m^2)$ 计算，但排烟风机的最小排烟量不小于 $7200m^3/h$；

② 负担三个或三个以上防烟分区排烟时，应该按照其中最大防烟分区面积不小于 $120m^3/(h\cdot m^2)$ 计算。

机械排烟的补风及补风量计算：

① 在地下建筑和地上密闭场所中设置机械排烟系统时，应同时设置补风系统，其补风量不宜小于排风量的 50%；

② 对于人防工程：

• 当补风通路的空气阻力不大于 50Pa 时，可自然补风；

• 当补风通路的空气阻力大于 50Pa 时，应设置火灾时可转换成补风的机械送风系统或单独的机械补风系统，补风量不应小于排风量的 50%。

③ 汽车库内无直接通向室外的汽车疏散出口的防火分区，当设置机械排烟系统时，应同时设置进风系统，且送风量不宜小于排烟量的 50%。

（2）机械排烟系统

一类高层建筑和建筑高度超过 32m 的二类高层建筑的下列部位，应设置机械排烟设施：无直接自然通风，且长度超过 20m 的内走道或虽有直接自然通风，但长度超过 60m 的内走道。面积超过 $100m^2$，且经常有人停留或可燃物较多的地上无窗房间或设固定窗的房间。不具备自然排烟条件或净空高度超过 12m 的中庭。除利用窗井等开窗进行自然排烟的房间外，各房间总面积超过 $200m^2$ 或一个房间面积超过 $50m^2$，且经常有人停留或可燃物较多的地下室。带裙房的高层建筑防烟楼梯间及前室，消防电梯间前室或合用前室，当裙房以上部分利用可开启外窗进行自然排烟，裙房部分不具备自然排烟条件时，其前室或合用前室应设置局部正压送风系统。

排烟口应设在顶棚上或靠近顶棚上的墙面上，且与附近安全出口沿走道方向相邻边缘之间的最小距离不应小于 1.50m。设在顶棚上的排烟口，距可燃构件或可燃物的距离不应小于 1.0m。排烟口平时关闭，并应设置手动或自动开启装置。防烟分区内的排烟口距离最远点的水平距离不应超过 30m。在排烟支管上应设有当烟气温度超过 280℃时能自行关闭的排烟防火阀。走道的机械排烟系统宜竖向设置；房间的机械排烟系统宜按照防烟分区设置。

排烟风机可采用离心风机或采用排烟轴流风机，并应在其机房入口处设有当烟气温度超过280℃时能自动关闭的排烟防火阀。排烟风机应保证在280℃时能连续工作30min。机械排烟系统中，当任一排烟口或排烟阀开启时，排烟风机应能自行启动。

排烟管道必须采用不燃材料制作。安装在吊顶内的排烟管道，其隔热层应采用不燃烧材料制作，并应与可燃物保持不小于150mm的距离。

机械排烟系统与通风、空气调节系统宜分开设置。若合用时，必须采取可靠的防火安全措施，并应符合排烟系统的要求。设置机械排烟的地下室，应同时设置送风系统，且送风量不小于排烟量的50%。排烟风机的全压应该按照排烟系统最不利环管道进行计算，其排烟量应增加漏风系数。

4.6.4　加压防烟

（1）加压防烟量

很多高层建筑、地下工程、交通隧道、公共娱乐场所火灾事故造成人员重大伤亡的惨重教训，使人们清楚地认识到设计安装防排烟系统和确保系统的性能长期良好的重要性和必要性。火灾事实告诉我们：防排烟系统在火灾发生时能有效地控制烟气的蔓延且排烟迅速、及时，对救人、救灾工作起着关键的作用。它是关系到救灾、救人成功与否的重要消防设施，必须要设计安装好，维护保养好，保证使用期内长期的性能良好状态。

在建筑中必须设置的所有排烟设施组成的系统叫作排烟系统。在电厂，排烟系统是由引风机、烟道、阀门和烟囱等组成。其任务是排出炉膛燃料燃烧后所产生的烟气。

机械排烟的排烟风量如表4-4所示。

表4-4　　　　　　　　　　　机械排烟的排烟风量表

设置场所及排烟系统		排烟量或换气次数		备 注
		每个防烟分区风管和排烟口	系统干管和风机	
一般房间、走道	担负一个防烟分区的排烟系统或室内净高大于6.0m且不划分防烟分区的空间的排烟系统	≥60m³/(h·m²)		单台风机最小排风量应不小于7200m³/h
	担负2个及其以上防烟分区的排烟系统	≥60 m³/(h·m²)	≥120 m³/(h·m²)	系统干管和风机风量应该按照最大的防烟分区面积确定
中庭排烟系统	体积≤17000m³	6次/h		体积>17000m³时，最小排烟量应不小于102000m³/h
	体积>17000m³	4次/h		
汽车库		6次/h		按照一个排烟系统负担一个防烟分区设置

注：中庭体积应为各层回廊面积乘以各层层高及中庭地面积乘以中庭总高所得体积之和

（2）加压防烟系统

机械加压送风防烟系统和排烟补风系统的室外进风口易布置在室外排烟口的下方，且高差不宜小于 3.0m；当水平布置时，水平距离不宜小于 10m。

4.6.5 建筑防排烟设计要点

机械排烟系统中的排烟口、排烟阀和排烟防火阀的设置应符合下列规定。

① 排烟口或排烟阀应该按照防烟分区设置。排烟口或排烟阀应与排烟风机连锁，当任一排烟口或排烟阀开启时，排烟风机应能自行启动。

② 排烟口或排烟阀平时为关闭状态，应设置手动和自动开启装置。

③ 排烟口应设置在顶棚或靠近顶棚的墙上，且与附近安全出口沿走道方向相邻边缘之间的最小水平距离不应小于 1.5m。设在顶棚上的排烟口，距可燃构件或可燃物的距离不应小于 1.0m。

④ 设置机械排烟系统的地下、半地下场所，除了歌舞娱乐放映游艺场所和建筑面积大于 $50m^2$ 的房间外，排烟口可设置在疏散走道。

⑤ 防烟分区内的排烟口距离最远点的水平距离不应超过 30m；排烟支管上应设置当烟气温度超过 280℃时能自行关闭的排烟防火阀。

⑥ 排烟口的风速不宜大于 10m/s。

思考题与习题

4-1 CO_2 无毒无害，即使含量达到 0.5% 对人体也无害，为什么在民用建筑中把它作为污染物，而且国内外许多标准中将其浓度控制在 <0.1%？

4-2 在高温车间中采用局部送风系统和喷雾风扇改善工人的工作条件的原理是什么？

4-3 清除房间有害物，全面通风量与有害物浓度变化之间存在什么关系？在不稳定与稳定状态下，全面通风量应如何计算？

4-4 自然通风的排风温度如何计算？进排风口布置应该符合哪些要求？

4-5* 一会堂的容积为 $2 \times 10^4 m^3$，最多可容纳 1000 人，该会堂的新风量按照平均人数 700 人设计，每人新风量为 $30m^2/h$；若会堂内有 1000 人进行会议，每人平均 CO_2 散发量为 0.0047L/s，问会议 1h 或 2h 后空气中的 CO_2 浓度是否符合标准要求？并求达到稳定后的室内 CO_2 浓度。

4-6* 一使用面积为 $70m^2$ 的住宅，室内净高为 2.8m，常住 3 人，平均每人 CO_2 散发量为 0.004L/s，该住宅有 $0.5h^{-1}$ 的自然通风，问室内 CO_2 浓度是否符合标准要求？（提示：室外 CO_2 浓度为 0.03%，室内 CO_2 标准值为 0.1%）

第 5 章　暖通空调冷热源

空调工程的任务就是要在任何环境下将室内空气控制在一定的温度、湿度、气流速度和一定的洁净度范围内。为了实现上述要求，夏季必须要有充足的冷源，而冬季必须要有充足的热源。能为空调系统的空气处理装置提供处理过程中需要的冷热量的物质和装置，都可以作为空调系统的冷热源。因此，冷热源是空调系统的核心部分。空调系统冷热源选择的合理与否将会直接影响空调系统是否能正常运行与经济运行。

5.1　热源形式及选择

5.1.1　热源种类

空调热源可以分为设备热源和直接热源两大类。直接向空调系统供热或通过换热器对空调管道系统内循环的热水进行加热升温的热源为直接热源，如城市或区域热网、工业余热等。通过消耗其他能量对空调管道系统内循环的热水进行加热升温的设备称为设备热源，常见的主要有中央热水机组、热交换式热水器、各种锅炉和热泵式冷水机组等。

（1）热网

在城市或区域供热系统中，热电站或区域锅炉房所生产的热能，借助热水或蒸汽等热媒通过热网（即室外热力输配管网）送到各个热用户。当以热水为热媒时，热网的供水温度一般为 95~105℃；当以蒸汽为热媒时，蒸汽的参数由热用户的需要和室外管网的长度决定。

用户的空调水系统与热网的连接方式可分为直接连接和间接连接两种。直接连接方式是将热用户的空调水系统管路直接连接于热力管网上，热网内的热媒（一般为热水）可直接进入空调水系统中。直接连接方式简单，造价低，在小型空调系统中应用广泛。

当热网压力过高，超过空调水系统管路与设备的承压能力，或热网提供的热水温度高于空调水系统要求的水温时，可采用间接连接方式。它是在用户的空调水系统与热网连接处设置间壁式换热器，将空调水系统与热网隔离成两个独立的系统。热网中的热媒将热能通过间壁式换热器传递给空调水系统的循环热水。采用换热器供热的另一优点是空调水系统可以不受热网使用任何热媒的影响。主要缺点是热量经过换热器的传递，不可避免地会有一些损失。此外，间接连接方式还需要在建筑物用户入口处设置有关测量、控制等附属装置，使得间接连接方式的造价要比直接连接方式高出许多，且运行费用也相应增加。

我国工矿企业余热资源潜力很大，如化工、建材等企业在生产过程中都会产生大量的余热，只要合理利用，也可以成为空调热源。

（2）热交换式热水器

空调系统的冬季供水温度一般在 45～60℃ 之间，而城市或区域性热源提供的一般都是中、高温水或高压蒸汽，因此，需要借助换热器的热交换功能，才能满足空调冬季供水水温及压力的要求。此外，高层建筑水系统采用竖向分高、低区但合用同一冷（热）源方案时，也要用到换热器。

热交换式热水器的工作原理很简单，外界锅炉所提供的高温、高压蒸汽与系统循环水在其中进行热交换，使循环水获得一定的温升，相当于系统循环水间接从锅炉获取热量。

热交换式热水器多为壳管式结构，适用于一般工业与民用建筑的热水供应系统，其热媒为高温高压的蒸汽。热交换器管程工作压力不应大于 0.4MPa，壳程工作压力为 0.6MPa，出口热水温度不高于 75℃。

由于热交换式热水器仅仅只是一个热交换器，因而，它的体积和占地面积相对很小，这对于机房面积有限的中央机房是十分有利的。但是，由于热水器中需输入高温高压的蒸汽，因此它属于压力容器类，对设备抗压能力和安全措施都有相当严格的要求。

（3）中央热水机组

中央热水机组是为空调系统配套使用的专用热水供给设备，它相当于一台无压热水锅炉，主要由燃烧器、内部循环水系统、水－水热交换器和温控系统组成。机内燃烧器所产生的热量加热内部循环水，再通过机内的水－水热交换器使空调系统循环水加热，使之能源源不断地向空调系统供应热水。采用温控系统来实现自动控制，可以根据需要来改变热水的出水温度。机组适应的燃料有轻质柴油、重油、煤气、石油气等多种。标准状况下机组输出热水温度为 60℃。

中央热水机组由于在实际使用中所表现出的多方面优越性而受到用户和厂家的欢迎，在近几年得到迅猛发展，产品质量也得到飞速提高。中央热水机组具有以下特点。

① 机组采用开式结构，无压容器，符合国家劳动部门"免检"要求，运行安全。

② 机组自身备有燃烧器，不需外界提供热源，热量供应稳定可靠。

③ 燃料适用种类多，可以燃用廉价的重油、废油来降低运行费用，取得较好的经济效益。

④ 在非供暖季节，机组可用来生产生活热水，能实现一机多用，提高使用率。

⑤ 机组结构集成程度高，占地面积小，与传统锅炉相比有很大的优势。

⑥ 多采用技术先进的燃烧器，燃料燃烧彻底，属于环保产品。

（4）锅炉

锅炉是最传统同时又是目前在空调工程中应用最广泛的一种人工热源，它是利用燃烧释放的热量或其他热能，将水加热到一定温度或使其产生蒸汽的设备。

供热锅炉按照向空调系统提供的热媒不同，分为热水锅炉和蒸汽锅炉两大类，每一类又可分为低压锅炉与高压锅炉两种。在热水锅炉中，温度低于 115℃ 的称为低压锅炉，温度高于 115℃ 的称为高压锅炉。空调系统常用的热水供水温度为 55～60℃，因此，大多采用低压锅炉；按照使用的燃料和能源不同，锅炉又可分为燃煤锅炉、燃油锅炉、燃气锅炉和电锅炉。燃煤锅炉是目前使用最多的一种锅炉，但由于其占地面积大、污染环境严重、工人劳动强度大、自动化程度较低等原因，在国内许多城市的使用已受到限制。

与燃煤锅炉相比，燃油和燃气锅炉尺寸小，占地面积少，燃料运输和存储容易、燃料转化效率高、自动化程度高（可在无人值班的情况下全自动运行），对大气环境的污染也小，给设计及运行管理都带来了较大的方便。虽然把燃油和燃气锅炉安装在建筑中使用的安全性还是一个正在讨论和研究的问题，但从发达国家目前的情况来看，城市中逐渐采用燃油和燃气锅炉代替燃煤锅炉也必将是我国供暖锅炉的一个发展方向。

电锅炉又称为电加热锅炉、电热锅炉、电热水器，是直接采用高品位的电能来加热水的设备。它尺寸小、占地面积少、自动化程度高（可在无人值班的情况下全自动运行），对大气环境无污染。但电锅炉耗电量大，且用高品位电能转换成低品位热能，运行不经济，除了电力供应十分充足且便宜的地区采用外，大多数地区都弃而不用。

（5）热泵式冷热水机组

中央空调系统在冬季工况运行，可利用已有的中央空调冷水系统，通过冷热源的切换，变夏季工况的冷水循环为冬季工况的热水循环，出空调末端装置向室内供暖，这种机组称为热泵式冷热水机组。按照热量的来源不同，热泵机组可分为空气源热泵机组和水源热泵机组两大类。空气源热泵是利用室外空气的能量从低位热源向高位热源转移的制冷、供热装置，通常来看，就是利用冷凝器放出热量来实现供热或蒸发器吸热来供冷的机组。水源热泵是一种采用循环流动于共用管路中的水，从水井、湖泊或河流中抽取的水或在地下循环流动的水为冷（热）源，制取冷（热）风或冷（热）水的设备，一般包括使用侧换热设备、压缩机、热源侧换热设备等，可以具有单冷或冷热功能。

热泵式冷热水机组不但能改善室内供热效果，而且使空调末端一机两用，简化了系统，节省了投资，提高了系统的利用率，还使得室内供暖具有传统方式所不具备的调节自控能力。利用中央空调系统向空调房间供暖，不失为一种高效、清洁、安全、经济的现代化供暖方式。

然而，一般情况下，中央空调系统是以夏季为设计工况的，系统和末端设备的容量也以满足夏季室内空气要求而确定。当系统在冬季运行时，只是工质由冷水更换成热水，其他部分并没有变化，使得系统的供热能力受到一定的限制，而供热能力的不足必然使得在应用地域上受到限制。很显然，在高纬度的北方寒冷地区，单靠中央空调系统供热是不够的。因此，中央空调系统冬季供热主要应用于我国华南地区北部及长江流域地区。

此外，吸收式冷水机组进行供暖循环时，也可作为热源使用。

5.1.2 热源选择

（1）确定形式

选择空调热源首先是形式的确定。综合分析各类热源的特点，根据实际情况选用。

① 应优先采用城市、区域供热或工厂余热。高度集中的热源能效高，便于管理，也有利于环保，为国家能源政策所鼓励。

② 热源设备的选用应该按照国家能源政策并符合环保、消防、安全技术的规定，大中城市宜选用燃气、燃油锅炉，乡镇可选用燃煤锅炉。原则上尽量不选用电热锅炉。

③ 设有蒸汽源的建筑（如酒店等设有供厨房、洗衣房等使用的锅炉），可选用热交换式热水器，使一台（组）锅炉多种用途，提高锅炉的使用效率，简化系统。没有蒸汽源的建筑或属加装冬季供暖热源，可选用中央热水机组。

④ 中央热水机组一般以选用2～3台为宜，机组容量要大小搭配，组合方式为二大一小或一大一小，机组之间要考虑能够互相备用和切换使用，以利于根据负荷变化来调节以及运行中的维修。

⑤ 在有余热或废热的场所和电力缺乏或电力增容困难而燃料供应相对充足的地方，宜选用吸收式冷水机组供热水，实现一机多用。不但能降低建设初投资，还能简化系统、减少机房占地面积，解决电力增容问题。长远来看，还不受氟利昂类制冷剂禁用的影响。

⑥ 在冬季室外气温不是很低、建筑物又适合于安装风冷式冷水机组的情况下，可选用热泵式冷热水机组。

再根据系统循环水量选择好中央热水机组的机型，或者根据冷量选择好吸收式冷水机组或热泵式冷水机组的机型后，通过热量校核计算，机组热量输出不够时，必须辅以其他热源形式补充，如可在系统内串接蒸汽热交换式热水器或电加热器。

（2）确定容量

空调热源的作用是向系统提供热量，因此，整个系统的热负荷是选择空调热源的唯一技术指标。在进行热负荷计算、得到系统总热负荷之后，根据其大小来确定热源的容量。一般的定型产品可以从其样本上直接找到有关数据。

5.2 冷源形式及选择

5.2.1 冷源种类

空调工程中常用水作为冷量传递物质，因此，冷水机组是中央空调工程中采用最多的冷源设备，一般而言，将制冷系统中的全部组成部件组装成一个整体设备，并向空调提供处理空气所需要低温水（通常称为冷冻水或冷水）的制冷装置，简称为冷水机组。

（1）常用冷水机组的分类

空调工程中常用的冷水机组根据所用动力种类不同，分为电力驱动冷水机组和热力驱动冷水机组。电力驱动冷水机组多是采用蒸汽压缩制冷原理的冷水机组，又称为蒸汽压缩式冷水机组；热力驱动冷水机组多是采用吸收式制冷原理的冷水机组，又称为吸收式冷水机组。

压缩式冷水机组，根据其压缩机种类不同，分为活塞式冷水机组、螺杆式冷水机组和离心式冷水机组三种；根据其冷凝器的冷却方式不同，可以分为水冷式、风冷式和蒸发冷却式冷水机组；根据使用的制冷剂种类不同，可以分为氟利昂冷水机组和氨冷水机组。模块化冷水机组通常采用活塞式制冷压缩机，所以也属于活塞式冷水机组，但具有结构设计独特、系统构成方便的特点。

吸收式冷水机组，根据其热源方式的不同，分为蒸汽型冷水机组、热水型冷水机组和直燃型冷水机组，其中蒸汽式与直燃式应用最为广泛；根据所用工质不同，可以分为氨吸收式和溴化锂吸收式冷水机组；根据热能利用程度不同，可以分为单效和双效吸收式冷水机组；根据各换热器的布置情况不同，可以分为单筒型、双筒型和三筒型吸收式冷水机组；根据应用范围不同，可以分为单冷型和冷热水型吸收式冷水机组。通常，按照习惯将上述分类加以综合，如蒸汽单、双效溴化锂吸收式冷水机组、直燃式溴化锂冷热机组等。

常用冷水机组的种类及工作原理见表 5-1。

表 5-1　　　　　　　　　　　冷水机组分类及其工作原理

分类		工作原理
压缩式	活塞式	通过活塞的往复运动吸入气体并压缩气体
	螺杆式	通过转动的两个螺旋形转子相互啮合而吸入气体并压缩气体，利用滑阀调节汽缸的工作容积来调节负荷
	离心式	通过叶轮离心力作用吸入气体并对气体进行压缩
吸收式	蒸汽式、热水式	利用蒸汽或热水作为热源，以沸点不同而相互溶解的两种物质的溶液作工质，其中高沸点组分为吸收剂，低沸点组分为制冷剂。制冷剂在低压时沸腾产生蒸汽，使自身得到冷却，吸收剂遇冷吸收大量的制冷剂所产生的蒸汽，受热时将蒸汽放出，热量由冷却水带走，形成制冷循环
	直燃式	利用燃烧重油、煤气或天然气等作为热源，分为冷水和冷热水机组两种，工作原理同蒸汽式、热水式

（2）常用冷水机组的特征及优缺点比较

各种冷水机组的特征及优缺点比较见表 5-2。

表 5-2　　　　　　　　　　　各种冷水机组的特征及优缺点比较

	压缩式			吸收式	
	活塞式	螺杆式	离心式	单效或双效	
动力来源	以电能为动力			以热能为动力	
				蒸汽式或热水式	直燃式
制冷剂	R22，R134a	R22	R123，R134a，R22	NH_3/H_2O，$H_2O/LiBr$	
排热量/制冷量	1.25	1.21	1.19	1.9	

续表 5-2

	压缩式			吸收式
	活塞式	螺杆式	离心式	单效或双效
主要优点	① 在空调制冷范围内，其容积效率比较高。 ② 系统装置比较简单。 ③ 用材为普通金属材料，加工容易，造价低。 ④ 采用多机头、高速多缸、短行程、大缸径后容量有所增大，性能可得到改善。 ⑤ 模块式冷水机组系活塞式的改良型，采用高效板式换热器，机组体积小，重量轻，噪声低，占地少，可组合成多种容量，调节性能好，部分负荷时的COP保持不变（COP约为3.6）。其自动化程度高，制冷剂为R22的，对环境的危害程度小，且安装简便	① 与活塞式相比，结构简单，运动部件少，转速高，运转平稳，振动小。中小型密闭式机组的噪声较低。机组重量轻。 ② 单机制冷量较大，具有较高的容积效率，压缩比可达20，且容积效率的变化不大，COP高。 ③ 易损件少，运行可靠，易于维修。 ④ 对湿冲程不敏感，允许少量液滴入缸，无液击危险。 ⑤ 调节方便，制冷量可通过滑阀进行无级调节。 ⑥ 制冷剂为R22的产品，危害臭氧层的程度低，温室效应小	① COP高。 ② 叶轮转速高，压缩机输气量大，单机容量大，结构紧凑，重量轻，相同容量下比活塞式轻80%以上，占地面积小。 ③ 叶轮做旋转运动，运转平稳，振动小，噪声较低。制冷剂中不混有润滑油，蒸发器和冷凝器的传热性能好。 ④ 调节方便，在15%～100%的范围内能较经济地实现无级调节。当采用多级压缩时，可提高效率10%～20%，并改善低负荷时的喘振现象。 ⑤ 无气阀、填料、活塞环等易损件，工作比较可靠	① 加工简单，制冷量调节范围大，可实现无级调节。 ② 运动部件少，噪声低、振动小。溴化锂溶液无毒，对臭氧层无破坏作用。 ③ 蒸汽式、热水式可利用余热、废热及其他低品位热能。 ④ 直燃式吸收式与单效蒸汽式或热水式比较，燃料消耗减少10%。机组可直接供冷和供热。一次投资、占地面积以及运行费用都比其他少。安全性比锅炉高，没有锅炉要求严格，部分负荷下运行时，相应的热效率不会下降，其调节性能比电动式优越
主要缺点	① 往复运动的惯性力大，转速不能太高，振动比较大。 ② 单机容量不宜过大。 ③ 单机制冷量重量指标比较大。 ④ 当单机头机组不变转速时，只能通过改变工作汽缸数来实现跳跃式的分级调节，部分负荷下的调节特性较差。 ⑤ 模块式机组受水管流速的限制，组合片数不宜超过8片，价格昂贵	① 单机容量比离心式小。 ② 转速比离心式低。润滑油系统庞大而且复杂，耗油量较大。噪声比离心式高（指大容量）。 ③ 要求加工精度和装配精度高。 ④ 部分负荷下的调节性能较差，特别是在60%以下负荷运行时，性能系数COP急剧下降，一般只宜在60%～100%负荷范围内运行	① 对材料强度、加工精度和制造质量要求严格。 ② 当运行工况偏离设计工况时效率下降较快。制冷量随蒸发温度降低而减少，随转速降低而急剧下降。 ③ 单级压缩机在低负荷下容易发生喘振。 ④ 小型离心式的总效率低于活塞式	① 使用寿命比压缩式短。 ② 热效率低。热力系数单效为0.6左右，双效为1.2左右，直燃式可达1.6左右。 ③ 操作比较复杂。 ④ 溴化锂在有不凝性气体存在时对金属腐蚀严重。 ⑤ 燃油直燃式吸收式需设置储油、运油装置，给防火安全带来隐患

续表 5-2

	压缩式			吸收式
	活塞式	螺杆式	离心式	单效或双效
适用范围	单机制冷量小于582kW 的中小型空调工程	制冷量在 582 ~ 1163kW 的中、大型空调工程	单机制冷量大于1163kW 的大中型空调工程	

注：制冷系数（COP）是冷水机组在标准工况下制冷量（kW）与单位输入功率制冷量（kW）的比值。热力系数是吸收式冷水机组在标准工况下制冷量（kW）与输入热量（kW）的比值。

（3）各种冷水机组的经济性比较

冷水机组的经济性有多项指标，表 5-3 所示为几个主要项目的比较。

表 5-3　　　　　　　　　　　　　冷水机组的经济性比较

比较项目	活塞式	螺杆式	离心式	吸收式
设备费（小规模）	B	A	D	C
设备费（大规模）	B	A	D	C
运行费	D	C	B	A
容量调节性能	D	B	B	A
维护管理的难易	B	A	B	D
安装面积	B	B	C	C
必要层高	B	B	B	C
运转时的重量	B	B	C	D
振动和噪声	C	B	B	A

注：表中 A，B，C，D 表示从有利到不利的顺序。

5.2.2　冷源选择

作为空调的心脏设备，正确选择冷水机组，不仅是工程设计成功的保证，而且对系统的运行也产生长期的影响。因此，冷水机组的选择是一项重要的工作。

（1）选择冷水机组需考虑的因素

① 建筑物的用途。

② 各类冷水机组的性能和特征。

③ 当地水源（包括水量、水温和水质）、电源和热源（包括热源种类、性质及品位）。

④ 建筑物全年空调冷负荷的分布规律。

⑤ 初投资和运行费用。

⑥ 对氟利昂类制冷剂限用期限及使用替代制冷剂的可能性。

（2）冷水机组选择的一般原则

在充分考虑上述几方面因素之后，选择冷水机组时，还应注意以下几点。

① 对于大型集中空调系统的冷源，宜选用结构紧凑、占地面积小及压缩机、电动

机、冷凝器、蒸发器和自控元件等都组装在同一框架上的冷水机组。对于小型全空气调节系统，宜采用直接蒸发式压缩冷凝机组。

② 选用风冷型冷水机组还是水冷型冷水机组需因地制宜，因工程而异。一般大型工程宜选用水冷机组，小型工程或缺水地区宜选用风冷机组。

③ 对有合适热源特别是有余热或废热的场所或电力缺乏的场所，宜采用吸收式冷水机组。

④ 冷水机组一般以选用 2 ~ 4 台为宜，中小型规模宜选用 2 台，较大型可选用 3 台，特大型可选用 4 台。机组之间要考虑其互为备用和切换使用的可能性，同一机房内可采用不同类型、不同容量的机组搭配的组合式方案，以节约能耗。并联运行的机组中至少应选择一台自动化程度较高、调节性能较好、能保证部分负荷下高效运行的机组。选择活塞式冷水机组时，宜优先选用多机头自动联控的冷水机组。

⑤ 若当地供电不紧张，应优先选用电力驱动的冷水机组。当单机空调制冷量大于 1163kW 时，宜选用离心式；制冷量在 582 ~ 1163kW 时，宜选用离心式或螺杆式；制冷量小于 582kW 时，宜选用活塞式。

⑥ 电力驱动的冷水机组的制冷系数 COP 比吸收式冷水机组的热力系数高，前者为后者的三倍以上，能耗由低到高的顺序为：离心式、螺杆式、活塞式、吸收式（国外机组螺杆式排在离心式之前）。但各类机组各有其特点，应用其所长。

⑦ 选择冷水机组时应考虑其对环境的污染。一是噪声与振动，要满足周围环境的要求；二是制冷剂CFC_S对大气臭氧层的危害程度和产生温室效应的大小，特别要注意CFC_S的禁用时间表。在防止污染方面，吸收式冷水机组有着明显的优势。

⑧ 无专用机房位置或空调改造加装工程可考虑选用模块式冷水机组。

⑨ 尽可能选用国产机组。我国制冷设备产业近十年得到了飞速发展，绝大多数的产品性能都已接近国际先进水平，特别是中小型冷水机组，完全可以和进口产品媲美，而且价格上有着无可比拟的优势。因此，在同等条件下，应优先选用国产冷水机组。

（3）冷水机组的选择步骤

① 初选机型。根据冷水机组的选择原则，确定冷水机组的结构形式，对照空调系统所需的制冷量，初选冷水机组的规格、型号，一般要求机组的名义制冷量应不小于空调系统所需的制冷量。

② 根据空调系统的要求，确定冷冻水进、出水温度，一般冷冻水进出水温差为 5 ~ 6℃。

③ 利用厂家提供的机组性能曲线或性能表，根据实际工况的冷冻水进、出水温度和冷却水进、出水温度要求，确定该机组在实际工况条件下的制冷量。

④ 比较机组在实际工况下的制冷量和空调制冷系统所要求的冷量。要求机组在实际工况下的制冷量略大于空调制冷系统所要求的制冷量，否则应重新选取。

⑤ 根据机组的规格、型号，查取该机组的冷冻水流量、冷却水流量及机组中冷冻水和冷却水的压降等，为选择冷却塔、冷冻水泵及冷却水泵等作好资料准备。

5.3　公共建筑常用冷热源组合方式

　　冷热源作为空调系统中最重要的设备之一，在工程方案设计阶段就应列入考虑的范围。冷热源的选择依据不仅包括系统自身的要求，而且涉及工程所在地区的能源结构、价格、政策导向、环境保护、城市规划、建筑物用途、规模、冷热负荷、初投资、运行费用及消防、安全和维护管理等诸多问题。因此，这是一个技术、经济的综合比较过程，必须按照安全性、可靠性、经济性、先进性、适用性的原则进行综合技术经济比较后确定。

5.3.1　空调冷热源的组合方案

　　针对既要制冷又要供暖的空调工程，常用冷热源方案，主要有电动式和热力式两类冷水机组与锅炉和热网的组合方案，直燃型溴化锂吸收式冷热水机组和热泵式冷热水机组各自单独使用的方案，以及离心式冷水机组与锅炉、吸收式冷水机组的组合方案等。

　　（1）电动式冷水机组供冷和锅炉供暖方案

　　电动式冷水机组和锅炉的组合形式是使用最多，也是最传统的方案。在电力供应有保证的地区，普遍采用电动式冷水机组供冷，因其初投资和能耗费用较低，设备质量可靠，使用寿命长。

　　这种方案可供选用的锅炉种类较多。采用燃煤锅炉虽历史悠久、运行费用较低，但其污染较严重，许多大城市开始或已经禁止在市区使用；随着我国西气东输工程的实施，燃气的使用更方便、更广泛，城市燃气管道化的快速发展，促使采用燃气锅炉越来越多；在没有城市气源或气源不充足的地区则一般使用燃油锅炉；电锅炉通常只在电力充足、供电政策和价格十分优惠、系统的供暖热负荷较小、无城市或区域热源、不允许或没有条件采用燃料锅炉的场合使用。

　　这种方案从电力负荷的角度来看，夏季与冬季相差悬殊，构成全年季节性严重不平衡。如果锅炉只在冬季使用，且燃料又是城市燃气，则除了电力负荷的季节性失衡外，还会导致城市燃气负荷的严重季节性失衡。基于对空调能源供应结构全年均衡化的考虑，我国有些城市近年来针对这一现象已明文规定，对于空调能源，不允许冬季采用燃气而夏季使用电力。

　　（2）电动式冷水机组供冷和热网供暖方案

　　热网供暖最经济、节能，是应优先采用的供暖方案。但必须要有热网，且冬季供暖要有保障，空调建筑物应在热网的供热范围内。

　　（3）热力式冷水机组供冷和锅炉供暖方案

　　本方案在有充足且低廉的锅炉燃料供应的地区采用最合适。另外，在一些大型企业，特别是在我国北方的一些企业、事业单位，基于生产工艺要求或集中供暖与生活用供热要求，已有一定容量的供热锅炉。它们在全年各个季节里的运行负荷并不均衡，只有在冬季才会满负荷运行，夏季时，锅炉容量或多或少有一些闲置。在这种情况下，如果这些单位需要增加空调用的冷源设备，则热力式冷水机组也许是最佳的选择。由于可充分利用已有供暖锅炉的潜在能力，在既不需要扩建锅炉房又无需对供电设备进行扩容的情况下，妥善地解决了冷源设备的能源问题，无疑是一个经济实惠的方案。

与此类似，当某些企业，如钢铁、化工企业，夏季有大量余热或废热（低压蒸汽或热水）产生而未获利用时，如果需要增加空调用的、合适的冷源设备，则利用废热锅炉（必要的话）结合采用热力式冷水机组，均可取得较好的经济、节能效果。

（4）热力式冷水机组供冷和热网供暖方案

当夏季电力供应没有保证，而热网却一年四季都能保证供热时，可采用这一方案。在有集中供热的热网地区，即使是电力供应条件齐备，如考虑到冬夏季供热负荷的平衡，采用热力式冷水机组也是一种十分合理的选择。

（5）直燃型溴化锂吸收式冷热水机组夏季供冷、冬季供暖方案

在电力供应紧张，又没有热网，油、气燃料能够保证供应的情况下，通常采用这种方案。

（6）空气源热泵冷热水机组夏季供冷、冬季供暖方案

在夏热冬冷地区，不方便或无处设置冷却塔、无热网供热，以日间使用为主的空调系统，通常选择空气源热泵冷热水机组作为冷热源。对缺水地区一般也可考虑采用该方案。

需要指出的是，空气源热泵冷热水机组的节能，主要表现在它的冬季供暖工况运行。在夏季供冷工况运行时，由于它采用的是风冷冷却方式，其制冷的性能系数比较低。

在评价空气源热泵机组时，须全面考核其全年运行的能耗特性。而空气源热泵机组全年运行的能耗状况，也并非为其固有属性所决定，与其运行所处地区的气候条件大有关系。如同样一台空气源热泵机组，在一个全年气温较高、供冷工况运行时间较长的地区使用，其全年的综合运行能耗指标必然会远低于夏季短、冬季长的地区。

冷热源设备全年能源需求最为平衡的，应当首推冷热源一体化设备，如中央热水机组。原因是这类设备不仅在用能的品种上，而且在耗能的量值上，冬夏季基本上都是一致和平衡的。除了能源需求平衡的好处外，冷热源一体化设备还具有一机冬夏两用、设备利用率高、节省机房面积等一系列其他好处。因此，在很多情况下，在新建、改建或扩建工程中，特别是当同时需要设置或增加冷源和热源设备时，这类设备往往成为设计人员和业主的首选目标。

（7）离心式冷水机组与锅炉、吸收式冷水机组组合方案

对于大型建筑和建筑群空调需要配置的大容量冷、热源设备，目前有一种采用多能源设备的趋势。其中，采用多台离心式冷水机组，与燃气或燃油锅炉配置多台蒸汽溴化锂吸收式冷水机组的组合比较常见。这种组合有多种好处。

① 可降低站房的用电容量，降低变电站电压等级，减少变配电扩容费用。

② 由于冷源设备所用能源既有燃料又有电力，其供冷的可靠性将大为提高。

③ 由于各种能源价格的变动难以避免，且其相对价格比的改变又无法预料，采用多能源结构的冷热源在日常运行中，能源的经济性选择和适应方面具有较大的灵活性。

特别是随着我国各地夏季昼夜用电的分时计价逐步推行以后，白天可以优先考虑利用吸收式冷水机组运行，而夜晚电价较低时，优先利用离心式冷水机组运行。

5.3.2　冷热源组合方案经济分析方法

一般在进行经济分析时，通常是将候选方案列表比较，主要比较的项目有：主机和辅机购置费、安装费、电（热）力增容费、机房土建费、初投资和运行费用等。由于各个地区的气候条件、电价、电力增容费、燃料价格及相关政策有差异，因此，应根据工程项目具体情况具体分析。如果运用计算机辅助方案选择，在设计初期就要对方案予以评估。显然，最优化的冷热源可以减少投资，降低运行费用。

5.4　热力站

集中供热系统的热力站是供热网路与热用户的连接场所。它的作用是根据热网工况和不同的条件，采用不同的连接方式，将热网输送的热媒加以调节、转换，向热用户系统分配热量以满足用户的需求，并根据需要，进行集中计量、检测供热热媒的参数和数量。

根据热网输送的热媒不同，可以分为热水供热热力站和蒸汽供热热力站。

根据服务对象不同，可以分为工业热力站和民用热力站。

根据二级热网对供热介质参数要求的不同，又分以为换热型热力站和分配型热力站。

根据热力站的位置和功能的不同，可以分为：用户热力站（点）、小区热力站（简称为热力站）、区域性热力站、供热首站。

根据制备热媒的用途不同，可以分为供暖换热站（热站）、空调换热站（冷站）和生活热水换热站或它们间的相互与共同组合。

5.4.1　民用热力站

民用热力站的服务对象是民用用热单位（民用建筑及公共建筑），多属于热水供热热力站。图 5-1 所示为一个民用热力站的示意图。各类热用户与热水网路并联连接。

城市上水进入水 - 水换热器 4 被加热，热水沿热水供应网路的供水管，输送到各用户。热水供应系统中设置热水供应循环水泵 6 和循环管路 12，使热水能不断地循环流动。当城市上水悬浮杂质较多、水质硬度或含氧量过高时，还应在上水管处设置过滤器或对上水进行必要的水处理。

图 5.4-1 的供暖热用户与热水网路是采用直接连接。当热网供水温度高于供暖用户设计的供水温度时，热力站内设混合水泵 9，抽引供暖系统的网路回水，与热网的供水混合，再送向各用户。

混合水泵的设计流量，按照式（5-1）计算

$$G'_h = u' \, G'_0 \, t/h \tag{5-1}$$

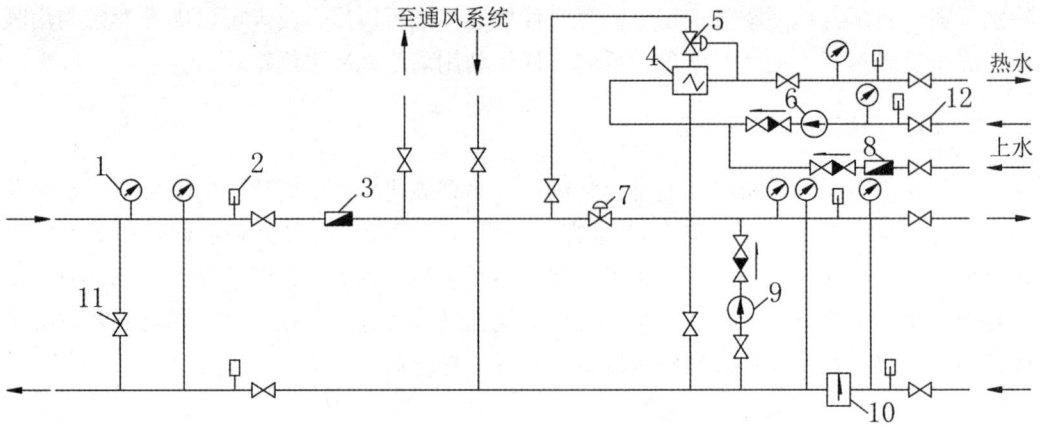

图 5-1　民用集中热力站示意图

1—压力表；2—温度计；3—热网流量计；4—水 - 水换热器；5—温度调节器；6—热水供应循环泵；7—手动调节阀；8—上水流量计；9—供暖系统混合水泵；10—除污器；11—旁通管；12—热水供应循环管路

式中，G_0'——承担该热力站供暖设计热负荷的网路流量，t/h；

　　　G_h'——从二级网路抽引的回水量，t/h；

　　　u'——混水装置的设计混水比。

$$u' = (\tau_1' - t_g')/(t_g' - t_h') \tag{5-2}$$

式中，τ_1'——热水网路的实际供水温度，℃；

　　　t_g'，t_h'——供暖系统的设计供、回水温度，℃。

　　混合水泵的扬程应不小于混水点以后的二级网路系统的总压力损失。流量应为抽引回水的流量。水泵数目不应少于两台，其中一台备用。

　　热力站应设置必要的检测、自控和计量装置。在热水供应系统上，应设置上水流量表，用以计量热水供应的用水量。热水供应的供水温度，可用温度调节器控制。根据热水供应的供水温度，调节进入水 - 水换热器的网路循环水量，配合供、回水的温差，可计量供热量（也可采用热量计，直接记录供热量）。民用小区热力站的最佳供热规模，取决于热力站与网路总基建费用和运行费用，应通过技术经济比较确定。一般来说，对新建居住小区，每个小区设一座热力站，规模在 5 万 ~ 15 万 m^2 建筑面积为宜。

5.4.2　工业热力站

　　工业热力站的服务对象是工厂企业用热单位，多为蒸汽供热热力站。图 5-2 所示为一个具有多种热负荷（生产、通风、供暖、热水供应热负荷）的工业热力站示意图。

　　热网蒸汽首先进入分汽缸 1，然后根据各类热用户要求的工作压力、温度，经减压阀（或减温器）调节后分别输送出去。如工厂采用热水供暖系统，则多采用汽 - 水式换热器，将热水供暖系统的循环水加热。

　　工业热力站应设置必要的热工仪表，应在分汽缸上设压力表、温度计和安全阀；供汽管道减压阀后应设置压力表和安全阀；凝水箱内设液位计或设置与凝水泵联动的液位自动控制装置；换热器上设置压力表、温度计。为了计量，外网蒸汽入口处设置蒸汽流量计和在凝水接外网的出口处设置凝水流量计等。

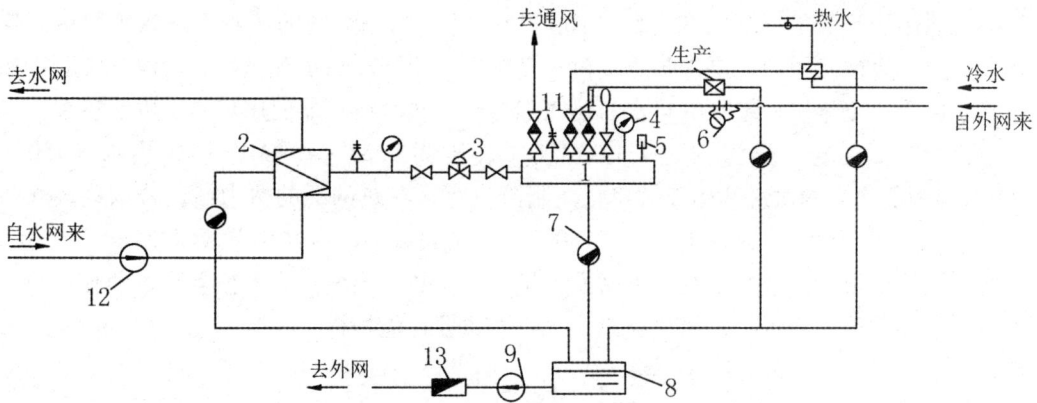

图 5-2　工业蒸汽热力站示意图

1—分汽缸；2—汽 - 水换热器；3—减压阀；4—压力表；5—温度计；
6—蒸汽流量计；7—疏水器；8—凝水箱；9—凝水泵；10—调节阀；
11—安全阀；12—循环水泵；13—凝水流量计

5.4.3　供热首站

供热首站是以热电厂为热源，一般以电厂汽轮机发电的乏汽或抽汽为热的来源，建在热电厂出口，向整个集中供热一级网提供高参数热水热媒的集中热力交换站。如图 5-3 所示，相当于热水锅炉房中的锅炉由管壳式汽 - 水与板式水 - 水换热器替代，根据实际需要制备高参数热水热媒，其他设备均与高温热水锅炉房相同，它克服蒸汽热媒在输送距离上的限制，可进行长途输送。凝结水可全部回收至热源或一部分作为一级网补水使用，剩余部分可再回收至热源，除氧后可供电厂锅炉循环使用。

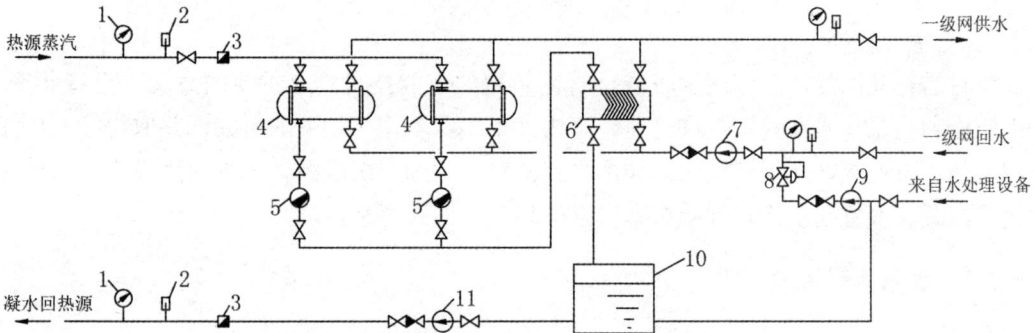

图 5-3　蒸汽首站热力系统示意图

1—压力表；2—温度计；3—流量计；4—管壳式换热器；5—疏水器；6—板式换热器；7—循环水泵；8—补给水压力调节器；9—补给水泵；10—凝结水箱；11—凝结水泵

5.4.4　冷、热及生活热水热力站

在我国北方以热电厂为热源的供热区域绝大部分地区的供热时间不超过 180 天，在条件允许的地区可考虑夏季集中供冷，既可提高能源的分级利用率，又可缓解因户用空调的使用而引起的用电紧张、电力峰谷差增大的情况发生。从应用范围来看，此种热力

站非常适用于长江中下游地区工作（图5-4），冬天以一级网的热水为热媒加热板式换热器，向二级网热用户提供供暖热负荷；夏季以一级网的热水为热媒驱动溴化锂制冷机组集中供冷；全年以一级网的热水为热媒加热生活热水换热器向用户提供生活热水。

供冷时，在电厂热源附近若以蒸汽（表压为 0.25 ~ 0.8MPa）或热水（150 ~ 200℃）为能量来源时应选用双效溴化锂制冷机组；在热网上的热力站，若以蒸汽（表压为0.03 ~ 0.15MPa）或热水（80 ~ 150℃）为能量来源时应选用单效溴化锂制冷机组，通常，双效机组比单效机组具有更高的当量热力系数。当量热力系数表示每消耗单位一次燃料所能取得的冷量，是衡量吸收式机组的重要性能指标。

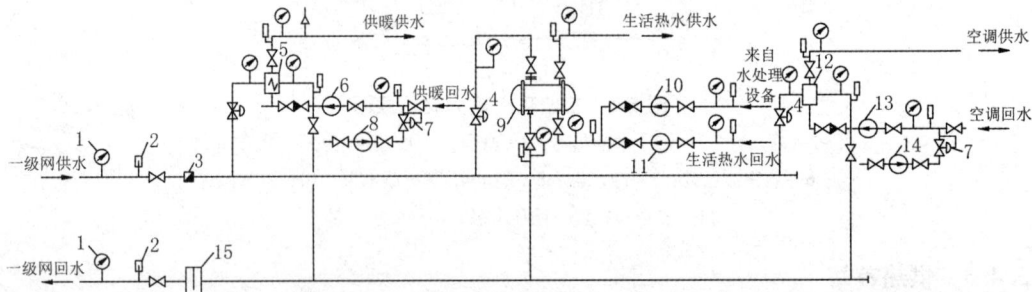

图5-4　冷、热及生活热水热力站系统原理图

1—压力表；2—温度计；3—流量计；4—手动调节阀；5—供暖系统水 - 水换热器；6—供暖系统循环水泵；7—补给水压力调节器；8—供暖系统补给水泵；9—生活热水水 - 水换热器；10—生活热水给水泵；11—生活热水循环泵；12—单效溴化锂制冷机组；13—空调系统循环泵；14—空调补水泵；15—除污器

5.5　绿色及可再生能源利用

目前，我国的能源利用率较低，研究新型的节能技术具有重要的意义。近些年来，太阳能和热泵技术在我国发展迅速，国内外很多学者作了相关的研究，并取得了一些工程实例。人们逐渐认识到太阳能和热泵技术对于利用一次能源，减少使用煤炭、石油等化石能源，改善建筑冷热源结构有很好的理论和实践意义。

5.5.1　太阳能利用

从本质上讲，太阳能是非常特殊的能源，这种特殊性主要体现在它既是一次能源，又是可再生能源。通过太阳能的应用，可以有效降低暖通空调能耗，使建筑总体能耗大幅度下降。本节将重点对太阳能技术的应用进行论述。

（1）太阳能热水系统

太阳能热水系统大体上可以分为两类，一类是热源系统，另一类是供应系统，前者又称为集热系统，主要是将太阳能辐射能转换为热量，并与辅助热源组合使用，对水进行加热处理，它由以下设备和附件组成：太阳能集热器、辅助热源、管道、水箱、控制系统、热交换器及水泵等；后者是将热水输送给住户使用的管道系统，具体由以下几个部分组成：供热水管道、回水管道、供水设备、控制系统及用热水器具等。选用太阳能热水系统时，应当遵循因地制宜的原则，并充分结合当地气候条件、地理位置、热水用量等因素。同时，还要考虑系统本身的性能及设置条件，以节约燃料和电能为目标，确保选用的系统能够提供稳定的热水供应。

（2）太阳能空气供暖系统

太阳能空气供暖系统根据导热介质的不同，可以分为热水集热、热风供暖方式。其中，前者主要是采用热水集热器进行集热后，用热水对空气进行加热，为室内供暖；后者则是直接用空气集热器对空气进行加热为室内供暖，这种方式的应用相对较多，其工作原理如下：由系统中的风机驱动空气，使空气在集热器与储热器间不断循环，然后将集热器吸收到的太阳能热量经由空气传给储热器存储下来，或直接供给室内取暖。在这一过程中，风机主要起驱动空气的作用，建筑内的冷空气通过风机输送给储热器与其中的储热介质进行热交换，空气被加热之后，送给室内供暖。在该系统中，集热器是重要组成部分之一，当采用空气作为集热介质时，要求集热器的体积和传热面积要足够大，这样才能提供足够的热量；储热器一般都是采用砾石固定床作为储热材料。空气供暖热源要求温度相对较低，通常只要达到50℃左右即可，其适用性较好。

（3）太阳能空调制冷系统

太阳能空调主要是借助太阳能热泵的原理发挥空调制冷的作用。与热泵供暖相比，制冷系统中增加了热交换器、储冷水箱及制冷终端等设备，其工作原理是利用制冷剂蒸发吸收热量，从而达到降低储冷器中水的温度，然后经由热交换器降低空气或水等介质的温度，最终通过管路传给制冷终端，以冷水盘管辐射或冷风的形式达到降低室温的目的。与常规空调系统相比，太阳能空调系统具有以下优点：季节适应性良好，对环境基本不会造成污染。从原理上可以将太阳能空调制冷系统分为两种，一种是以热能作为驱动能源，主要包括吸收式制冷、吸附式制冷和喷射式制冷；另一种是以电能作为驱动能源，即先将太阳能转换为电能，然后利用电能制冷。

5.5.2　热泵技术

热泵作为一种高效节能装置，具有巨大的节能潜力。同时，热泵还可以与清洁的太阳能热利用系统有机结合，实现优势互补，进一步降低建筑能耗。因此，推广应用热泵技术对节能与环保均具有重要的意义。

（1）空气源热泵系统

空气源热泵以室外空气为低温热源，蒸发器中的液态制冷剂从室外空气中吸热蒸发，其系统组成如图5-5所示。按照得热介质不同，空气源热泵又可以分为空气/空气热泵和空气/水热泵。空气/空气热泵又称风冷式热泵机组，其冷凝器中释放的热量用于产热风，供房间空调或热风干燥。空气/水热泵又称水冷式热泵机组，其冷凝器中释放的热量用于产热水。对于冬季较寒冷或室外空气较潮湿的地区，空气源热泵机组在冬季运行时易结霜，使得机组效率明显降低。因此，空气源热泵机组通常需要设除霜装置，较适合于在我国长江以南地区使用。

（2）水源热泵系统

水源热泵是以水（地下水、河流、湖泊等地表水源或浅层水源）作为热泵系统的

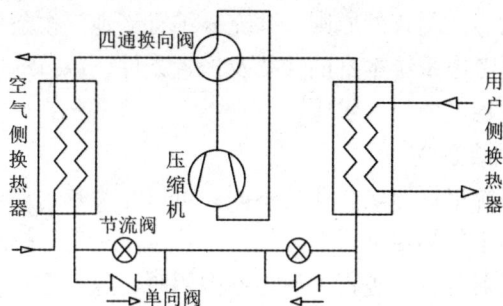

图 5-5　空气源热泵系统

低温热源，使低温位热能向高温位热能转移的一种装置，其系统组成如图 5-6 所示。地表水源虽然容易获得，但其水温易受气候的影响，因而，热泵机组在冬季运行时 COP（性能系数）较低。浅层水源的水温受汽化的影响较小，因而，机组在冬季仍可获得较高的 COP。如建筑附近具有较好水质的天然水体，利用水源热泵机组是比较理想的空调冷热源选择。

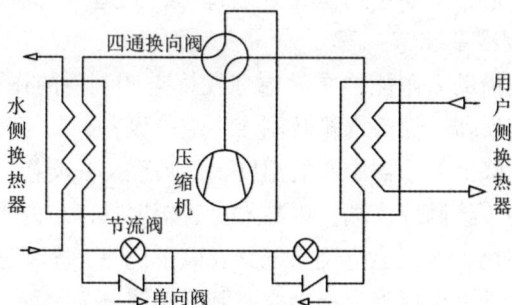

图 5-6　水源热泵系统

（3）地源热泵系统

地源热泵以土壤、地下水作为低温热源，其系统组成如图 5-7 所示。地源热泵的埋管方式多种多样，有水平埋管、垂直埋管和桩埋管等，前两者为目前较常用的埋管形式。水平埋管是在浅层土地中水平埋设管道，大致可以分为单层埋管和多层埋管两种形式。此种埋管方式埋设深度浅、占地面积大，但由于施工工艺较简单，故初投资低。垂直埋管是在地层中垂直穿孔埋设到地下，这种埋管方式较之水平埋管方式具有较深的敷设深度。但在土壤深处，一年四季土壤温度相对恒定，土壤的温度及其特性不受地表温度的影响。因而，垂直埋管方式比水平埋管方式具有更好的换热能力，但由于其不易施工，故系统的初投资大，并且造价偏高。但由于土壤、地下水的温度受气候的影响很小，因而，地源热泵较适合我国北方地区使用，可避免空气源热泵冬季运行易结霜的局限。

（4）太阳能/空气双源热泵系统

太阳能/空气双源热泵系统以室外空气和太阳辐射能为低温热源，其典型系统组成如图 5-8 所示。太阳能热水系统节能环保，但受气候的影响不能全天候运行。太阳能/空气双源热泵系统利用太阳能作为空气源热泵系统的辅助能源，将热泵节能技术与太阳能供热水有机地结合起来，不仅弥补了前者单独工作时存在的不足，而且可以有效提高热泵的性能系数。

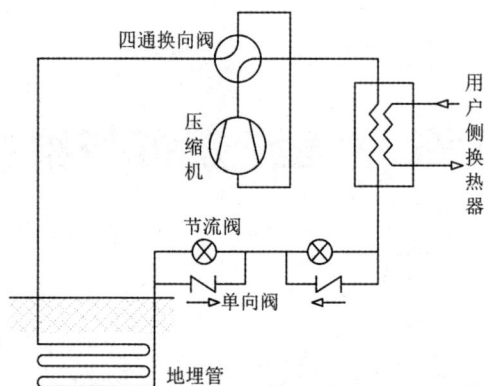

图 5-7　地源热泵系统

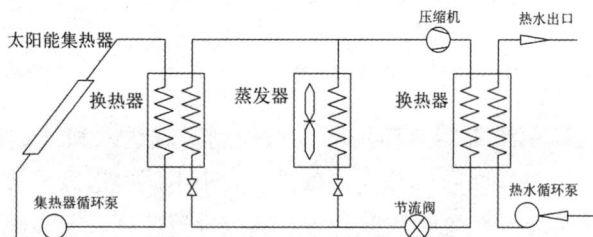

图 5-8　太阳能/空气双源热泵系统

思考题与习题

5-1 空调冷热源可分为哪两大类?

5-2 比较各类压缩式冷水机组的优点和缺点。

5-3 有哪些空调冷热源设备?如何对它们进行选择?

5-4 中央空调冷热源的组合方案有哪些?各有何特点?

5-5 冷热源组合方案的经济分析方法是以什么数据为基础的?主要包括哪几方面的比较内容?

5-6 热力站有哪几种分类方法?

5-7* 根据你所在地区的太阳能资源气候条件,试分析在建筑中如何合理应用太阳能。

第6章 气流分布与组织

6.1 室内气流分布要求与评价

6.1.1 概述

　　大多数空调与通风系统都需要向房间或被控制区域送入和（或）排出空气，不同形状的房间、不同送风口和回风口形式和布置、大小不同的送风量等都影响着室内空气的流速分布、温湿度分布和污染物浓度分布。室内气流速度、温湿度都是人体热舒适的要素，而污染物的浓度是空气品质的一个重要指标。因此，要使房间内人群的活动区域（称为工作区）成为一个温湿度适宜、空气品质优良的环境，不仅要有合理的系统形式及对空气的处理方案，而且还必须有合理的气流分布。气流分布又称为气流组织，也就是设计者要组织空气合理的流动。许多学者从不同的角度提出了对气流分布的要求与评价。例如，对有害污染物发生的车间，用有关污染物方面的指标来评价气流分布的效果，如污染物最大浓度区（应小于允许浓度），当量扩散半径，实际的不均匀分布工作区的平均浓度与排风浓度比值等；又如，恒温恒湿空调房间对房间气流分布的要求是工作区内各点的温湿度均匀一致，并保持与基准的温湿度差最小。对气流分布的要求主要针对"工作区"，所谓工作区一般指距地面 2m 以下，工艺性空调房间视具体情况而定。下面介绍对气流分布的主要要求和常用的评价指标。

6.1.2 对温度梯度的要求

　　在空调或通风房间内，送入与房间温度不同的空气，以及房间内有热源存在，在垂直方向通常有温度差异（温度梯度）。在舒适的范围内，按照 ISO 7730—2016《建筑热湿环境领域标准》，在工作区内的地面上方 1.1m 和 0.1m 之间的温差不应大于 3℃（这实质上考虑了坐着工作的情况）；美国 ASHRAE55—92 标准建议地面上方 1.8m 和 0.1m 之间的温差不大于 3℃（这是考虑人站立工作的情况）。从可靠性角度，垂直温度梯度宜采用后者的控制指标。

6.1.3 工作区的风速

　　工作区的风速也是影响热舒适的一个重要因素。在温度较高的场所通常可以用提高风速的办法来改善热舒适环境。但是大风速通常是令人厌烦的，试验结果表明，风速在 0.5m/s 以下时，人没有太明显的感觉。各国的规范、标准或手册中对工作区的风速都有规定。我国规范规定：舒适性空调冬季室内风速不应大于 0.2m/s，夏季不应大于 0.3m/s；工艺性空调冬季室内风速不宜大于 0.3m/s，夏季宜采用 0.2～0.5m/s，当室内温度高于 30℃时，可大于 0.5m/s。

6.1.4　吹风感和空气分布特性指标

人在空调房间内常见的不满是有吹风感。吹风感是由于空气温度和风速（房间的湿度和辐射温度假定不变）引起人体的局部地方有冷感，从而导致不舒适的感觉。美国 ASHRAE 用有效吹风温度来判断是否有吹风感，它定义为

$$\theta = (t_x - t_r) - 7.8(v_x - 0.15) \tag{6-1}$$

式中，t_x，t_r——室内某地点的温度和室内平均温度，℃

v_x——室内某地点的风速，m/s。

对于办公室 θ 在 $-1.7～1.1$℃，$v_x < 0.35$m/s 时，大多数人感觉是舒适的，小于下限值时有冷吹风感。θ 用于判断工作区任何一点是否有吹风感。而对整个工作区气流分布的评价则用空气分布特性指标 ADPI（air diffusion performance index）来判断，它定义为工作区内各点满足 θ 要求的点占总点数的百分比，即：

$$ADPI = \frac{(-1.7 < \theta < 1.1)\text{的测点数}}{\text{总测点数}} \times 100\% \tag{6-2}$$

对于已有的房间，ADPI 可以通过实测各点的空气温度和风速来确定。在气流分布设计时，可以利用计算流体力学的办法进行预测，或参考有关文献、手册提供的数值。

6.1.5　通风效率

通风效率 E_v 可以理解为稀释通风时，参与工作区内稀释污染物的风量与总送入风量之比，或是污染物排风浓度与工作区浓度之比。由此可见，E_v 也表示通风或空调系统排出污染物的能力，因此，E_v 也称为排污效率。当送入房间空气与污染物混合均匀，排风的污染物浓度等于工作区浓度时，$E_v = 1$。一般的混合通风的气流分布形式 $E_v < 1$。但是，若清洁空气由下部直接送到工作区时，工作区的污染物浓度可能小于排风的浓度，这时，E_v 会大于 1。E_v 不仅与气流分布有着密切的关系，而且还与污染物分布有关，污染源位于排风口处，E_v 增大。

通风效率实际上也是一个经济性指标。E_v 越大，表明排出同样发生量污染物所需的新鲜空气量越少，因此，相应的空气处理和输送的能耗越小，设备费用和运行费用也就越低。以转移热量为目的的通风和空调系统，通风效率中浓度可以用温度来取代，并称为温度效率 E_T，或称为能量利用系数，表达式为

$$E_T = \frac{t_e - t_s}{t - t_s} \tag{6-3}$$

式中，t_e，t，t_s 分别为排风、工作区和送风的温度，℃。

6.1.6 空气龄

空气质点的空气龄简称空气龄，是指空气质点自进入房间至到达室内某点所经历的时间。局部平均空气龄定义为某一微小区域中各空气质点的空气龄的平均值。空气龄的概念比较抽象，实际测量很困难，目前都是用测量示踪气体的浓度变化来确定局部平均空气龄。由于测量方法不同，空气龄用示踪气体的浓度表达式也不同。例如，用下降法（衰减法）测量，在房间内充以示踪气体，在 A 点起始时的浓度为 $c(0)$，然后对房间进行送风（示踪气体的浓度为零），每隔一段时间，测量 A 点的示踪气体浓度，由此获得 A 点的示踪气体浓度的变化规律 $c(\tau)$，于是 A 点的平均空气龄（单位为 s）为

$$\tau_A = \frac{\int_0^\infty c(\tau)\mathrm{d}\tau}{c(0)} \tag{6-4}$$

全室平均空气龄定义为全室各点的局部平均空气龄的平均值

$$\bar{\tau} = \frac{1}{V}\int_V \tau \mathrm{d}V \tag{6-5}$$

式中，V——房间的容积。

如用示踪气体衰减法测量，根据排风口示踪气体浓度的变化规律确定全室平均空气龄，即

$$\bar{\tau} = \frac{\int_0^\infty \tau\, c_{e(\tau)}\mathrm{d}\tau}{\int_0^\infty c_e(\tau)\mathrm{d}\tau} \tag{6-6}$$

式中，$c_e(\tau)$——排风的示踪气体浓度随时间的变化规律。

到达房间内某点的空气，而后离开某点从排风口排出。把房间内某微小区域内气体离开房间前在室内的滞留时间称为局部平均滞留时间，用 τ_r 表示，单位为 s。室内某一微小区域平均滞留时间减去空气龄即是该微小区域的空气流出室外的时间。全室平均滞留时间则为全室各点的局部平均滞留时间的平均值，用 $\bar{\tau}_r$ 表示。全室平均滞留时间等于全室平均空气龄的 2 倍，即

$$\bar{\tau}_r = 2\bar{\tau} \tag{6-7}$$

理论上，空气在室内的最短滞留时间为

$$\tau_n = \frac{V}{\dot{V}} = \frac{1}{N} \tag{6-8}$$

式中，V——房间体积，m^3；

$\dot{V}$——送入房间的空气量，m^3/s；

N——以秒计的换气次数，s^{-1}；

τ_n——名义时间常数。

空气从送风口进入室内后的流动过程中，不断掺混污染物，空气的清洁程度和新鲜程度将不断下降。因此，空气龄短，预示着到达该处的空气可能掺混的污染物少，排除

污染物的能力强。显然，空气龄评价了空气流动状态的合理性。

6.1.7　换气效率

换气效率 η_a 是评价换气效果优劣的一个指标，它是气流分布的特性参数，与污染物无关。它定义为空气最短的滞留时间 τ_n 与实际全室平均滞留时间 $\bar{\tau}_r$ 之比，即

$$\eta_a = \frac{\tau_n}{\bar{\tau}_r} = \frac{\tau_n}{2\bar{\tau}} \tag{6-9}$$

式中，$\bar{\tau}$——实际全室平均空气龄，s。

由于理论上最短滞留时间的气流分布，其空气龄（理想的、最短的平均空气龄）为 $\tau_n/2$，从式（6-9）可以看出，换气效率也可以定义为最理想的平均空气龄（$\tau_n/2$）与全室平均空气龄（$\bar{\tau}$）之比。η_a 是基于空气龄的指标，因此，它反映了空气流动状态的合理性。最理想的气流分布 $\eta_a = 1$，一般的气流分布 $\eta_a < 1$。

6.2　典型的气流分布模式

气流分布的流动模式取决于送风口和回风口位置、送风口形式等因素。其中，送风口（它的位置、形式、规格、出口风速等）是气流分布的主要影响因素。房间内空气流动模式有三种类型：① 单向流——空气流动方向始终保持不变；② 非单向流——空气流动的方向和速度都在变化；③ 两种流态混合存在的情况。下面介绍几种常见风口布置方式的气流分布模式。

6.2.1　侧送风的气流分布

图 6-1 给出了 7 种侧送风的气流分布模式。图 6-1（a）为上侧送，同侧下部回风，送风气流贴附于顶棚，工作区处于回流区中。送风与室内空气混合充分，工作区的风速比较低，温湿度比较均匀，适用于恒温恒湿的空调房间。排出空气的污染物浓度和温度基本上等于工作区的浓度和温度，因此，通风效率 E_V 和温度效率 E_T 接近于 1。但换气效率 η_a 较低，大约小于 0.5。图 6-1（b）为上侧送风，对侧下部回风。工作区在回流和涡流区中，回风的污染物浓度低于工作区的浓度，$E_V < 1$。图 6-1（c）为上侧送风，同侧上部回风。这种气流分布形式与图 6-1（a）相类似，但 E_V 要稍低一些，η_a 一般在 0.2~0.55。图 6-1（d）、图 6-1（e）的模式分别相当于两个图 6-1（a）、图 6-1（c）气流分布的并列模式。它们适用于房间宽度大、单侧送风射流达不到对侧墙时的场合。对于高大厂房，可采用中部侧送风、下部回风、上部排风的气流分布，如图 6-1（f）所示。当送冷风时，射流向下弯曲。这种送风方式在工作区的气流分布模式基本上与图 6-1（d）相类似。房间上部区域温湿度不需要控制，但可进行部分排风，尤其是热车间中，上部排风可以有效排除室内的余热。图 6-1（g）是典型的水平单向流的气流分布模式。两侧都应设置起稳压作用的静压箱，使气流在房间的断面上均匀分布。在回风口

附近，空气的污染物浓度等于排除空气的污染物浓度，$E_v = 1$ ；而在气流的上游侧，E_v 都大于 1 ；在靠近送风口处，$E_v \to \infty$ 。水平单向流的换气效率 $\eta_a = 1$ 。这种气流分布模式多用于洁净空调。

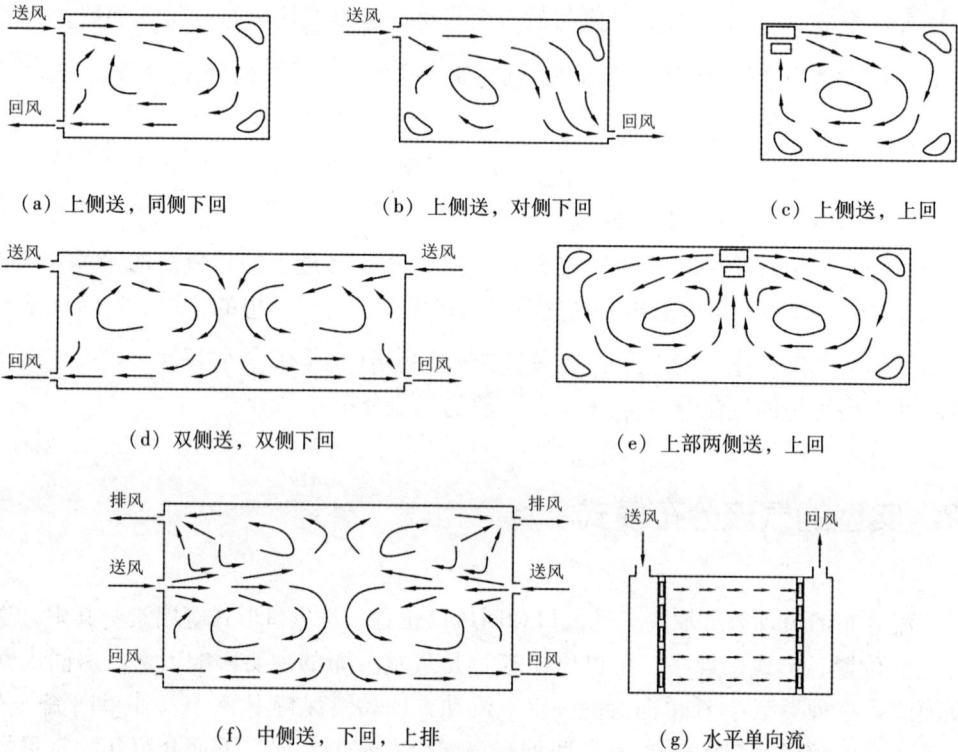

（a）上侧送，同侧下回   （b）上侧送，对侧下回   （c）上侧送，上回

（d）双侧送，双侧下回   （e）上部两侧送，上回

（f）中侧送，下回，上排   （g）水平单向流

图 6-1　侧送风的室内气流分布

6.2.2　顶送风的气流分布

图 6-2 给出了四种典型的顶送风气流分布模式。图 6-2（a）为散流器平送，顶棚回风的气流分布模式。散流器底面与顶棚在同一平面上，送出的气流为贴附于顶棚的射流。射流的下侧卷吸室内空气，射流在近墙处下降。顶棚上的回风口应远离散流器，工作区基本上处于混合空气中。这种气流分布模式的通风效率 E_v 低于上述的侧送气流。换气效率 η_a 约为 $0.3 \sim 0.6$ 。图 6-2（b）为散流器向下送风，下侧回风的室内空气分布。所用的散流器具有向下送风的特点。散流器出口的空气以夹角 $\beta = 20° \sim 30°$ 喷射出，在起始段不断卷吸周围的空气而扩大，当与相邻的射流搭接后，气流呈向下流动的模式。工作区位于向下流动的气流中，在工作区上部是射流的混合区。这种流型的 E_v 和 η_a 都比图 6-2（a）的气流分布高。图 6-2（c）为典型的垂直单向流。送风与回风都有起稳压作用的静压箱。送风顶棚可以是孔板，下部是格栅地板，从而保证了气流在横断面上速度均匀、方向一致。这种流型的 $E_v > 1$ ，$\eta_a = 1$ 。图 6-2（d）为顶棚孔板送风，下侧回风，与图 6-2（c）不同之处是取消了格栅地板，改为两侧回风。因此，不能保证完全是单向流，气流在下部偏向回风口。这种流型的 $E_v > 1$ ，$\eta_a < 1$ ，但比上述散流器送风的 η_a 要高。

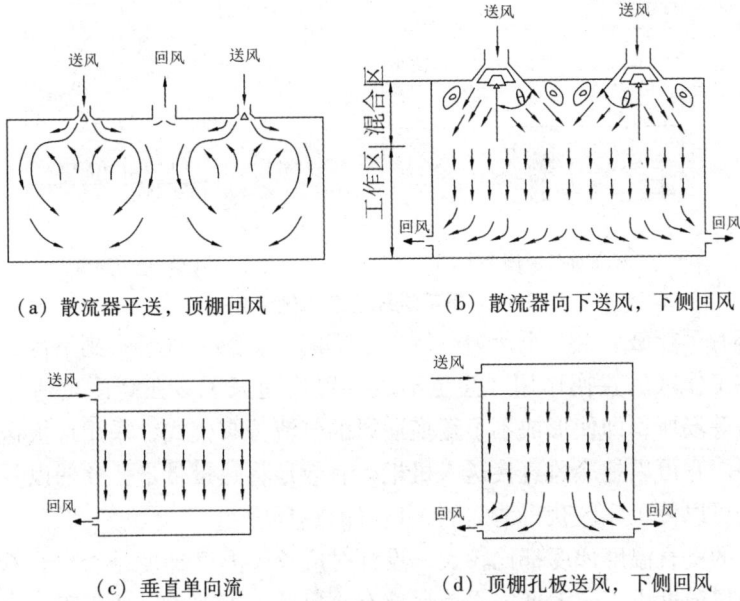

（a）散流器平送，顶棚回风　　　　　　（b）散流器向下送风，下侧回风

（c）垂直单向流　　　　　　（d）顶棚孔板送风，下侧回风

图 6-2　顶送风的室内气流分布

6.2.3　下部送风的气流分布

图 6-3 为两种典型的下部送风的气流分布图。图 6-3（a）是下部低速侧送的室内气流分布。送风口速度很低，一般约为 0.3m/s。送风温度约低于工作区温度 3～6℃。温度低、密度大的送风气流沿地面扩散开来，在地面上形成速度小、紊流度低的低温"空气湖"。接近热源（人体、计算机等热物体）的空气受热后形成自然对流热射流，称为羽流。羽流卷吸周围空气及污染物向上升，从上部的风口排出房间。如果热源的羽流所卷吸的空气量小于下部的送风量，则该区域内的气流保持向上流动；当到达一定高度后，卷吸的空气量增多而大于下部送风量时，羽流将卷吸顶棚返回的气流，因此，上部就有回流的混合区，如图 6-3 中虚线以上区域。当混合区在 1.8m 以上（坐姿工作时 1.1m 以上）时，将可保持工作区有较高的空气品质。这种气流分布模式称为置换通风。"置换"的意思是用送入的空气置换工作区的空气。置换通风气流分布的特点是：① 室内产生热力分层，即分成上下两区，下部工作区的气流近似向上的单向流，空气清洁，温度较低；上区出现污染气流返回、混合，其温度和污染物的浓度都比较高。② 通风效率 E_V 和温度效率 E_T 都很高，换气效率 $\eta_a = 0.5 \sim 0.6$。③ 由于送风温差小，抵消房间冷负荷的能力低。④ 送风口设在下部，在风管布置、与室内装修配合方面有一定的困难。

图 6-3（b）为地板送风的气流分布。地面需架空，下部空间用作布置送风管，或直接用作送风静压箱，把空气分配到若干个地板送风口。地板送风口可以是旋流风口（有较好的扩散性能），或是格栅式、孔板式的其他风口。送出的气流可以是水平贴附射流或垂直射流。射流卷吸下部的部分空气，在工作区形成许多小的混合气流。当小型的地板送风口送风速度小于 2m/s，且布置均匀时，也像低速侧送风一样，形成置换通风模式。应该指出，无论侧送，还是地板送风，当送风速度过大或工作区的气流分布很

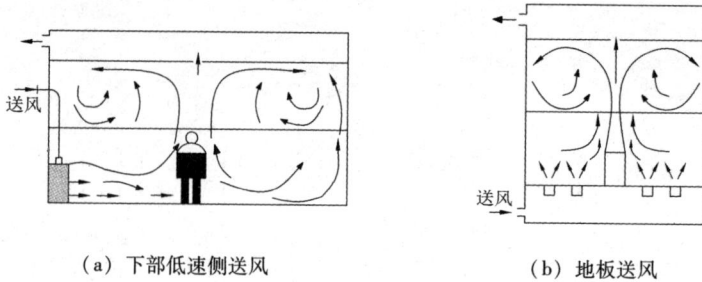

(a) 下部低速侧送风　　　　　　　　　　(b) 地板送风

图6-3　下部送风的室内气流分布

不均匀时，都有可能破坏上、下热力分层，上部的污染热空气卷吸到下部工作区，减弱了送风气流在工作区的置换作用，甚至不成为置换通风了。在高冷负荷密度的计算机房、程控机房等场所，即使形成不了置换通风的气流分布模式，采用地板送风仍然是一种最佳的选择。它可以把冷风直接送入机柜，有效地将热量带走，并辅以其他地方的地板送风口，仍可以使工作区获得清洁的、良好的热环境。

下部送风的垂直温度梯度都比较大，设计时应校核温度梯度是否符合6.1.2中的要求。另外，送风温度也不应太低，避免足部有冷风感。下部送风适用于计算机房、办公室、会议室、观众厅等场合。当污染物密度大于空气密度时，不宜使用下部送风。

下部送风除了上述两种模式外，还有座椅送风方案，即在座椅下或椅背处送风。这也是下部送风的气流分布模式，通常用于影剧院、体育馆的观众厅。

6.2.4　工位送风

工位送风是把处理后的空气直接送到工作岗位，形成一个令人满意的微环境。这种送风方式在工业建筑的热车间已广为应用，20世纪末开始应用于舒适性空调中。目前已用于办公室、影剧院等场所的空调系统中。送风口的风量、风向或温度通常可以由使用者根据自己的喜好进行个性化调节，故这种送风方式又称为个性化送风，用这种送风的空调称为个性化空调。用于办公室工位送风的风口通常就设在桌面上，故也称为桌面送风。桌面送风装置的形式有：① 在办公桌靠近人的侧边上设风口，约45°向上送风，气流先到达人的上半身，再经呼吸区；② 在桌面上靠近人处设条形风口，约45°向上送风，直达人的呼吸区；③ 在办公桌后部放置风口，风口可上下、左右调节角度，送风直达人的呼吸区，送风距离较上两种方式远；④ 活动式风口，利用机械臂使风口位置变动，能较好地使送风直达人的呼吸区。桌面送风口通常采用百叶式风口或孔板式风口。

工位送风通常与背景空调（房间或区域的空调）相结合，两者可以是同一空调系统。背景空调大多采用地板送风的气流分布。背景空调控制的室内温度可比常规空调高一些，甚至可以提高到30℃。工位送风的主要优点有：① 送风到达人的呼吸区距离短，空气龄很小，换气效率 η_a 可达87%，空气品质好；② 可以按照个人的热感觉调节风量、风向或温度，充分体现了"个性化"的特点；③ 背景空调设定的房间温度较高，且人员离开时可关闭工位送风口，因此，空调的运行能耗低。

6.3　气流分布的设计计算

气流分布设计的目的是布置风口，选择风口规格，校核室内气流速度、温度等。下面将阐述主要的几种气流分布的设计方法。

6.3.1　侧送风的计算

除了高大空间中的侧送风气流可以看作自由射流外，大部分房间的侧送风气流，如图 6-1（a）～（e），都是受限射流—射流的边界受到房间顶棚、墙等限制的影响。对于受限射流的规律，前苏联学者作了系统的实验研究。研究表明，气流从风口喷出后的开始阶段仍然按照自由射流的特性扩散，射流的断面与流量逐渐增大，边界为一直线；当射流断面扩展到房屋断面的 20%～25% 时，射流断面扩展的速度比自由射流要缓慢；当射流断面扩展到房屋断面的 40%～42% 时，射流断面和流量都达到了最大（图 6-4 中断面 $I-I$），断面和流量逐渐减小，直到消失。射流受限的程度用射流自由度 $\sqrt{A}/d_0$ 来表示，其中，A 为房间的断面积，m^2。当有多股射流时，A 为射流服务区域的断面积；d_0 为风口的直径，m，当风口为矩形时按照面积折算成圆的直径。房间的工作区都在回流区，回流区中风速最大的断面应是射流扩展到最大断面积的断面处（图 6-4 中 $I-I$ 断面），因为这里是回流断面最小的地方。试验结果表明，此处的回流最大平均速度（即工作区的最大平均速度）$v_{r,max}$（m/s）与风口出口风速 v_0（m/s）有如下关系：

$$\left(\frac{v_{r,max}}{v_0}\right)\left(\frac{\sqrt{A}}{d_0}\right) = 0.69 \tag{6-10}$$

如果工作区允许最大风速为 0.2～0.3m/s，代入式（6-10），即可得到允许最大的出口风速为

$$v_{0,max} = (0.29～0.43)\frac{\sqrt{A}}{d_0} \tag{6-11}$$

此外，出口风速还应考虑噪声的要求，一般宜在 2～5m/s 内选取，对噪声控制要求高的场合，风速应取小值。

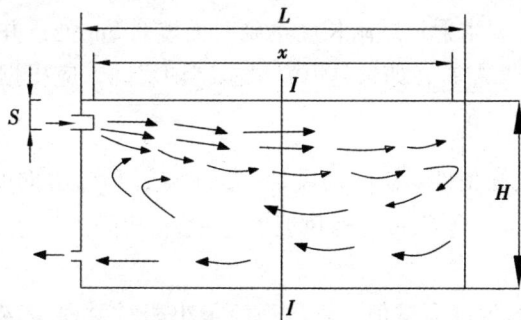

图 6-4　受限射流断面图

在空调房间内，送风温度与室内温度有一定的温差，射流在流动过程中，不断掺混

室内空气,其温度逐渐接近室内温度。因此,要求射流的末端温度与室内温度之差在一定的限度之内。射流温度衰减与射流自由度、紊流系数和射程等有关,对于室内温度波动允许大于1℃的空调房间,可认为只与射程有关。中国建筑科学研究院空气调节研究所曾对受限空间非等温射流进行了试验研究。试验采用三层百叶风口,在恒温室内进行。三层百叶风口相当于在双层百叶风口的进风侧加了调节风量的叶片,目前,工程上常采用双层百叶风口加风口调节阀替代三层百叶风口。试验得到了温度衰减的变化规律,见表6-1。另外,当送冷风时,射流将较早地脱离顶棚而下落。射流的贴附长度与射流的阿基米德数 A_r 有关,A_r 数为

$$A_r = \frac{g \, d_0 \Delta t_s}{v_0^2 \, T_r} \tag{6-12}$$

式中,Δt_s——送风温差,即室内工作区温度 t_r 与送风温度 t_s 之差,℃;

$\quad\quad T_r = 273 + t_r$,$K$;

$\quad\quad g$——重力加速度,m/s^2。

A_r 数越小,射流贴附长度越长;A_r 越大,贴附射程越短。中国建筑科学研究院空气调节研究所通过试验给出了它们的关系,见表6-2。

表 6-1　　　　　　　　　　　　受限射流温度衰减规律

x/d_0	2	4	6	8	10	15	20	25	30	40
$\Delta t_x/\Delta t_s$	0.54	0.38	0.31	0.27	0.24	0.18	0.14	0.12	0.09	0.04

注:① Δt_x 为射流在 x 处的温度 t_x 与工作区温度 t_r 之差,Δt_s 为送风温差。

　　② 试验条件:$\sqrt{A}/d_0 = 21.2 \sim 27.8$。

表 6-2　　　　　　　　　　　　　　射流贴附长度

$A_r/10^{-3}$	0.2	1.0	2.0	3.0	4.0	5.0	6.0	7.0	9.0	11	13
x/d_0	80	51	40	35	32	30	28	26	23	21	19

在布置风口时,风口应尽量靠近顶棚,使射流贴附顶棚。另外,为了不使射流直接到达工作区,侧送风的房间高度不得低于如下高度

$$H' = h + 0.07x + s + 0.3 \tag{6-13}$$

式中,h 为工作区高度,$1.8 \sim 2.0m$;x 和 s 见图6-4所示;$0.3m$ 为安全系数。

气流分布设计时,要求射流贴附长度达到对面墙 $0.5m$ 处;并要求该处的射流温度与工作区温度之差为1℃左右,如果是恒温恒湿空调房间,应根据允许温度波动值来确定。

气流分布设计的已知条件:房间送风量 $\dot{V}$,m^3/s;射流方向的房间长度 L,m;房间总的宽度 B,m;房间净高 H,m;送风温度 t_s,℃;房间工作区温度 t_r,℃。侧送风气流分布的设计步骤如下。

① 按照允许的射流温度衰减值,求出射流最小相对射程 x/d_0。对于舒适性空调,射流末端的 Δt_x 可为1℃左右。

② 根据射流的实际长度和最小相对射程,计算风口允许的最大直径 $d_{0,max}$。从风口

样本中预选风口的规格尺寸，对于非圆形的风口，按照面积折算风口直径，即

$$d_0 = 1.128 \sqrt{A_0} \tag{6-14}$$

式中，A_0 为风口面积，m^2。使 $d_0 \leq d_{0,\max}$。

③ 设定风口数量为 n，并计算风口的出风速度，即

$$v_0 = \frac{\dot{V}}{\psi A_0 n} \tag{6-15}$$

式中，ψ 为风口有效断面系数，可根据实际情况计算确定，或从风口样本上查找，对于双层百叶风口 ψ 约为 0.72~0.82。出口风速一般不宜大于 5m/s。

④ 根据房间的宽度 B 和风口数计算出射流服务区断面积为

$$A = BH/n \tag{6-16}$$

由此可以计算射流自由度 $\sqrt{A}/d_0$，并由式（6-11）计算出允许的最大出口风速 $v_{0,\max}$，如果大于实际出口风速，则认为合适。如果小于实际风速，则表明回流区平均风速超过了规定值。超过太多时，应重新设置风口数和风口尺寸。

⑤ 按照式（6-12）计算 A_r，由表 6-2 确定射流贴附的射程，如果大于或等于要求的射程长度，则认为设计合理，否则，重新假设风口数和风口尺寸，重复上述计算。

6.3.2　散流器送风的计算

（1）平送型和圆盘型散流器送风

平送型散流器的气流分布模式如图 6-2（a）所示，送出的气流贴附于顶棚。圆盘型散流器送出的气流扩散角大，接近平送流型。散流器送风气流分布设计步骤是：首先布置散流器，然后预选散流器，最后校核射流的射程和室内平均风速。散流器布置的原则是：① 布置时充分考虑建筑结构的特点，散流器平送方向不得有障碍物（如柱）。② 一般按照对称布置或梅花形布置（如图 6-5 所示）。③ 每个圆形或方形散流器所服务的区域最好为正方形或接近正方形；如果散流器服务区的长宽比大于 1.25 时，宜选用矩形散流器。如果采用顶棚回风，则回风口应布置在距散流器最远处。图 6-5 为两种典型的散流器平面布置形式，其中图 6-5（a）为房间内有柱，对称布置；图 6-5（b）为梅花形布置，这种布置方式，每个散流器送出气流有互补性，气流分布更为均匀。

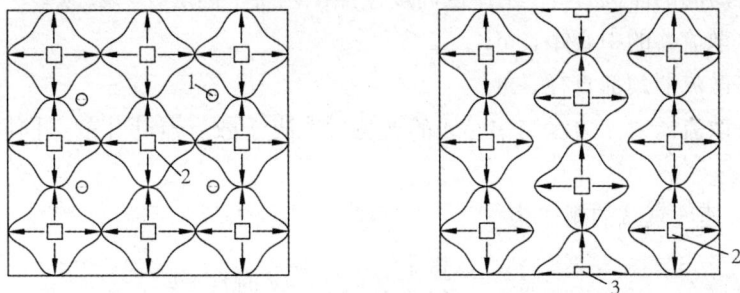

（a）对称布置　　　　　　　　　　　（b）梅花形布置

图 6-5　散流器平面布置图

1—柱；2—方形散流器；3—三面送风散流器

散流器送风气流分布计算，主要选用合适的散流器，使房间内风速满足设计要求。根据 P. J 杰克曼对圆形多层锥面和盘式散流器的实验结果综合的公式，散流器射流的速度衰减方程为

$$\frac{v_x}{v_r} = \frac{K A^{1/2}}{x + x_0} \tag{6-17}$$

式中，x——以散流器中心为起点的射流水平距离，m；

$\quad$ v_x——在 x 处的最大风速，m/s；

$\quad$ v_0——散流器出口风速，m/s；

$\quad$ x_0——平送射流原点与散流器中心的距离，多层锥面散流器取 0.07m；

$\quad$ A——散流器的有效流通面积，m^2；

$\quad$ K——系数，多层锥面散流器为 1.4，盘式散流器为 1.1。

室内平均风速 v_m（m/s）与房间大小、射流的射程有关，可以按照式（6-18）计算

$$v_m = \frac{0.381 r L}{(L^2/4 + H^2)^{1/2}} \tag{6-18}$$

式中，L——散流器服务区边长，m；

$\quad$ H——房间净高，m；

$\quad$ r——射流射程与边长 L 之比，因此，rL 即为射程，射程为散流器中心到风速 0.5m/s 处的距离，通常把射程控制在到房间（区域）边缘的 75%。

式（6-18）是等温射流的计算公式，当送冷风时，应增加 20%，送热风时减少 20%。

（2）下送型散流器送风

下送型散流器送风的空气分布见图 6-2（b），所用的散流器如图 6-10（b）所示。

为了使工作区位于向下的流动气流中，在布置散流器密度时，要使混合层的高度 h_m 不得延伸到工作区，即

$$H - h_m \geqslant 工作区高度 \tag{6-19}$$

$$h_m = \frac{1}{2\tan\theta}(L - 2 d_0) \tag{6-20}$$

式中，H——房间的净高，m，工作区高度按照工艺要求确定，一般为 1.8～2m；

$\quad$ L——散流器的中心距，m；

$\quad$ d_0——散流器颈部直径，m；

$\quad$ θ——散流器射流边缘与中心线的夹角，取决于散流器叶片的竖向间距，查风口样本或手册。

射流轴心速度衰减的规律为

$$\frac{v_z}{v} = \frac{0.6}{Z/d_0} \quad （Z > 4d 时） \tag{6-21}$$

式中，v——散流器颈部的风速，m/s；

$\quad$ Z——从散流器出口算起的射程，m；

$\quad$ v_z——距风口 Z 处的轴心速度，m/s。

式（6-21）可用于根据工作区要求的风速确定散流器的颈部风速。

射流的温度衰减规律为

$$\frac{\Delta t_z}{\Delta t_s} = \frac{C_Z}{Z/d_0}$$　　　　　　　　（6-22）

式中，Δt_s——送风温差，℃；

　　　Δt_z——射程 Z 处的射流温度与工作区温度之差，℃；

　　　C_Z——实验系数，当 $L = 2\mathrm{m}$ 时，$C_Z = 1.3$；当 $L = 3\mathrm{m}$ 时，$C_Z = 3.5$，其他间距用插入法计算。

式（6-22）可用于校核区域温差（工作区内最高或最低温度与控制点温度之差）是否符合要求。

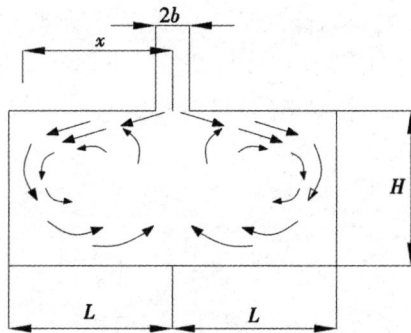

图 6-6　双条缝散流器平送风

6.3.3　条形散流器送风

图 6-6 为双条缝散流器平送风的气流分布模式。散流器可采用图 6-11（d）的可调式散流器或固定叶片散流器。散流器的条缝宽为 b，m；散流器长度与房间相同，装于房间（散流器服务区域）的中央。根据 P. J. 杰克曼的实验结果，条形风口速度衰减方程为

$$\frac{v_x}{v_0} = K \left(\frac{b}{x} \right)^{1/2}$$　　　　　　　　（6-23）

式中，x 为从条缝中心为起点的射流水平距离，m，由于条缝很小，射流原点与条缝中心很近，可视为同心；系数 $K = 2.35$；其余符号同式（6-17）。

室内的平均风速 v_m(m/s) 与房间尺寸、射流长度有关，可以按照式（6-24）计算

$$v_m = 0.25L \left(\frac{r}{L^2 + H^2} \right)^{1/2}$$　　　　　　　　（6-24）

式中，L——风口中心到房间墙边或服务区域边缘的距离，m；

　　　r——射流末端风速为 0.5m/s 的射程与风口到墙边（或服务区域边缘）距离 L 之比，一般取 0.75。

式（6-24）为等温射流的公式。当送冷风时，v_m 应增加 20%；送热风时，减少 20%。应该注意，式（6-23）、式（6-24）是两个相反方向送风条缝的计算公式，也适用于两个条缝分别设在墙边相对送风的模式。平送型条形散流器设计步骤如下：① 根

据建筑平面，布置条形散流器，选择条缝宽度 b；② 计算出口风速 v_0；③ 按照式（6-23）计算射流末端风速 $v_x = 0.5$ m/s 的射程 x，如 x 与 $0.75L$ 相差大时，重新选择条缝宽度 b 或改变布置方案；④ 按照式（6-24）计算室内平均风速，若风速不符合要求，则重新按照上述步骤进行计算。

6.3.4 喷口送风

大空间空调或通风常用喷口送风，可以侧送，也可以垂直下送。喷口通常是平行布置的，当喷口相距较近时，射流达到一定射程时会互相重叠而汇合。对于这种多股平行非等温射流的计算可采用中国建筑科学研究院空气调节研究所实验研究综合的计算公式。但在许多场合，多股射流在接近工作区附近重叠，为了简单起见，可以利用单股自由射流计算公式进行计算。自由射流的计算公式也都是建立在实验基础上的经验公式，在《流体力学泵与风机》《热质交换原理与设备》中都已有介绍，这里为了说明气流分布的设计步骤，介绍由 A. 柯斯特提出的经验公式。

（1）喷口垂直向下送风

轴心速度衰减方程为

$$\frac{v_x}{v_0} = K \frac{d_0}{x} \left[1 \pm 1.9 \frac{A_r}{K} \left(\frac{x}{d_0} \right) \right]^{1/3} \tag{6-25}$$

式中，d_0 为喷口出口直径，m，对于矩形喷口，利用式（6-14）按照面积进行折算；A_r 按照式（6-12）计算；x 为离风口的距离，m；K 为射流常数，对于圆形、矩形喷口，当 v_0 为 $2.5 \sim 5$ m/s 时，$K = 5$，$v_0 \geq 10$ m/s 时，$K = 6.2$；其他符号同前。

公式中的正、负号取法：送冷风取"＋"，送热风取"－"。

轴心温度衰减方程为

$$\frac{\Delta t_x}{\Delta t_s} = 0.83 \frac{v_x}{v_0} \tag{6-26}$$

式中符号同前。

气流分布设计的已知条件为房间总送风量、房间尺寸及净高、送风温度和工作区温度及对风速、温度波动的要求。设计计算步骤如下：① 根据建筑平面特点布置风口，确定每个风口的送风量；② 假定喷口出口直径为 d_0，按照式（6-25）计算射流到工作区（即 x = 房间净高 – 工作区高度）的风速 v_x，如果 v_x 符合设计要求的风速，则进行下一步计算，如果不符合要求，需重新假定 d_0 或重新布置风口，再进行计算；③ 用式（6-26）校核区域温差 Δt_x 是否符合要求，如果不符合要求，需重新假定 d_0 或重新布置风口。

（2）喷口侧送风

设喷口与水平轴有一倾角 α，向下倾为正，向上为负。倾角的大小根据射流预定的到达位置确定。通常送热风时下倾，而送冷风时 α 一般为 0。在图6-7所示的坐标系中，射流中心线轨迹方程为

$$\frac{y}{d_0} = \frac{x}{d_0} \tan\alpha \pm K' A_r \left(\frac{x}{d_0 \cos\alpha} \right)^n \tag{6-27}$$

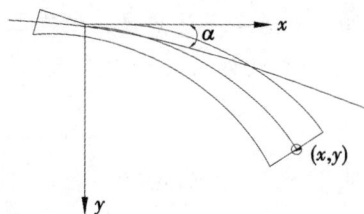

图 6-7　喷口侧送射流的轨迹

式中的"±"号取法同式（6-25）；K' 和 n 为实验常数，各实验所得结果有所不同，见表 6-3。在 (x,y) 点处的射流轴心速度为

$$\frac{v_x}{d_0} = K\left(\frac{d_0\cos\alpha}{x}\right) \tag{6-28}$$

式中，K 值同式（6-25），温度衰减仍可利用式（6-26）进行计算。

喷口送风的设计步骤与垂直送风相同，这里不再赘述。

表 6-3   时间常数 K' 和 n

试验者	K'	n	备注
美国，A. 科斯特	0.065	3	$v_0 \geqslant 5$ m/s，冷射流
日本，平山嵩	0.066 ~ 0.084	3	圆形、矩形风口，冷射流
德国，N. A. 谢贝列夫	0.245	2.5	
俄国，Г. A. 阿勃拉莫维奇	0.052	3	

另外，送风口与回风口的形式等内容，本书将在下一章中介绍。

思 考 题 与 习 题

6-1 通风效率说明气流分布什么能力？它可以大于 1 吗？为什么？

6-2 三种不同的气流分布，其温度效率分别为 1，0.85，0.65，排除的余热、工作区的温度和送风温度都相等，求这三种气流分布的送风量之比。

6-3 一种气流分布的空气龄比另一种气流分布的空气龄长，问哪种气流分布的空气品质好？为什么？

6-4 什么叫单向流？哪种气流分布属于单向流？

6-5 什么叫置换通风？有何优缺点？地板送风的气流分布也是置换通风吗？

6-6* 某空调房间的平面尺寸为 24m×9m，净高 4.2m；已知送风量 $V=7200$m³/h，送风温度为 19℃，室内温度为 26℃，采用侧送风的气流分布，在长边处布置风口，确定风口个数和尺寸。

6-7* 有一 18m×36m 的空调房间，净高 3.6m，送风量为 14800m³/h，采用圆形散流器送风，试选择散流器的规格与数量。（提示：圆形散流器规格有：颈部直径 154，205，257，308，356mm 等）

6-8* 某体育馆采用可调角度喷口送风，已确定每个喷口的送风量为 1300m³/h，送风温度为 19℃，室内设计温度为 27℃，喷口离地 10m，倾角 $\alpha=0$，要求射程 20m，求射流末端的轴心速度、温度及离地高度。若冬季送热风，送风温差为4℃，室内设计温度为20℃，要求射流末端离地2m，求喷口的倾角α和射流末端轴心速度。（提示：热射流宜用俄国学者的试验数据）

第 7 章　暖通空调附属设备

7.1　散热器

散热器是最常见的室内供暖系统末端散热装置，其功能是将供暖系统的热媒（蒸汽或热水）所携带的热量，通过散热器壁面传给房间。

7.1.1　散热器种类

目前，国内外生产的散热器种类繁多，样式新颖。按照其制造材质划分，主要有铸铁、钢制散热器两大类。按照其构造形式划分，主要分为柱型、翼型、管型和平板型等。

7.1.1.1　铸铁散热器

铸铁散热器长期以来得到广泛应用。它具有结构简单、防腐性好、使用寿命长及热稳定性好的优点；但其金属耗量大、金属热强度低于钢制散热器。我国目前应用较多的铸铁散热器有以下几个。

（1）翼型散热器

翼型散热器分为圆翼型［图 7-1（a）］和长翼型［图 7-1（b）］两类。

① 圆翼型散热器。它是一根内径为 50mm 或 75mm 的管子，外面带有许多圆形肋片的铸件。管子两端配置法兰，可将数根组成平行叠置的散热器组。管子长度分为 750，1000mm 两种。最高工作压力：对热媒为热水，水温低于 150℃，$P_b = 0.6MPa$；对蒸汽为热媒，$P_b = 0.4MPa$。因其单片散热量大、所占空间小，常用于工业厂房、车间及其附属建筑中。

② 长翼型散热器。它的外表面具有许多竖向肋片，外壳内部为一扁盒状空间。长翼型散热器的标准长度 L 分为 200，280mm 两种，宽度 $B = 115mm$，同侧进出口中心距 $H_1 = 500mm$，高度 $H = 595mm$，最高工作压力：对热水温度低于 130℃，$P_b = 0.4MPa$，对以蒸汽为热媒，$P_b = 0.2MPa$。

翼型散热器制造工艺简单，造价也较低；但翼型散热器的金属热强度和传热系数比较低，外形不美观，灰尘不易清扫，特别是它的单体散热量较大。设计选用时不易恰好组成所需的面积，因而，目前不少设计单位趋向不选用这种散热器。

（2）柱型散热器

柱型散热器是呈柱状的单片散热器。外表面光滑，每片各有几个中空的立柱相互连通。根据散热面积的需要，可把各个单片组装在一起形成一组散热器。

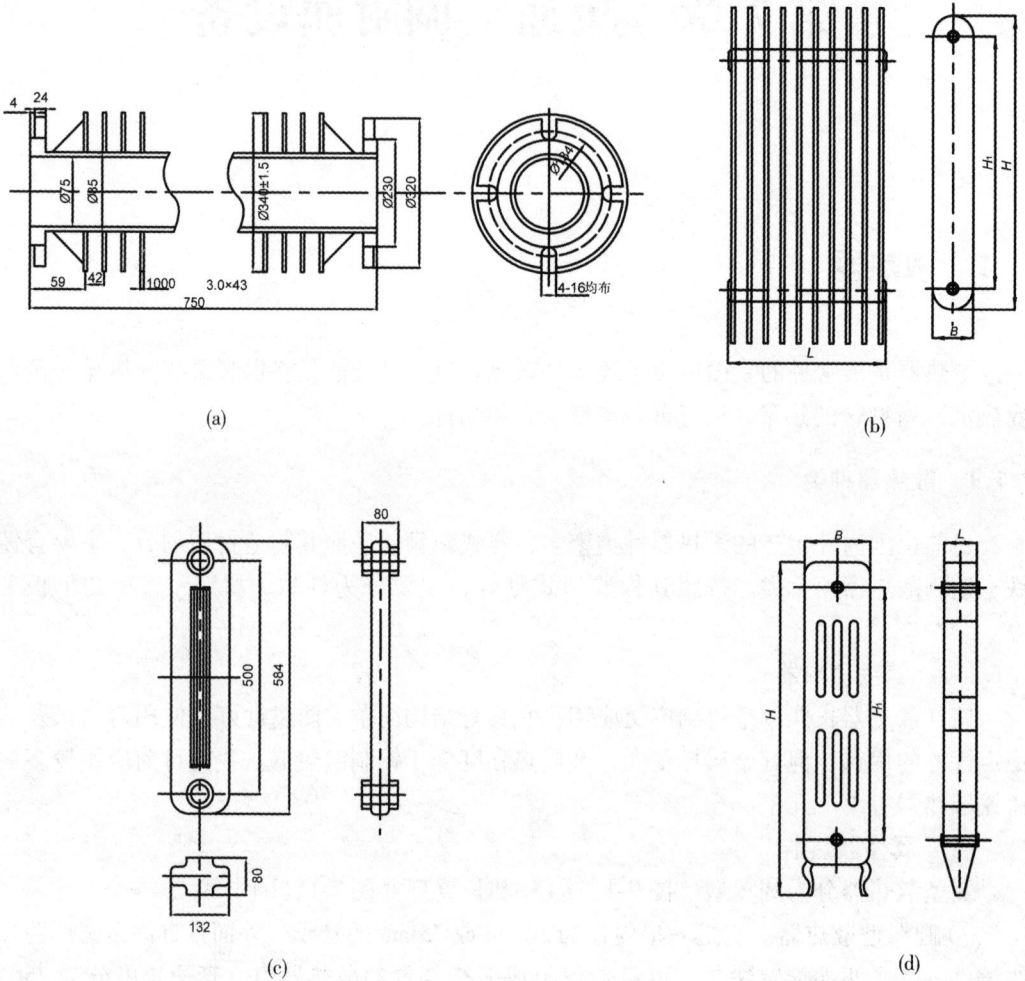

(a)

(b)

(c)

(d)

图 7-1　铸铁散热器示意图

我国目前常用的柱型散热器主要有二柱、四柱两种类型散热器。根据国内标准，散热器每片长度 L 分为 60，80mm 两种；宽度 B 有 132，143，164mm 三种，散热器同侧进出口中心距 H_1 有 300，500，600，900mm 四种标准规格尺寸。常见的有二柱 M132 ［图7-1（c）］，宽度为 132mm，两边为柱状（$H_1 = 500mm$，$H = 584mm$，$L = 80mm$），中间为波浪形的纵向肋片；四柱 813 ［（图7-1（d）］宽度为 164mm，两边为柱状（$H_1 = 642mm$，$H = 813mm$，$L = 57mm$）。最高工作压力：对普通灰铸铁，热水温度低于 130℃时，$P_b = 0.5MPa$（当以稀土灰铸铁为材质时，$P_b = 0.8MPa$）；当以蒸汽为热媒时，$P_b = 0.2MPa$。

柱型散热器有带脚和不带脚两种片型，便于落地或挂墙安装。

柱型散热器与翼型散热器相比，其金属热强度及传热系数高，外形美观，易清除积灰,容易组成所需的面积,因而得到较广泛的应用。

7.1.1.2 钢制散热器

目前我国生产的钢制散热器主要有以下几种形式。

(1) 闭式钢串片对流散热器

闭式钢串片对流散热器由钢管、钢片、联箱及管接头组成(图 7-2)。钢管上的串片采用 0.5mm 的薄钢片,串片两端折边 90°形成封闭形。许多封闭垂直空气通道,增强了对流放热能力,同时也使串片不易被损坏。

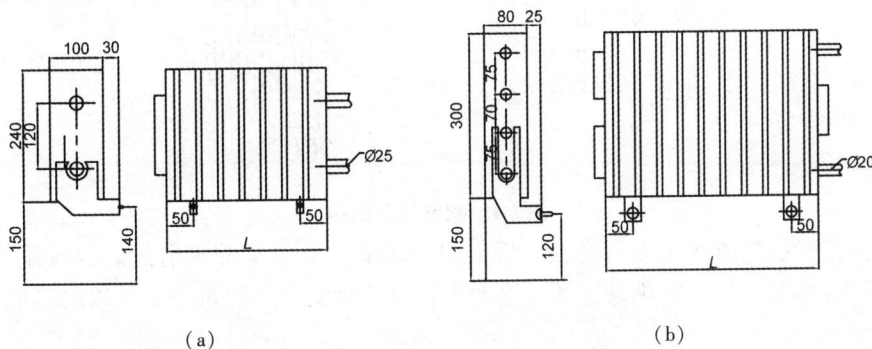

(a)   (b)

图 7-2 闭式钢串片对流散热器示意图

(2) 板型散热器 (图 7-3)

板型散热器由面板、背板、进出水口接头、放水阀固定套及上下支架组成。背板有带对流片和不带对流片两种板型。而面板、背板多用 1.2 ~ 1.5mm 厚的冷轧钢板冲压成型,在面板直接压出呈圆弧形或梯形的散热器水道。水平联箱压制在背板上,经复合滚焊形成整体。为增大散热面积,在背板后面焊上 0.5mm 的冷轧钢板对流片。

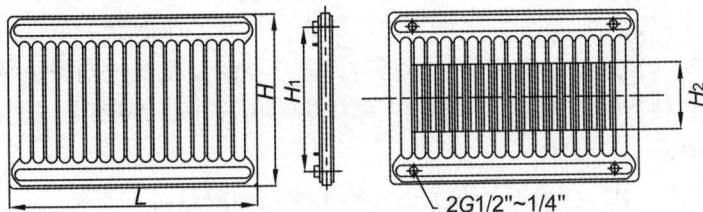

图 7-3 钢制板型散热器示意图

(3) 钢制柱型散热器

其构造与铸铁柱型散热器相似,每片也有几个中空立柱 (图 7-4)。这种散热器是采用 1.25 ~ 1.5mm 厚的冷轧钢板冲压延伸形成片状半柱型。将两片片状半柱型经压力滚焊复合成单片,单片之间经气体弧焊连接成散热器。

(4) 扁管型散热器

它是采用 52mm × 11mm × 1.5mm (宽 × 高 × 厚) 的水通路扁管叠加焊接在一起,它两端加上断面 35mm × 40mm 的联箱制成 (图 7-4)。扁管型散热器外形尺寸是以 52mm 为基数,形成两种高度规格:416mm (8 根),520mm (10 根) 和 624mm (12 根)。长度由 600mm 开始,以 200mm 进位至 2000mm 共 8 种规格。

扁管散热器的板型有单板、双板、单板带对流片和双板带对流片四种结构形式。

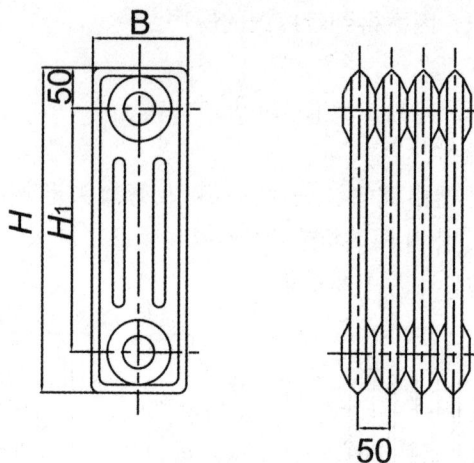

图 7-4　钢制柱型散热

单、双板扁管散热器两面均为光板，板面温度较高，有较多的辐射热。带对流片的单、双板扁管散热器，每片散热量比同规格的不带对流片的大，热量主要是以对流的方式传递。

7.1.2　散热器选择与布置

（1）散热器的选用

选用散热器类型时，应注意在热工、经济、卫生和美观等方面的基本要求。但要根据具体情况有所侧重。设计选择散热器时，应符合下列原则性的规定。

① 散热器的工作压力。当以热水为热媒时，不得超过制造厂规定的压力值。对高层建筑使用热水供暖时，首先要求保证承压能力，这对系统的安全运行至关重要。当采用蒸汽为热媒时，在系统启动和停止运行时，散热器的温度变化剧烈，易使接口等处渗漏，因此，铸铁柱型和长翼型散热器的工作压力不应高于 0.2MPa；铸铁圆翼型散热器，不应高于 0.4MPa。

② 在民用建筑中，宜采用外形美观，易于清扫的散热器。

③ 在放散粉尘或防尘要求较高的生产厂房，应采用易于清扫的散热器。

④ 在具有腐蚀性气体的生产厂房或相对湿度较大的房间，宜采用耐腐蚀的散热器。

⑤ 采用钢制散热器时，应采用闭式系统，并满足产品对水质的要求，在非供暖季节供暖系统应充水保养；蒸汽供暖系统不得采用钢制柱型、板型和扁管等散热器。

⑥ 采用铝制散热器时，应选用内防腐型铝制散热器，并满足产品对水质的要求。

⑦ 安装热量表和恒温阀的热水供暖系统不宜采用水流通道内含有粘砂的铸铁等散热器。

（2）散热器的布置

布置散热器时，应注意下列一些规定。

① 散热器一般应安装在外墙的窗台下，这样，沿散热器上升的对流热气流能阻止和改善从玻璃窗下降的冷气流和玻璃冷辐射的影响，使流经室内的空气比较暖和、舒适。

② 为了防止冻裂散热器，两道外门之间，不准设置散热器。在楼梯间或其他有冻结危险的场所，其散热器应由单独的立、支管供热，且不得装设调节阀。

③ 散热器一般应该明装、布置简单。内部装修要求较高的民用建筑可采用暗装。托儿所和幼儿园应暗装或加防护罩，以防烫伤儿童。

④ 在垂直单管或双管热水供暖系统中，同一房间的两组散热器可以串联连接；贮藏室、盥洗室、厕所和厨房等辅助用室及走廊的散热器，可同邻室串联连接。两串联散热器之间的串联管直径应与散热器接口直径相同，以便水流畅通。

⑤ 在楼梯间布置散热器时，考虑楼梯间热流上升的特点，应尽量布置在底层或按照一定比例分布在下部各层。

⑥ 铸铁散热器的组装片数，不宜超过下列数值：粗柱型（M132 型）——20 片；细柱型（四柱）——25 片；长翼型——7 片。

7.1.3　散热器的计算面积

在设计条件下单位时间内散热器的散热量应等于房间供暖设计热负荷。散热器的传热性能是在标准化的测试小室用一定的片数（柱型用 8 片）、明装、同侧上进下出连接的散热器，在稳定条件下测出的。将实验结果整理成式（7-1）：

$$K = a(\Delta t)^b = a(t_m - t_R)^b \text{ 或 } Q_r = c\Delta t^B \tag{7-1}$$

式中，　Q_r——散热器的散热量，W；

K——散热器的传热系数，W/(m^2·℃)；

a，b，c，B——回归实验结果得到的散热器传热特性系数；

t_m——散热器的热媒平均温度，℃；

Δt——散热器热媒平均温度 t_m 与室内空气温度 t_R 之差，℃；（$\Delta t = \dfrac{t_i + t_o}{2} - t_R$，其中 t_i，t_o 分别为散热器进、出口水温，单位为℃）

t_R——室内空气温度，℃。

当已知或查到传热系数 k 后，即可用式（7-2）得到散热器计算面积

$$A = \frac{Q}{k(t_m - t_R)}\beta_1\beta_2\beta_3 = \frac{Q}{k\Delta t}\beta_1\beta_2\beta_3 \tag{7-2}$$

式中，A——散热器计算面积，m^2；

Q——供暖设计热负荷，W；

β_1——散热器的片数修正系数；

β_2——散热器的连接方式修正系数；

β_3——散热器的安装形式修正系数。

当使用条件与测试条件不同时，散热器的传热性能发生变化，要用不同的系数 β_1，β_2 和 β_3 进行修正。

由于成组散热器两边的散热器片，其外侧没有相邻片的遮挡，因此，比中间片的单片散热量大。当实际片数少于测试时规定的片数时，边片传热面积在总传热面积中所占的比例增大，使其单位传热面积传热量增大，即传热系数增加，所需散热器片数减少，

所乘片数修正系数 $\beta_1 < 1$；同理，当实际片数多于测试规定的片数时，$\beta_1 > 1$。片式散热器计算片数时，其片数 $n = \dfrac{A}{a}$，其中，a 为一片散热器的散热面积，$m^2/$片。先取 $\beta_1 = 1$ 计算其散热面积和片数后，再对钢制板型及扁管型等整体式散热器，用不同规格的散热器分别进行试验，得到各自的热工性能参数，不进行片数修正。

7.2 风机盘管

风机盘管机组简称风机盘管。它是由小型风机、电动机和盘管（空气换热器）等组成的空调系统末端装置之一。盘管管内流过冷冻水或热水时与管外空气换热，使空气被冷却、除湿或加热来调节室内的空气参数。它是常用的供冷、供热末端装置。

7.2.1 风机盘管的构造、分类和特点

风机盘管机组按照结构形式不同，可分为立式、卧式、壁挂式和卡式等，其中，立式又分为立柱式和低矮式；按照安装方式不同，可分为明装和暗装；按照进水方位不同，分为左式和右式（按照面对机组出风口的方向，供回水管在左侧或右侧来定义左式或右式）；图 7-5 给出了立式明装［图 7-5（a）］和卧式暗装［（图 7-5（b）］风机盘管机组的构造示意图。图 7-5 中 1 为前向多翼离心风机或贯流风机，每一台机组的风机可为单台、两台或多台（图中为两台）；2 为单相电容式低噪声调速电动机，可改变电机的输入电压，变换电机转速，使提供的风量按照高、中、低三挡调节［三挡风量一般按照额定风量（额定风量的定义见下文）1:0.75:0.5 设置）］；3 为盘管，一般是 2～3 排铜管串铝合金翅片的换热器，其冷冻水或热水进、出口与水系统的冷、热水管路相连。为了保护风机和电机，减轻积灰对盘管换热效果的影响和减少房间空气中的污染物，在风机盘管（除卧式暗装机组外）的空气进口处装有便于清洗、更换的过滤器 5 以阻留灰尘和纤维物。为了降低噪声，箱体 9 的内壁贴有吸声材料 8。其他各种风机盘管的基本构件与图 7-5 类似。

壁挂式风机盘管机组全部为明装机组，其结构紧凑、外观好，直接挂于墙的上方。卡式（天花板嵌入式）机组，比较美观的进、出风口外露于顶棚下，风机、电动机和盘管置于顶棚之上，属于半明装机组。立柱式机组外形像立柜，高度在 1800mm 左右。有的机组长宽比接近正方形；有的机组是长宽比约为 2:1～3:1 的长方形。除了壁挂式和卡式机组以外，其他各种机组都有明装和暗装两种机型。明装机组都有美观的外壳，自带进风口和出风口，在房间内明露安装。暗装机组的外壳一般用镀锌钢板制作，有的机组风机裸露，安装时将机组设置于顶棚上、窗台下或隔墙内。国家标准《风机盘管机组》（GB/T 19232—2003）中规定风机盘管机组根据机外静压分为两类：低静压型与高静压型。规定在标准空气状态和规定的试验工况下，单位时间内进入机组的空气体积流量（m^3/h 或 m^3/s）为额定风量。低静压型机组在额定风量时的出口静压为 0 或 12Pa，对带风口和过滤器的机组，出口静压为 0；对不带风口和过滤器的机组，出口静压为

12Pa；高静压机组在额定风量时的出口静压不小于 30Pa。除了上述常用的单盘管机组（代号省略）外，还有双盘管机组。单盘管机组内只有 1 个盘管，冷热兼用，单盘管机组的供热量一般为供冷量的 1.5 倍；双盘管机组内有 2 个盘管，分别供热和供冷。

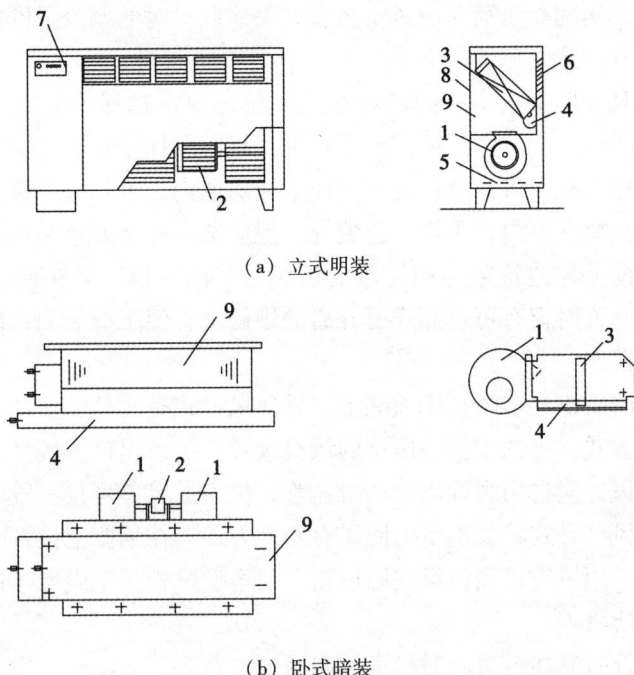

（a）立式明装

（b）卧式暗装

图 7-5　风机盘管

1—风机；2—电动机；3—盘管；4—凝结水盘；5—进风口及过滤器；

6—出风格栅；7—控制器；8—吸声材料；9—箱体

用高挡转速下机组的额定风量（m^3/h）标注其基本规格。如 FP - 68，即高挡转速下的额定风量为 $680m^3/h$ 的风机盘管。国家标准《风机盘管机组》规定风机盘管共有 FP - 34 ~ FP - 238 九种基本规格。额定风量范围为 $340 ~ 2380m^3/h$。中外合资或外国独资企业生产的风机盘管机组的规格通常用英制单位的风量（ft^3/min）来表示，如规格 200（或称 002 或 02 型）的风机盘管，风量为 $200ft^3/min$，即 $340m^3/h$。

基本规格的机组额定供冷量为 1.8 ~ 12.6kW，额定供热量为 2.7 ~ 17.9kW。实际生产的风机盘管中最大的制冷量约为 20kW，供热量约为 33.5kW。低静压型机组的输入功率约为 37 ~ 228W，高静压型机组的输入功率分为两档：出口静压 30Pa 的机组为 44 ~ 253W；出口静压 50Pa 的机组为 49 ~ 300W。同一规格的低静压型机组的噪声要低于高静压型机组。低静压型机组的噪声为 37 ~ 52dB（A）；高静压型机组的噪声为 40 ~ 54dB（A）（机外静压 30Pa）或 42 ~ 56dB（A）（机外静压 50Pa）。风机盘管的水侧阻力为 30 ~ 50kPa。

7.2.2　风机盘管的选择与安装要求

风机盘管有两个主要参数：制冷（热）量和送风量，所以，风机盘管的选择有如下两种方法。

① 根据房间循环风量选：房间面积、层高（吊顶后）和房间换气次数三者的乘积即为房间的循环风量。利用循环风量对应风机盘管高速风量，即可确定风机盘管的型号。

② 根据房间所需的冷负荷选择：根据单位面积负荷和房间面积，可得到房间所需的冷负荷值。利用房间冷负荷对应风机盘管的高速风量时的制冷量即可确定风机盘管型号。

此外，风机盘管应根据房间的具体情况和装饰要求选择明装或暗装，确定安装位置、形式。立式机组一般放在外墙窗台下；卧式机组吊挂于房间的上部；壁挂式机组挂在墙的上方；立柱式机组可靠墙放置于地面上或隔墙内；卡式机组镶嵌于天花板上。

明装机组直接放在室内，不需进行装饰，但应选择外观颜色与房间色调相协调的机组；暗装机组应配上与建筑装饰相协调的送风口、回风口，并在回风口上配风口过滤器。还应在建筑装饰时留有可拆卸或可开启的维修口，便于拆装和检修机组的风机和电机清洗空气换热器。

目前，卧式暗装机组多暗藏于顶棚上，其送风方式有两种：上部侧送和顶棚向下送风。如采用侧送方式，可选用低静压型的风机盘管，机组出口直接接双层百叶风口；如采用顶棚向下送风，应选用高静压型风机盘管，机组送风口可接一段风管，其上接若干个散流器向下送风。卧式暗装机组的回风有两种方式：在顶棚上设百叶或其他形式回风口和风口过滤器，用风管接到机组的回风箱上；不设风管，室内空气进入顶棚，再被置于顶棚上的机组所吸入。

选用风机盘管时应注意房间对噪声控制的要求。

风机盘管中风机的供电电路应为单独的回路，不能与照明回路相连，要连到集中配电箱，以便集中控制操作，在不需要系统工作时可集中关闭机组。

风机盘管的承压能力为 1.6MPa，所选风机盘管的承压能力应大于系统的最大工作压力。

风机盘管机组的全热冷量、显热供冷量和供热量用焓差法测定。在规定的试验工况和参数下测定机组的风量，进出口空气的干、湿球温度，进出口水的温度、压力和流量，并测定风机的输入功率。由此可确定在制冷工况下风机盘管的各项性能指标：风量、全热供冷量、显热供冷量、水流量，水侧的阻力、输入功率等。利用风侧所测得的数据，按照以下式（7-3）和式（7-4）确定风机盘管的风侧全热供冷量、显热供冷量。

全热供冷量

$$Q_t = M_a(h_i - h_o) \tag{7-3}$$

显热供冷量

$$Q_s = M_a c_p(t_i - t_o) \tag{7-4}$$

式中，Q_t，Q_s——风机盘管风侧的全热供冷量和显热供冷量，kW；

h_i，h_o——风机盘管进、出口空气的比焓，kJ/kg；

t_i，t_o——风机盘管进、出口空气的干球温度，℃；

M_a——风机盘管的风量，kg/s；

c_p——空气定压比热，$c_p = 1.01$ kJ/(kg·℃)。

同样用焓差法，可以按照式（7-5）确定风机盘管风侧在供热工况下的供热量

$$Q_h = M_a c_p (t_o - t_i) \tag{7-5}$$

式中，Q_h——风机盘管的供热量，kW；

其他符号同前。

根据风机盘管水侧的流量和进、出口温差，同样也能测得其供冷量或供热量（分别称为水侧供冷量或供热量）。所测得的风侧和水侧供冷（热）量，两侧平衡误差应在5%以内。取风侧和水侧的供冷（热）量的算术平均值作为供冷量和供热量的实测值。

7.3　空气处理机组

全空气系统中，送入各个区（或房间）的空气在机房内集中处理。对空气进行处理的设备称为空气处理机组，或称空调机组。

7.3.1　空气处理机组的类型

市场上有各种功能和规格的空调机组产品供空调用户选用。不带制冷机的空调机组主要有两大类：组合式空调机组和整体式空调机组。

组合式空调机组由各种功能的模块（称功能段）组合而成，用户可以根据自己的需要选取不同的功能段进行组合。按照水平方向进行组合称卧式空调机组；也可以叠置成立式空调机组。图 7-6 为一卧式空调机组的结构图。该机组主要由风机段、空气加热段、表冷段、空气过滤段、混合段（上部和侧部风口装有调节风门）等功能段所组成。组合式空调机组使用灵活方便，是目前应用比较广泛的一种空调机组。

整体式空调机组在工厂中组装成一体，有卧式和立式两种机型。这种机组结构紧凑、体形较小，适用于需要对空气处理的功能不多、机房面积较小的场合。组合式空调机组最小规格风量为 $2000 m^3/h$，最大规格风量可达 $20 \times 10^4 m^3/h$。

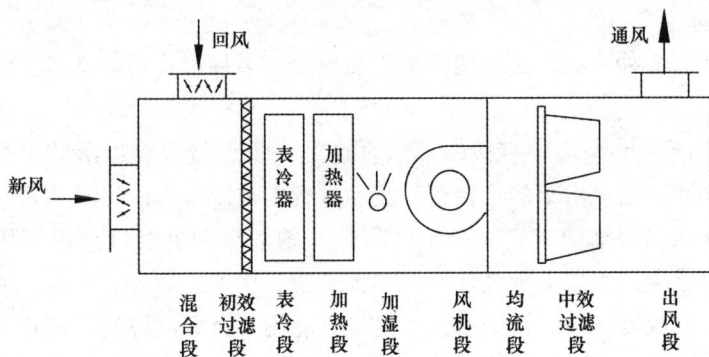

图 7-6　卧室空调机组

目前，国内市场上的产品规格形式都不一致。组合式空调机组断面的宽×高的变化规律有两类。有些企业生产的空调机组，一定风量的机组的宽×高是一定的；另一些企业的空调机组，一定风量的机组可以有几种宽×高组合，所有的尺寸都与标准模数成比例，它的使用更为灵活。

7.3.2 空气处理机组的功能

下面将介绍组合式机组中的各种功能段，这些功能段同样也用于定型的整体机组内，不过这些机组内只用了其中几种功能段。

（1）空气过滤段

空气过滤段的功能是对空气的灰尘进行过滤。有粗效过滤和中效过滤两种。中效过滤段通常用无纺布的袋式过滤器。粗效过滤段有板式过滤器（多层金属网、合成纤维或玻璃纤维）和无纺布的袋式过滤器两种。袋式过滤器的过滤段长度比板式的长。为了便于定期对过滤器进行更换、清洗，有的空调机组可以把过滤器从侧部抽出，有的空调机组在过滤段的上游功能段（如混合段）设检修门。

（2）表冷器（冷却盘管）段

表冷器段用于空气冷却去湿处理。该段通常装有铜管套铝翅片的盘管。有 4 排、6 排、8 排管的冷却盘管可供用户选择。表冷器迎面风速一般不大于 2.5m/s，太大的迎面风速会使冷却后的空气夹带水滴，而使空气湿度增加。当迎面风速 > 2.5m/s 时，表冷段的出风侧设有挡水板，以防止气流中夹带水滴。为了便于对表冷器进行维护，有的空调机组可以把表冷器从侧部抽出，有的则在表冷器段的上游功能段设检修门。

（3）喷水室

喷水室是利用水与空气直接接触对空气进行处理的设备，主要用于对空气进行冷却、去湿或加湿处理。喷水室的优点是：只要改变水温即可改变对空气的处理过程，它可实现对空气进行冷却去湿、冷却加湿（降焓、等焓或增焓）、升温加湿等多种处理过程；水对空气还有净化作用。其缺点是：喷水室体型大，约为表冷器段的 3 倍；水系统复杂，且是开式的，易对金属腐蚀；水与空气直接接触，易受污染，需定期换水，耗水多。目前，民用建筑中很少用它，主要用于有大湿度或对湿度控制要求严格的场合，如纺织厂车间的空调、恒温恒湿空调等。国内只有部分厂家生产喷水室。

（4）空气加湿段

加湿的方法有多种，组合式空调机组中加湿段有多种形式可供选择。常用的加湿方法有以下几种。

① 喷蒸汽加湿。在空气中直接喷蒸汽。这是一个近似等温加湿的过程。如果蒸汽直接经喷管的小孔喷出，由于蒸汽在管内流动过程中被冷却而产生凝结水，喷出蒸汽将夹带凝结水，从而出现细菌繁殖、产生气味等问题。空调机组目前都采用干蒸汽加湿器，可以避免夹带凝结水。干蒸汽加湿器加湿迅速、均匀、稳定、不带水滴，加湿量易于控制，适用于对湿度控制严格的场所，但也只能用于有蒸汽源的建筑物中。

② 高压喷雾加湿。利用水泵将水加压到 0.3 ~ 0.35MPa（表压）下进行喷雾，可获得平均粒径为 20 ~ 30μm 的水滴，在空气中吸热汽化，这是一个接近等焓的加湿过程。高压喷雾的优点是加湿量大、噪声低、消耗功率小、运行费用低。缺点是有水滴析出，使用未经软化处理的水会出现"白粉"现象（钙、镁等杂质析出）。这是目前空调机组中应用较多的一种加湿方法。

③ 湿膜加湿。湿膜加湿又称淋水填料层加湿。利用湿材料表面向空气中蒸发水汽

进行加湿。可以利用玻璃纤维、金属丝、波纹纸板等做成一定厚度的填料层，材料上淋水或喷水使之湿润，空气通过湿填料层而被加湿。这个加湿过程与高压喷雾一样，是一个接近等焓的加湿过程。这种加湿方法的优点是设备结构简单、体积小、填料层有过滤灰尘作用，填料还有挡水功能，空气中不会夹带水滴。缺点是湿表面容易滋生微生物，用普通水的填料层易产生水垢，另外，填料层容易被灰尘堵塞，需要定期维护。

④ 透湿膜加湿。透湿膜加湿是利用化工中的膜蒸馏原理的加湿技术。水与空气被疏水性的微孔湿膜（透湿膜，如聚四氯乙烯微孔膜）隔开，在两侧不同的水蒸气分压差的作用下，水蒸气通过透湿膜传递到空气中，加湿了空气；水、钙、镁和其他杂质等则不能通过，这样，就不会有"白粉"现象发生。透湿膜加湿器通常是由用透湿膜包裹的水片层及波纹纸板叠放在一起组成，空气在波纹纸板间通过。这种加湿设备结构简单、运行费用低、节能，可实现干净加湿（无"白粉"现象）。

⑤ 超声波加湿。超声波加湿的原理是将电能通过压电换能片转换成机械振动，向水中发射 1.7MHz 的超声波，使水表面直接雾化，雾粒直径约为 $3\sim5\mu m$，水雾在空气中吸热汽化，从而加湿了空气，这种方法也是接近等焓的加湿过程。这种方法要求使用软化水或去离子水，以防止换能片结垢而降低加湿能力。超声波加湿的优点是雾化效果好、运行稳定可靠、噪声低、反应灵敏而易于控制、雾化过程中还能产生有益人体健康的负离子，耗电不多，约为电热式加湿的 10% 左右。其缺点是价格贵，对水质要求高。目前，国内空调机组尚无现成的超声波加湿段，但可以把超声波加湿装置直接装于空调机组中。

（5）空气加热段

有热水盘管（热水/空气加热器）、蒸汽盘管（蒸汽/空气加热器）和电加热器三种类型。热水盘管与冷却盘管结构形式一样，但可供选择的只有 1 排、2 排、4 排管的盘管。蒸汽盘管换热组件有铜管套铝翅片或绕片管，有 1 排或 2 排管可供选择。

（6）风机段

组合式空调机组中的风机段在某一风量范围内有几种规格可供选择。通常是根据系统要求的总风量和总阻力来选择风机的型号、转速、功率及配用电机。空调设备厂的样本中一般都提供所配风机的特性。而定型的整体空调机组一般只提供机组的风量及机外余压。因此在设计时，管路系统（不含机组本身）的阻力不得超过所选机组的机外余压。

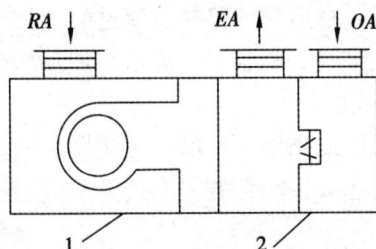

图 7-7　回风机段与分流段

1—回风机段；2—分流段；RA，EA，OA—分别为回风、排风和新风

风机段用作回风机时，称回风机段。回风机段的箱体上开有与回风管的接口，而出风侧一般都连接分流段。图 7-7 为回风机段与分流段组合的情况，回风通过分流段使部分回风排到室外，部分回风参加再循环，新风也从分流段引入。新、回、排风的比例通过风门进行控制。

（7）其他功能段

除了上述主要的功能段外，还有一些辅助功能段。主要有：① 混合段。该段的上部和侧部开有风管接口，以接回风和新风管，通过入口处的风门以调节新回风比例；② 中间段（空段）。该段开有检修门，用于对机组内部的保养、维修，但有些厂家生产的机组主要设备都可抽出（如表冷器、加热盘管和过滤器等），可以不设中间段；③ 二次回风段。该段开有回风入口的接管。④ 消声段。该段用于消除风机的噪声，但使用消声段后机组过长，机房内布置困难，而且消声器理应装在风管出机房的交界处，以防机房噪声从消声器后的风管壁传入管内而传播出去，因此，在实际工程中很少应用，通常都在风管上装消声器。

7.4 换热器

7.4.1 换热器的种类

用来使热量从热流体传递到冷流体，以满足规定的工艺要求的装置统称换热器（或热交换设备）。换热器可以按照不同的方式分类。

按照工作原理不同，可将换热器分为三类。

① 间壁式换热器——冷热流体被壁面分开，如暖风机、燃气加热器、冷凝器、蒸发器等。

② 混合式换热器——冷热流体直接接触，彼此混合进行换热，在热交换时存在质交换，如空调工程中喷淋冷却塔、蒸汽喷射泵等。这种换热器在应用上常受到冷热两种流体不能混合的限制。

③ 回热式换热器——冷、热两种流体依次交替地流过同一换热表面而实现热量交换的设备。在这种换热器中，固体壁面除了换热以外还起到蓄热的作用：高温流体流过时，固体壁面吸收并积蓄热量，然后释放给接着流过的低温流体。显然，这种换热器的热量传递过程是非稳态的。在空气分离装置、炼铁高炉及炼钢平炉中常用这类换热器来预冷或预热空气。

本章主要介绍在工程技术中应用最广泛的间壁式换热器。间壁式换热器的种类有很多，从构造上主要可分为：管壳式、肋片管式、板式、板翅式、螺旋板式等，其中前两种用得最为广泛。

7.4.2 管壳式换热器

图 7-8 为管壳式换热器示意图。流体 I 在管外流动，管外各管间常设置一些圆缺形

的挡板，其作用是提高管外流体的流速（挡板数增加，流速提高），使流体充分流经全部管面，改善流体对管子的冲刷角度，从而提高壳侧的表面传热系数。此外，挡板还可以起支撑管束、保持管间距离等作用。流体 n 在管内流动，它从管的一端流到另一端称为一个管程，当管子总数及流体流量一定时，管程数分得越多，则管内流速越高。图 7-9 为单壳程双管程的换热器。图 7-9（a）为 2 壳程 4 管程，图 7-9（b）为 3 壳程 6 管程。

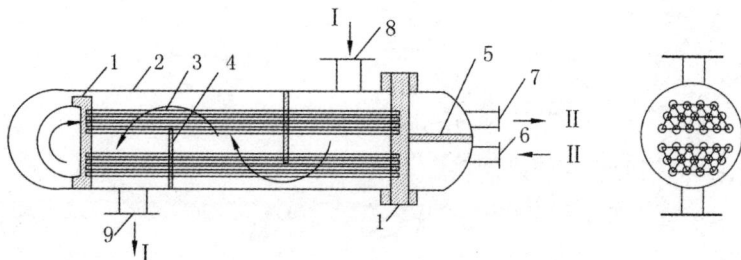

图 7-8　管壳式换热器示意图

1—管板；2—外壳；3—管子；4—挡板；5—隔板；
6，7—管程进口及出口；8，9—壳程进口及出口

　　管壳式热交换器结构坚固，易于制造，适应性强，处理能力大，高温、高压情况下也可应用，换热表面清洗比较方便。这一类型换热设备是工业上用得最多、历史最久的一种，是占主导地位的换热设备。其缺点是材料消耗大、不紧凑。除了图 7-8 的形式外，U 形管式及套管式（一根大管中套一小管）换热器也属此类。

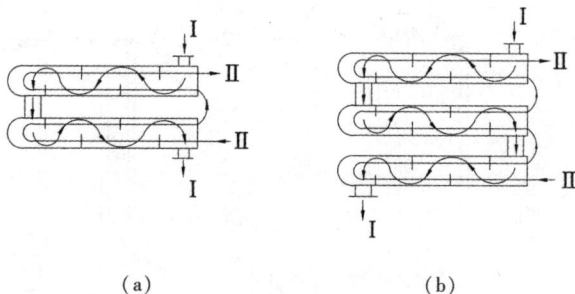

（a）　　　　　　　　　　（b）

图 7-9　多壳程与多管程换热器

7.4.3　肋片管式换热器

　　肋片管也称翅片管，图 7-10 为肋片管式换热器结构示意图。在管子外壁加肋，肋化系数可达 25 左右，大大增加了空气侧的换热面积，强化了传热。与光管相比，传热系数可提高 1～2 倍。这类换热器结构较紧凑，适用于两侧流体表面传热系数相差较大的场合。

　　肋片管式换热器结构上最值得注意的是肋的形状和结构及镶嵌在管子上的方式。肋的形状可做成片式、圆盘式、带槽或孔式、皱纹式、钉式和金属丝式等。肋与管的连接方式可采用张力缠绕式、嵌片式、热套胀接、焊接、整体轧制、铸造及机加工等。肋片管的主要缺陷是肋片侧的流动阻力较大。不同的结构与镶嵌方式对流动阻力，特别是传

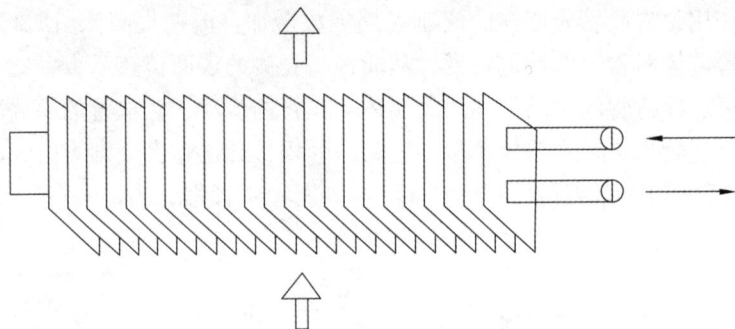

图7-10　肋片管式换热器

热性能影响很大。当肋根与管之间接触不紧密而存在缝隙时，将形成接触热阻，使传热系数降低。

7.4.4　板式换热器

板式换热器是由若干传热板片及密封垫片叠置压紧组装而成，在两块板边缘之间由垫片隔开，形成流道，垫片的厚度就是两板的间隔距离，故流道很窄，通常只有 3 ~ 4mm。板四角开有圆孔，供流体通过，当流体由一个角的圆孔流入后，经两板间流道，由对角线上的圆孔流出，该板的另外两个角上的圆孔与流道之间则用垫片隔断，这样可使冷热流体在相邻的两个流道中逆向流动，进行换热。为了强化流体在流道中的扰动，板面都做成波纹形，常见的有平直波纹、人字形波纹、锯齿形及斜纹形 4 种板型。

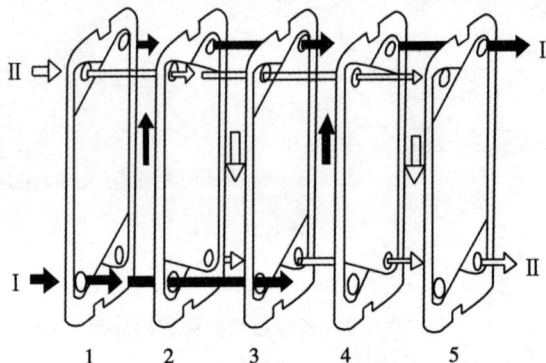

图7-11　板式换热器工作原理图

图 7-11 为一种基本形板式换热器流道示意图。冷热两流体分别由板的上、下角的圆孔进入换热器，并相间流过奇数及偶数流道，然后分别从下、上角孔流出，图中也显示奇数与偶数流道的垫片不同，以此安排冷热流体的流向。传热板片是板式换热器的关键元件，不同形式的板片直接影响到传热系数、流动阻力和承受压力的能力。板片的材料，通常为不锈钢，对于腐蚀性强的流体（如海水冷却器），可用钛板。板式换热器传热系数高、阻力相对较小（相对于高传热系数）、结构紧凑、金属消耗量低、拆装清洗方便、传热面可以灵活变更和组合（例如，一种热流体与两种冷流体，同时在一个换热器内进行换热）等。已广泛应用于供热供暖系统及食品、医药、化工等部门。目前板式

换热器性能已达：最佳传热系数 7000W/（m²·K）（水 – 水）；最大处理长量 1000m³/ m²；最高操作压强 28×10⁵Pa；紧凑性 250~1000m²/m³；金属消耗 16kg/m²。

7.5　送风口和回风口

7.5.1　送风口

送风口以安装的位置分，有侧送风口、顶送风口（向下送）、地面风口（向上送）；按照送出气流的流动状况，分为扩散型风口、轴向型风口和孔板送风。扩散型风口具有较大的诱导室内空气的作用，送风温度衰减快，但射程较短；轴向型风口诱导室内气流的作用小，空气温度、速度的衰减慢，射程远；孔板送风口是在平板上满布小孔的送风口，速度分布均匀、衰减快。

图 7-12 为两种常用的活动百叶风口，通常安装在侧墙上用作侧送风口。双层百叶风口有两层可调节角度的活动百叶，短叶片用于调节送风气流的扩散角，也可用于改变气流的方向，而调节长叶片可以使送风气流贴附顶棚或下倾一定角度（当送热风时）；单层百叶风口只有一层可调节角度的活动百叶。双层百叶风口中外层叶片或单层百叶风口的叶片可以平行长边，也可以平行短边，由设计者选择。这两种风口也常用作回风口。

图 7-13 为用于远程送风的喷口，它属于轴向型风口，送风气流诱导室内风量少，可以送较远的距离，射程（末端速度 0.5m/s 处）一般可达到 10~30m，甚至更远。通常在大空间（如体育馆、候机大厅）中用作侧送风口；送热风时可用作顶送风口。如风口既送冷风又送热风，应选用可调角喷口［图 7-13（b）］。可调角喷口的喷嘴镶嵌在球形壳中，该球形壳（与喷嘴）在风口的外壳中可转动，最大转动角度为 30°，可用人工调节，也可通过电动或气动执行器调节。在送冷风时，风口水平或上倾；送热风时，风口下倾。

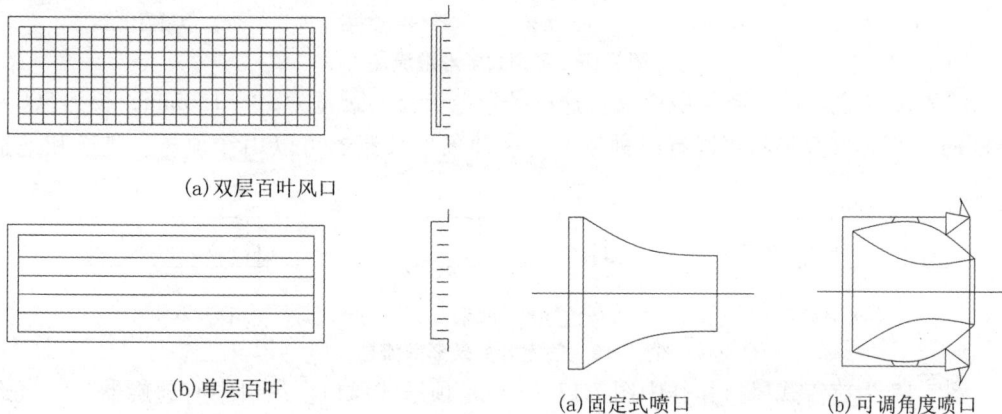

(a) 双层百叶风口

(b) 单层百叶

图 7-12　活动百叶风口

(a) 固定式喷口

(b) 可调角度喷口

图 7-13　喷口

图 7-14 为三种比较典型的散流器，直接装于顶棚上，是顶送风口。图 7-14（a）为平送流型的方形散流器，有多层同心的平行导向叶片，使空气流出后贴附于顶棚流动。样本中送风射程指散流器中心到末端速度为 0.5m/s 的水平距离。这种类型散流器也可以做成矩形。方形或矩形散流器可以是四面出风、三面出风、两面出风和一面出风。平送流型的圆形散流器与方形散流器相类似。平送流型散流器适宜用于送冷风。图 7-14（b）是下送流型的圆形散流器，又称为流线型散流器。叶片间的竖向间距是可调的。增大叶片间的竖向间距，可以使气流边界与中心线的夹角减小。这类散流器送风气流夹角一般为 20°～30°。因此，在散流器下方形成向下的气流。图 7-14（c）为圆盘型散流器，射流以 45° 夹角喷出，流型介于平送与下送之间，适宜于送冷、热风。各类散流器的规格都按照颈部尺寸 $A \times B$ 或直径 D 来标定。

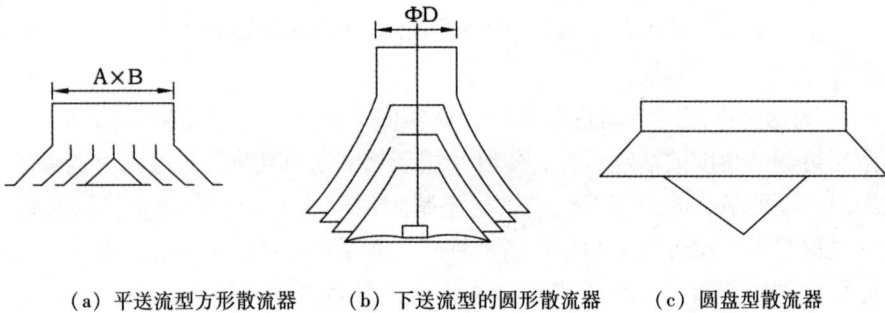

(a) 平送流型方形散流器　　(b) 下送流型的圆形散流器　　(c) 圆盘型散流器

图 7-14　方形和圆形散流器

图 7-15 为可调式条形散流器，条缝宽 19mm，长为 500～3000mm，可根据需要选用。调节叶片的位置，可以使散流器的出风方向改变或关闭，如图中所示。也可以多组组合（2，3，4 组）在一起。条形散流器用作顶送风口，也可以用于侧送。

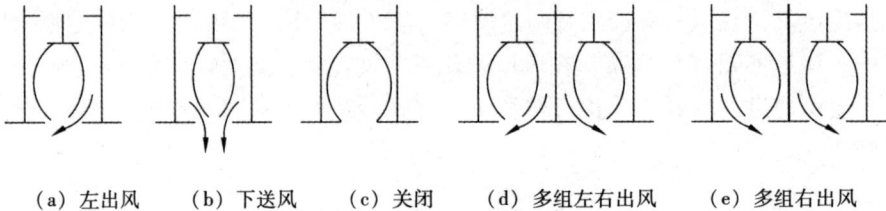

(a) 左出风　　　(b) 下送风　　　(c) 关闭　　　(d) 多组左右出风　　(e) 多组右出风

图 7-15　可调式条形散流器

图 7-16 为固定叶片条形散流器。这种条形散流器的颈宽为 50～150mm，长为 500～3000mm。根据叶片形状可以有三种流型。这种条形散流器可以用作顶送、侧送和地板送风。

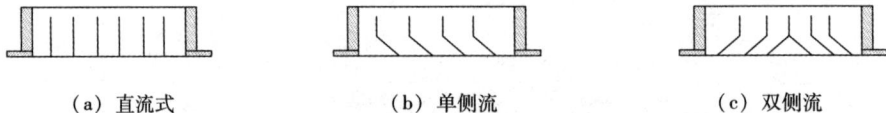

(a) 直流式　　　　　　(b) 单侧流　　　　　　(c) 双侧流

图 7-16　固定叶片条形散流器

图 7-17 为旋流式风口，其中图 7-17（a）是顶送式风口。风口中有起旋器，空气通过风口后成为旋转气流，并贴附于顶棚流动。具有诱导室内空气能力大、温度和风速衰减快的特点。适宜在送风温差大、层高低的空间中应用。旋流式风口的起旋器位置可以

上下调节，当起旋器下移时，可使气流变为吹出型。图 7-17（b）用于地板送风的旋流式风口，它的工作原理与顶送形式相同。

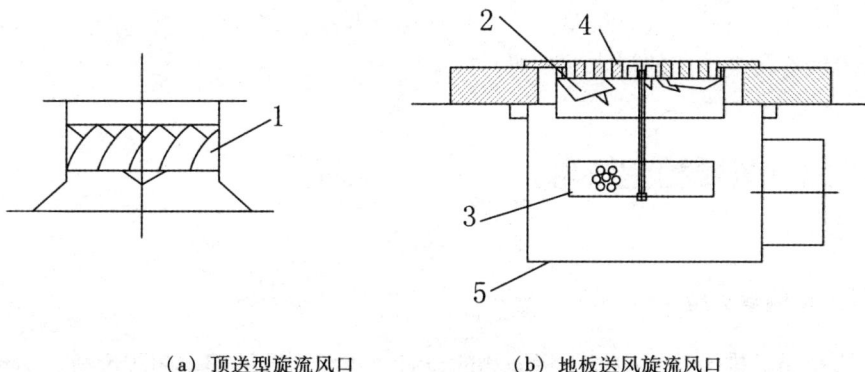

（a）顶送型旋流风口　　　　（b）地板送风旋流风口

图 7-17　旋流式风口

1—起旋器；2—旋流叶片；3—集尘箱；4—出风格栅；5—静压箱

图 7-18 为置换送风口。风口靠墙置于地上，风口的周边开有条缝，空气以很低的速度送出，诱导室内空气的能力很低，从而形成置换送风的流型。图示的风口在 180°范围内送风，另外有在 90°范围内送风（置于墙角处）和在 360°范围内送风的风口。风口的高度为 500～1000mm。

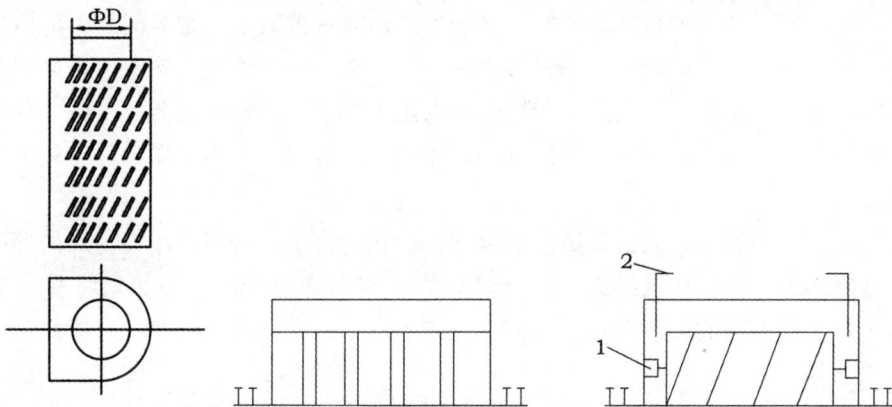

图 7-18　置换送风风口　　（a）回风口　　　　（b）可开式百叶回风口

图 7-19　回风口

1—铰链；2—过滤器挂钩

7.5.2　回风口

房间内的回风口在其周围造成一个汇流的流场，风速的衰减很快，它对房间的气流影响相对于送风口来说比较小，因此，风口的形式也比较简单。上述的送风口中的活动百叶风口、固定叶片风口等都可以用作回风口，也可用送风风口铝网或钢网做成回风口。图 7-19 中示出了两种专用于回风的风口。图 7-19（a）是格栅式风口，风口内用薄板隔成小方格，流通面积大，外形美观。图 7-19（b）为可开式百叶回风口。百叶风口可绕铰链转动，便于在风口内装卸过滤器。适宜用作顶棚回风的风口，以减少灰尘进入回风顶棚。还有一种固定百叶回风口，外形与可开式百叶风口相近，区别在不可开启，这种风口也是一种常用的回风口。

送风口、回风口的形式有很多，上面只介绍了几种比较典型、常用的风口，其他形式风口可参阅有关生产厂的样本或手册。

7.6 局部排风罩和空气幕

7.6.1 局部排风罩类型

排风罩是局部排风系统中捕集污染物的设备。排照风罩按照密闭程度分，有密闭式排风罩、半密闭式排风罩和开敞式排风罩。下面分别介绍这三类排风罩的工作原理和特点。

（1）密闭式排风罩

密闭式排风罩（或称密闭罩）是将生产过程中的污染源密闭在罩内，并进行排风，以保持罩内负压。当排风罩排风时，罩外的空气通过缝隙、操作孔口（一般只是手孔）渗入罩内，缝隙处的风速一般不应小于 1.5m/s。排风罩内的负压宜在 5~10Pa 左右，排风罩排风量除了从缝隙孔口进入的空气量外，还应考虑因工艺需要而鼓入的风量，或污染源生成的气体量，或物料装桶时挤出的空气。选用风机的压头除考虑排风罩的阻力外，还应考虑由于工艺设备高速旋转导致罩内压力升高，或物料下落、飞溅（如皮带运输机的转运点、卸料点）带动空气运动而产生的压力升高，或由于罩内外有较大温差而产生的热压等。

密闭罩应当根据工艺设备具体情况设计其形状、大小。最好将污染物的局部散发点密闭，这样排风量少，比较经济。但有时无法做到局部点密闭，而必须将整个工艺设备，甚至把工艺流程的多个设备密闭在罩内或小室中，这类罩或小室开有检修门，便于维修；缺点是风量大、占地大。

密闭罩的主要优点是：① 能最有效地捕集并排除局部污染源产生的污染物；② 风量小，运行经济；③ 排风罩的性能不受周围气流的影响。缺点是对工艺设备的维修和操作不便。

（2）半密闭式排风罩

半密闭式排风罩指由于操作上的需要，经常无法将产生污染物的设备完全或部分地封闭，而必须开有较大的工作孔的排风。属于这类排风罩的有柜式排风罩（或称通风柜、排风柜）、喷漆室和砂轮罩等。

图 7-20 为三种形式的通风柜，其区别在于排风口的位置不同，适用于密度不同的污染物。污染物密度小时用上排风；密度大时用下排风；而密度不确定时，可选用上下同时排风，且上部排风口可调。通风柜的柜门上下可调节，在操作许可的条件下，柜门开启度越小越好，这样在同样的排风量下有较好的效果。

半密闭式排风罩，其控制污染物能力不如密闭式。如果设计得好，将不失为一种比较有效的排风罩。

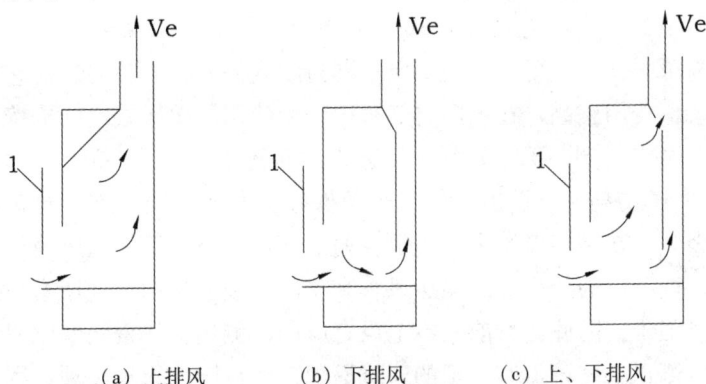

(a) 上排风　　　(b) 下排风　　　(c) 上、下排风

图 7-20　通风柜

1—可启闭的柜门；2—调节板；V_e—排风量

（3）开敞式排风罩

开敞式排风罩又称为外部排风罩。这种排风罩的特点是，污染源基本上是敞开的，而排风罩只在污染源附近进行吸气。为了使污染物被排风罩吸入，排风罩必须在污染源周围形成一速度场，其速度应能克服污染物的流动速度而引导至排风罩。

① 开敞式吸气口的风速衰减很快，因此，开敞式排风罩应尽量靠近污染源处。

② 吸气口处有围挡时，风速的衰减速度减缓，因此，开敞式排风罩在有可能的条件下尽量有围挡。

7.6.2　局部排风罩设计原则

排风罩是局部排风系统的一个重要设备，直接关系到排风系统治理污染物的效果。工厂中的工艺过程、设备千差万别，不可能有一种万能的排风罩适合所有情况，因而，必须根据具体情况设计排风罩。排风罩设计应遵守以下原则。

① 应尽量选用密闭式排风罩，其次可选用半密闭式排风罩。

② 密闭式和半密闭式排风罩的缝隙、孔口、工作开口在工艺条件许可下应尽量减小。

③ 排风罩的设计应充分考虑工艺过程、设备的特点，方便操作与维修。

④ 开敞式排风罩有条件时靠墙或靠工作台面，或增加挡板或设活动遮挡，从而可以减少风量，提高控制污染物的效果。

⑤ 开敞式排风罩应尽量靠近污染源。

⑥ 应当注意排风罩附近横向气流（如送风）的影响。

7.6.3　空气幕

空气幕是利用条状喷口送出一定速度、一定温度和一定厚度的幕状气流，用于隔断另一气流。它主要用于公共建筑、工厂中经常开启的外门，以阻挡室外空气侵入；或用于防止建筑火灾时烟气向无烟区侵入；或用于阻挡不干净的空气、昆虫等进入控制区域。在寒冷的北方地区，大门空气幕使用很普遍。在空调建筑中，大门空气幕可以减少冷量损失。空气幕也经常简称为风幕。

空气幕按照系统形式可分为吹吸式和单吹式两种。图 7-21 中（a）为吹吸式空气幕；其余三种均为单吹式空气幕。吹吸式空气幕封闭效果好，人员通过对它的影响也较小。但系统较复杂，费用较高，在大门空气幕中较少使用。单吹式空气幕按照送风口的位置又可分为：上送式［图 7-21（b）］，下送式，单侧送风［图 7-21（c）］，双侧送风［图 7-21（d）］。上送式空气幕送出气流卫生条件好，安装方便，不占建筑面积，也不影响建筑美观，因此，在民用建筑中应用很普遍。下送式空气幕的送风喷口和空气分配管装在地面以下，挡冷风的效果好，但送风管和喷口易被灰尘和垃圾堵塞，送出空气的卫生条件差，维修困难，因此，目前基本上没有应用；侧送空气幕隔断效果好，但双侧的效果不如单侧，侧送空气幕占有一定的建筑面积，而且影响建筑美观，因此，很少在民用建筑中应用，主要用于工业厂房、车库等的大门上。

空气幕按照气流温度分，有热空气幕和非热空气幕。热空气幕分蒸汽（装有蒸汽加热盘管）、热水（装有热水加热盘管）和电热（装有电加热器）三种类型。热空气幕适用于寒冷地区冬季使用。非热空气幕就地抽取空气，不作加热处理。这类空气幕可用于空调建筑的大门，或在餐厅、食品加工厂等门洞阻挡灰尘、蚊蝇等进入。

目前市场上空气幕产品所用的风机有三种类型：离心风机、轴流风机和贯流风机。其中，贯流风机主要应用于上送式非热空气幕。

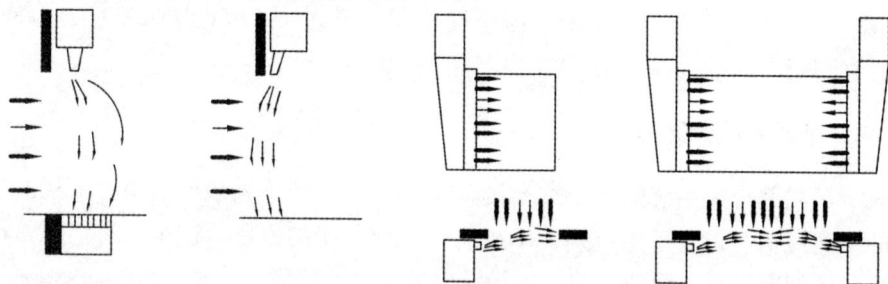

（a）吹吸式空气幕　（b）上送式空气幕　（c）单侧送风空气幕　（d）双侧送风空气幕

图 7-21　各种形式的空气幕

寒冷地区应采用热空气幕，以避免在冬季使用时吹冷风，同时也给室内补充热量。但热空气幕送出的热风温度也不宜过高，一般不高于 50℃。

7.7　除尘器与过滤器

7.7.1　除尘器

（1）除尘机理

目前，悬浮颗粒分离机理（又称除尘机理）主要有以下几个方面。

① 重力：依靠重力使气流中的尘粒自然沉降，将尘粒从气流中分离出来。是一种简便的除尘方法。这个机理一般局限于分离 $50 \sim 100 \mu m$ 以上的粉尘。

② 离心力：含尘空气做圆周运动时，由于离心力的作用，粉尘和空气会产生相对运动，使尘粒从气流中分离。这个机理主要用于 $10\mu m$ 以上的尘粒。

③ 惯性碰撞：含尘气流在运动过程中遇到物体的阻挡（如挡板、纤维、水滴等）时，气流要改变方向进行绕流，细小的尘粒会沿气体流线一起流动。而质量较大或速度较大的尘粒，由于惯性，来不及跟随气流一起绕过物体，因而，脱离流线向物体靠近，并碰撞在物体上而沉积下来。

④ 接触阻留：当某一尺寸的尘粒沿着气流流线刚好运动到物体（如纤维或液滴）表面附近时，因与物体发生接触而被阻留，这种现象称为接触阻留。

⑤ 扩散：由于气体分子热运动对尘粒的碰撞而产生尘粒的布朗运动，对于越小的尘粒越显著。微小粒子由于布朗运动，使其有更大的机会运动到物体表面而沉积下来，这个机理称为扩散。对于小于或等于 $0.3\mu m$ 的尘粒，是一个很重要的机理。而大于 $0.3\mu m$ 的尘粒其布朗运动减弱，一般不足以靠布朗运动使其离开流线碰撞到物体上面去。

⑥ 静电力：悬浮在气流中的尘粒，都带有一定的电荷，可以通过静电力使它从气流中分离。在自然状态下，尘粒的带电量很小，要得到较好的除尘效果必须设置专门的高压电场，使所有的尘粒都充分荷电。

⑦ 凝聚：凝聚作用不是一种直接的除尘机理。通过超声波、蒸汽凝结、加湿等凝聚作用，可以使微小粒子凝聚增大，然后用一般的除尘方法去除。

⑧ 筛滤作用：筛滤作用是指当尘粒的尺寸大于纤维网孔尺寸时而被阻留下来的现象。

（2）除尘器分类

根据主要的除尘机理的不同，除尘器可分为六类。

① 重力除尘：如重力沉降室；

② 惯性除尘：如惯性除尘器；

③ 离心力除尘：如旋风除尘器；

④ 过滤除尘：如袋式除尘器、颗粒层除尘器、纤维过滤器、纸过滤器；

⑤ 洗涤除尘：如自激式除尘器、旋风水膜除尘器；

⑥ 静电除尘：如电除尘器。

（3）除尘器的选择

袋式除尘器是一种干式的高效除尘器，它利用多孔的袋状过滤元件的过滤作用进行除尘。由于它具有除尘效率高（对于 $1.0\mu m$ 的粉尘，效率高达 98% ~ 99%）、适应性强、使用灵活、结构简单、工作稳定、便于回收粉尘、维护简单等优点，因此，袋式除尘器在冶金、化学、陶瓷、水泥、食品等不同的工业部门中得到广泛的应用，在各种高效除尘器中，是最有竞争力的一种除尘设备。

重力除尘器虽然结构简单，投资省，耗钢少，阻力小（一般为 100 ~ 150Pa），但在实际除尘工程中，由于其效率低（对于干式沉降室效率为 56% ~ 60%）和占地面积大，很少使用。

惯性除尘器是使含尘气流方向急剧变化或与挡板、百叶等障碍物碰撞时，利用尘粒自身惯性力从含尘气流中分离的装置。其性能主要取决于特征速度、折转半径与折转角度。其除尘效率低于沉降室，可用于收集大于 $20\mu m$ 粒径的尘粒。压力损失则因结构形式不同差异很大，一般为 $100 \sim 400Pa$。进气管内气流速度取 $10m/s$ 为宜。其结构形式有气流折转式、重力折转式、百叶板式与组合式几种。

旋风除尘器是利用气流旋转过程中作用在尘粒上的惯性离心力，使尘粒从气流中分离出来的设备。旋风除尘器结构简单、造价低、维修方便；耐高温，可高达 $400℃$；对于 $10 \sim 20\mu m$ 的粉尘，除尘效率为 90% 左右。因此，旋风除尘器在工业通风除尘工程和工业锅炉的消烟除尘中得到了广泛的应用。图 7-22 所示为旋风除尘器。

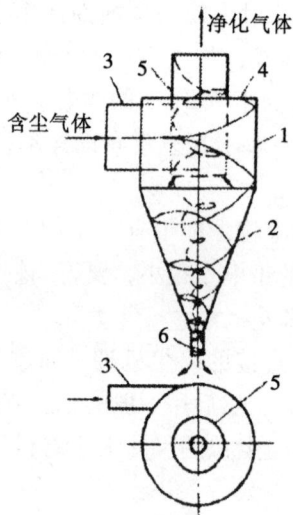

图 7-22　惯性旋风除尘器

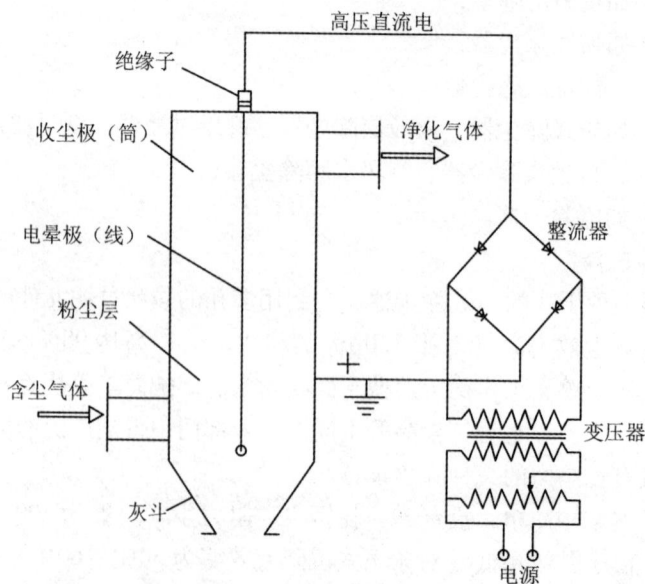

图 7-23　电除尘器原理图

湿式除尘器是通过含尘气流与液滴或液膜的接触，在液体与粗大尘粒的相互碰撞、滞留，细小的尘粒的扩散、相互凝聚等净化机理的共同作用下，使尘粒从气流中分离出来。这种方法简单、有效，因而，在实际的工业除尘工程中获得了广泛的应用。

利用电力捕集气流中悬浮尘粒的设备称为电除尘器，它是净化含尘气体最有效的装置之一。图 7-23 为电除尘器原理图，主要有四个过程：① 气体的电离；② 悬浮尘粒的荷电；③ 荷电尘粒向电极运动；④ 荷电尘粒沉积在收尘电极上。采用电除尘器虽然一次性投资较其他类型的除尘器要高，但是由于它具有除尘效率高、阻力小、能处理高温烟气、处理烟气量的能力大和日常运行费用低等优点，因此，在火力发电、冶金、化学、造纸和水泥等工业部门的工业通风除尘工程和物料回收中获得广泛的应用。

7.7.2　过滤器

空气过滤器是通过多孔过滤材料（如金属网、泡沫塑料、无纺布、纤维等）的作用从气固两相流中捕集粉尘，并使气体得以净化的设备。它把含尘量低（每立方米空气中含零点几至几毫克）的空气净化处理后送入室内，以保证洁净房间的工艺要求和一般空调房间内的空气洁净度。

根据过滤器效率，空气过滤器可分为五类。

（1）粗效过滤器

粗效过滤器的作用是除掉 $5\mu m$ 以上的沉降性尘粒和各种异物，在净化空调系统中常作为预过滤器，以保护中效、高效过滤器。在空调系统中常做进风过滤器用。

粗效过滤器的滤料一般为无纺布、金属丝网、玻璃丝（直径约为 20um）、粗孔聚氨酯泡沫塑料和尼龙网等。为了提高效率和防止金属腐蚀，金属网、玻璃丝等材料制成的过滤器通常浸油使用。由于粗效过滤器主要利用它的惯性效应，因此，滤料风速可以稍大，滤速一般可取 $1\sim2m/s$。

（2）中效过滤器

中效过滤器的主要作用是除掉 $1\sim10\mu m$ 的悬浮性尘粒。在净化空调系统和局部净化设备中作为中间过滤器，以减少高效过滤器的负担，延长高效过滤器的寿命。

中效过滤器的滤料主要有玻璃纤维（纤维直径约为 $10\mu m$ 左右）、中细孔聚乙烯泡沫塑料和由涤纶、丙纶、腈纶等原料制成的合成纤维毡（俗称无纺布）。有一次性使用和可清洗的两种。由于滤料厚度和速度的不同，它包括很大的效率范围，滤速一般在 $0.2\sim1.0m/s$。

（3）高中效过滤器

高中效过滤器能较好地去除 $1\mu m$ 以上的粉尘粒子，可做净化空调系统的中间过滤器和有一般净化要求的送风系统的末端过滤器。高中效空气过滤器的常用滤料是无纺布。

（4）亚高效过滤器

亚高效过滤器能较好地去掉 $0.5\mu m$ 以上粉尘粒子，可做净化空调系统的中间过滤器和低级别净化空调系统（≥100000 级，M6.5 级）的末端过滤器。

亚高效过滤器采用超细玻璃纤维滤纸或聚丙烯滤纸为滤材，经密摺而成。密摺的滤纸由纸隔板或铝箔隔板做成的小插件间隔，保持流畅通道，外框为镀锌板、不锈钢板或铝合金型材，用新型聚氨酯密封胶密封。可广泛用于电子、制药、医院、食品等行业的一般性过滤，也可用于耐高温场所。

（5）高效过滤器

高效过滤器主要用于过滤掉 $0.5\mu m$ 以下的亚微米级尘粒，高效过滤器是净化空调系统的终端过滤设备和净化设备的核心。

常用的高效过滤器有 GB 型（有隔板的折叠式）和 GWB 型（无隔板的折叠式）。图 7-24 给出 GB 型高效过滤器，其滤料为超细玻璃纤维滤纸，孔隙非常小。采用很低的滤速（以 cm/s 计），这就增强了对小尘粒的筛滤作用和扩散作用，所以，具有很高的过滤效率，同时，低滤速也降低了高效过滤器的阻力，初阻力一般为 $200\sim250Pa$。

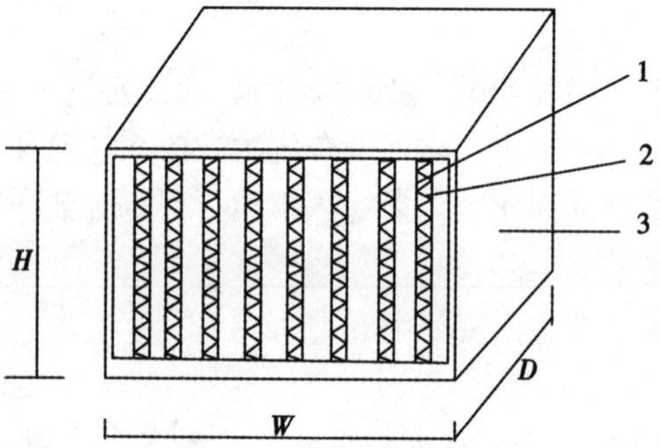

图 7-24　GB 型高效过滤器

1—滤纸；2—分隔板；3—外壳

由于滤速低（$1\sim1.5cm/s$），所以需将滤纸多次折叠，使其过滤面积为迎风面积的 $50\sim60$ 倍。折叠后的滤纸间通道用波纹分隔片隔开。

7.8　泵与风机

7.8.1　水泵种类与选择

（1）水泵种类

水泵按照工作原理大致分为以下三类。

① 动力式泵。动力式泵可分为：离心泵、混流泵、轴流泵和旋涡泵。

动力式泵靠快速旋转的叶轮对液体的作用力，将机械能传递给液体，使其动能和压力能增加，然后再通过泵缸，将大部分动能转换为压力能而实现输送。动力式泵又称叶轮式泵或叶片式泵。离心泵是最常见的动力式泵。

离心泵又可分单级泵、多级泵。单级泵可分为：单吸泵、双吸泵、自吸泵和非自吸泵等。多级泵可分为：节段式和涡壳式。混流泵可分为涡壳式和导叶式。轴流泵可分为固定叶片和可调叶片。旋涡泵也可分为单吸泵、双吸泵、自吸泵和非自吸泵等。

② 容积式泵。容积泵可分为往复泵和转子泵。

容积式泵是依靠工作元件在泵缸内作往复或回转运动,使工作容积交替地增大和缩小,以实现液体的吸入和排出。工作元件作往复运动的容积式泵称为往复泵,作回转运动的称为回转泵。前者的吸入和排出过程在同一泵缸内交替进行,并由吸入阀和排出阀加以控制;后者则通过齿轮、螺杆、叶形转子或滑片等工作元件的旋转作用,迫使液体从吸入侧转移到排出侧。

③ 喷射式泵。喷射式泵是靠工作流体产生的高速射流引射流体,然后通过动量交换而使被引射流体的能量增加。

部分常用水泵特性及适用范围见表7-1。

表 7-1 常用水泵特性及适用范围表(示例)

型号	名称	扬程范围/m	流量范围/(m³/h)	电机功率/kW	介质最高温度/℃	适用范围
BJ	管道泵	8~30	6~50	0.37~7.5		清水或理化性质类似的液体
NG	管道泵	2~15	6~27	0.20~1.3		清水或理化性质类似的液体
SG	管道泵	10~100	1.8~400	0.5~26	95~150	有耐腐型、防爆型、热水型
XA	离心式清水泵	25~96	10~340	1.50~100		清水或理化性质类似的液体
IS	离心式清水泵	5~25	6~400	0.55~110	105	清水或理化性质类似的液体
RA	离心式清水泵	8~98	4.5~360	1.5~55	汽蚀余量2m	清水或理化性质类似的液体
BL	直联式离心泵	7.8~62	4.5~120	1.5~17.5	80	清水或理化性质类似的液体
Sh	双吸离心泵	9~140	126~12500	22~1150	60	清水,也可作为热电站循环泵
D, DG	多级分段泵	12~1528	12~700	2.2~2500	80	清水或理化性质类似的液体
GC	锅炉给水泵	46~576	6~55	3~185	80	小型锅炉给水
N, NL	冷凝泵	54~140	10~510		110	发电厂冷凝水
J, SD	深井泵	24~120	35~204	10~100	80	提取深井水
4PA-6	氨水泵	85~301	30	22~75		20%浓度的氨水

(2)泵的选用原则

① 根据输送液体物理化学(温度、腐蚀性等)性质选取适用的种类泵;

② 泵的流量和扬程能满足使用工况下的要求,并且应有10%~20%的富裕量;

③ 应使工作状态点经常处于较高效率值范围内;

④ 当流量较大时,宜考虑多台并联运行;但并联台数不宜过多,尽可能采用同型号泵并联;

⑤ 选泵时必须考虑系统静压对泵体的作用,注意工作压力应在泵壳体和填料的承压能力范围之内。

(3)水泵的选用方法

① 流量 Q 和扬程 H。确定需要输送的最大流量 Q_{max},由管路水力计算确定的最大扬程 H_{max}。考虑一定的富裕量

$$Q = (1.05 \sim 1.10) Q_{max} \tag{7-6}$$

$$H = (1.10 \sim 1.15) H_{max} \tag{7-7}$$

② 泵的种类选择。分析泵的工作条件,如液体的温度、腐蚀性、是否清洁等,并根据其流量、扬程范围,确定泵的类型(清水泵、耐酸泵、热水泵、油泵、污水泵、潜

水泵等）。

③ 确定工况点。利用泵的综合性能曲线，进行初选，确定泵的型号、尺寸及转数。将泵的性能曲线 $Q-H$ 与管路系统的特性曲线 R 绘在同一张直角坐标图上，二者的交点即是工况点，进而定出效率和功率。如图 7-25 中点 A 为管网运行工况点，泵的流量 Q_A、扬程 H_1，其中

$$H_A = H_1 + h$$
$$= H_1 + SQ^2$$

式中，H_1——整个系统的静扬程，即压出侧最高液面与吸入侧最低液面之差，闭式管网中 $H_1 = 0$，m；

$\quad\quad h$——总阻力，m。

$$h = \frac{\sum(\Delta P_m + \Delta P_j)}{\rho g} \tag{7-8}$$

式中，$\Delta P_m, \Delta P_j$——管路（包括吸入管路和压出管路）中各段的摩擦阻力、局部阻力，Pa；

$\quad\quad \rho$——流体的密度，kg/m^3；

$\quad\quad g$——重力加速度，m/s^2。

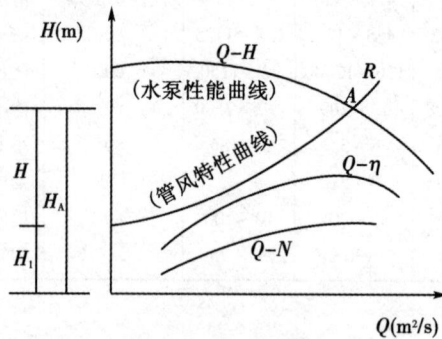

图 7-25　工况点的确定

④ 泵的配用电机。

泵的轴功率 N_z（kW）

$$N_Z = \frac{\rho \Delta Q \Delta H}{102 \Delta \eta} \tag{7-9}$$

式中，η——水泵的效率，一般为 $0.5 \sim 0.6$；

$\quad\quad Q$——每秒流量，m^3/s。

水泵配用的电机容量 N（kW）

$$N = K_A N_z \tag{7-10}$$

式中，K_A——电机容量安全系数，其值见表 7-2。

表 7-2　　　　　　　　　　　水泵配用电机容量且安全系数

水泵轴功率/kW	< 1.0	1 ~ 2	2 ~ 5	5 ~ 10	10 ~ 25	25 ~ 60	60 ~ 100	> 100
K_A	1.7	1.7 ~ 1.5	1.5 ~ 1.3	1.3 ~ 1.25	1.3 ~ 1.25	1.15 ~ 1.10	1.10 ~ 1.08	1.08 ~ 1.05

7.8.2　风机种类与选择

（1）风机种类

一般建筑工程中常用的通风机，按照其工作原理可分为离心式和轴流式两大类。相比之下，离心式风机的压头较高，可用于阻力较大的送排风系统；轴流式则风量大而压头较低，经常用于系统阻力小甚至无管路的送排风系统。

混流式又称作斜流式风机，是介于离心式和轴流式风机之间的近期应用较多的一种风机器。其压头比轴流风机高，而流量比同机号的离心风机大。输送的空气介质沿机壳轴向流动，具有结构紧凑、安装方便等特点。多用于锅炉引风机、建筑通风和防排烟系统中。

由于空调技术的发展，要求有一种小风量、低噪声、压头适当并便于与建筑相配合的小型风机——贯流式（又称横流式）风机。其动压高，可以获得无紊流的扁平而高速的气流，因而，多用于空气幕（热风幕）、家用电扇，并可作为汽车通风、干燥器的通风装置。

（2）风机的选用原则

① 根据风机输送气体的物理、化学性质的不同，如有清洁气体、易燃、易爆、粉尘、腐蚀性等气体之分，选用不同用途的风机；

② 风机的流量和压头能满足运行工况的使用要求。并应有 10%～20% 的富裕量；

③ 应使风机的工作状态点经常处于高效率区，并在流量 - 压头曲线最高点的右侧下降段上，以保证工作的稳定性和经济性；

④ 对有消声要求的通风系统，应首先选择效率高、转数低的风机，并应采取相应的消声减振措施；

⑤ 尽可能避免采用多台并联或串联的方式，当不可避免时，应选择同型号的风机联合工作。

（3）风机的选用

① 通风机的规格表示。机号，以风机叶轮直径的 d_m 值（尾数四舍五入）冠以符号"No"表示。例如，以No6 表示 6 号风机。风机的传动方式见表 7-3。

表 7-3　　　　　　　　　　　　　　通风机的六种传动方式

代号	A	B	C	D	E	F
离心通风机	无轴承，电机直联传动	悬臂支撑，皮带轮在轴承中间	悬臂支撑，皮带轮在轴承外侧	悬臂支撑，联轴器传动	双支撑，带在外侧	双支撑，联轴器传动
轴流通风机	无轴承，电机直联传动	悬臂支撑，皮带轮在轴承中间	悬臂支撑，皮带轮在轴承外侧	悬臂支撑，联轴器传动（有风筒）	悬臂支撑，联轴器传动（无风筒）	齿轮传动

② 风机的工作状态点。不考虑通风系统的吸风口和出风口处存在有静压差这一特殊情况，管网的特性曲线取决于管网的总阻抗，并用式（7-11）表示，即

$$P = S Q^2 \tag{7-11}$$

其呈抛物线向上，随流量的增大而增大，如图 7-26 所示。风机特性曲线和管网特性曲线的交点即为风机在管网中的工况点。

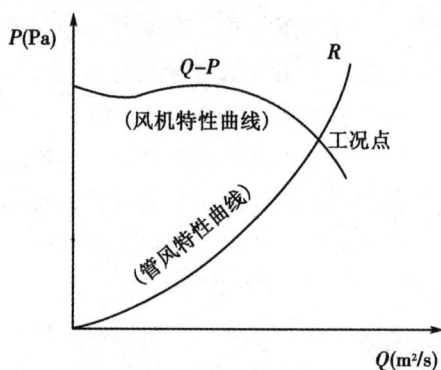

图 7-26　管网中风机的工况点

③ 风机的功率。风机所需的轴功率 N_Z（W）为

$$N_Z = \frac{QP}{3600\eta\eta_m} \tag{7-12}$$

式中，Q——风机所输送的风量，m^3/h；

$\quad\quad P$——风机所产生的风压（全压），Pa；

$\quad\quad \eta$——风机的全压效率；

$\quad\quad \eta_m$——风机的机械效率，见表 7-4。

配用电机的功率 N，可以按照式（7-13）计算：

$$N = KN_Z \tag{7-13}$$

式中，K——电动机容量安全系数，见表 7-5。

表 7-4　　　　　　　　　　　　　　　风机的机械效率 η_m　　　　　　　　　　　　　　%

传动方式	电动机直联	联轴器连接	三角皮带传动
η_m	100	98	95

表 7-5　　　　　　　　　　　风机配用电动机容量安全系数 K

电动机容量/kW	0.5	0.5 ~ 1.0	1 ~ 2	2 ~ 5	>5
K	1.5	1.4	1.3	1.2	1.13

④ 风机的比转数。风机的比转数 N_s，表示风机在标准状态下流量 Q（m^3/s）、压力 P（Pa）和转数 n（r/min）之间的关系，同一类型的风机，其比转数必然相等。

$$N_s = \frac{n Q^{0.5}}{\left(\dfrac{P}{9.8}\right)^{0.75}} \tag{7-14}$$

思考题与习题

7-1 试论述铸铁散热器与钢制散热器的区别。

7-2 试写出供暖散热器计算面积公式，并说明为什么要进行各项修正？

7-3 风机盘管按照出口静压分成哪两大类？风机盘管安装有哪些注意事项？风机盘管有哪些主要部件？

7-4 空气处理机组通常由哪几部分组成？其各自的功能是什么？

7-5 列举几种生活中常见的换热器。

7-6 试比较密闭式、半密闭式、开敞式排风罩的优缺点。

7-7 根据除尘机理的不同，除尘器可分为哪几类？

7-8 根据过滤效率的不同，空气过滤器有哪些主要类型？各有什么特点？各适用于什么场合？

7-9 风口的种类有哪些？

7-10* 某空气调节系统需要从冷水箱向空气处理室供水，最低水温为 $10℃$，要求供水 $35.8 \, m^3/h$，几何扬水高度为 $10m$，处理室喷嘴前应保证有 $20m$ 的压头。供水管路布置后经计算管路损失达 $696.5kPa$（$7.1mH_2O$）。为了使系统能随时启动，故将水泵安装位置设在冷水箱之下，试选择水泵。

7-11* 某地大气压为 $97.07 \, kPa$，输送温度为 $70℃$ 的空气，风量为 $11500 m^3/h$，管道阻力为 $2000 \, Pa$，试选用风机及应配用的电机。

第8章　典型建筑暖通空调系统设计

8.1　多层实验办公建筑供暖工程设计

8.1.1　建筑概况及室内外参数

供暖系统设计一般需进行如下的设计过程：列出室内外气象参数、建筑热工、形体构成条件，按照程序计算出房间供暖热负荷，散热器计算选用，确定室内供暖系统方式，进行系统水力计算，确定入户资用压头，展示出主要的平、系、节点图。

本项目为沈阳市某高校实验办公楼，建筑概况及围护结构传热系数见表8-1，室内外设计参数见表8-2。

表8-1　　　　　　　　　　　　　建筑概况及室内外参数

建筑概况					建筑围护结构传热系数（W/m²·℃）						
地点	建筑类别	层数	高度/m	建筑面积/m²	外墙	门、窗	屋顶	地面	地面	地面	地面
								I	II	III	IV
沈阳	实验、办公	5	22.7	5800.6	0.41	2.20	0.37	0.47	0.23	0.12	0.07

表8-2　　　　　　　　　　　　　室内外设计参数

室外设计参数		冬季供暖室内计算温度/℃			
冬季供暖室外计算温度	冬季室外平均风速	实验室	会议、办公	走廊	卫生间
−16.9℃	2.6m/s	18	18	16	16

8.1.2　系统设计

（1）热源及热媒参数

本建筑为实验办公用途，对室内温湿度环境无特殊严格要求，采用热水集中供暖，热水由换热站供应，系统供回水温度为70℃/50℃。

（2）室内供暖系统形式

该建筑不要求分层热量计量，建筑层高满足干管布置要求，系统形式采用上供下回垂直单管跨越式系统。供暖引入口设置于建筑中部，有利于系统分环，尽量平均分配环路热负荷，两环路作用半径相近，各环路采用同程式布置，有利于水力平衡。供水干管设置于顶层楼板下，明装敷设，坡度为 0.003。经验算，地面上和楼板下水平干管的安装高度符合要求。回水干管设置于底层地面上，过门及走廊处采用不通行地沟敷设，管道坡度为 0.003，地沟设有检查井方便检修。立管靠墙设置并尽量靠近墙角，不影响美观和少占用使用空间，立管上下设置阀门。

（3）热负荷计算

热负荷按照稳定传热连续供暖计算，热负荷计算示例见表 8-3。系统总热负荷为 208.5kW，室内供暖设计热负荷指标为 35.9W/m²。

（4）散热器选择计算

散热器采用 TZ4 - 6 - 5（四柱 760），其工作压力为 0.5MPa，传热系数为 $K = 2.503\Delta t_p^{0.298}$，散热面积为 0.235m²/片，散热器标准散热量为 129W/片（$\Delta t = 64.5℃$）。散热器供水支管设置恒温控制阀。散热器明装于外窗窗台下或靠近外墙设置。

如图 8-1 所示为一层烤种室散热器立管（图 8-2、图 8-3、图 8-4 中立管 L_j），以此立管为例进行散热器面积计算。设立管各段水温为 t_i，各层散热器出口水温为 t_i'。该立管管径组合为 DN25 × DN25 × DN20（立管 × 跨越管 × 散热器支管），立管流速为 0.22m/s，查得散热器进流系数 α 为 0.160。

① 立管各段水温计算。各层散热器放热量见表 8-4，立管总放热量为 7760W，按照式 $t_i = t_g - \dfrac{\sum_i^N Q_i}{\sum Q}(t_g - t_h)$，计算立管各段水温

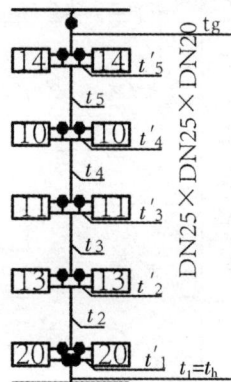

图 8-1 立管 L_j 计算图

$$t_5 = t_g - \frac{Q_5}{\sum Q}(t_g - t_h) = 70 - \frac{2015}{7760}(70 - 50) = 64.81 ℃$$

立管各段水温计算结果见表 8-4。

② 各层散热器出口水温计算。根据散热器支管连接形式，则有

$$2\alpha t_i' + (1 - 2\alpha)t_{i+1} = t_i$$

则

$$t_i' = \frac{t_i - (1 - 2\alpha)t_{i+1}}{2\alpha}$$

$$t_5' = \frac{t_5 - (1 - 2\alpha)t_g}{2\alpha} = \frac{64.81 - (1 - 2 \times 0.160) \times 70.00}{2 \times 0.160} = 53.78 ℃$$

各层散热器出口水温计算结果见表 8-4。

③ 各层散热器所需面积计算。

由式 $F = \dfrac{Q}{K(t_{pj} - t_n)}\beta_1\beta_2\beta_3$，根据散热器支管连接方式及安装方式，$\beta_2 = 1$，$\beta_3 = 1.02$，设 $\beta_1 = 1$，则各层散热器面积

表 8-3　　房间供暖设计热负荷计算表（节选）

房间编号	围护结构 类别	围护结构 面积 F / m²	传热系数 K / W/m²·℃	温差修正 α	室内外温差 $t_n - t_w$ / ℃	基本耗热量 Q' / W	朝向 X_{ch}	风向 X_f	$1+X_{ch}+X_F$	修正后 Q'' / W	高度 X_g	围护结构耗热 Q_1 / W	冷风渗透耗热 Q_2 / W	冷风侵入耗热 Q_3 / W	总耗热量 $Q_{cn}=Q_1+Q_2+Q_3$ / W	房间采暖设计热负荷 ΣQ_{cn} / W
1008（烤种室1）	南外墙	26.72	0.41	1		382	−0.25	0	0.75	287	0	287	0	0	287	
	南外窗（2）	2×5.28	2.20	1		811	−0.25	0	0.75	608	0	608	432	0	1040	
	地面 Ⅰ	14.40	0.47	1	34.9	236	0	0	1.00	236	0	236	0	0	236	1764
	地面 Ⅱ	14.40	0.23	1		116	0	0	1.00	116	0	116	0	0	116	
	地面 Ⅲ	14.40	0.12	1		60	0	0	1.00	60	0	60	0	0	60	
	地面 Ⅳ	10.08	0.07	1		25	0	0	1.00	25	0	25	0	0	25	
2008（自习室）	南外墙	26.72	0.41	1	34.9	382	−0.25	0	0.75	287	0	287	0	0	287	1327
	南外窗（2）	2×5.28	2.20	1		811	−0.25	0	0.75	608	0	608	432	0	1040	
5020（实验室）	北外墙	15.93	0.41	1		228	0.10	0	1.10	251	0	251	0	0	251	
	北外窗（2）	2×4.32	2.2	1	34.9	663	0.10	0	1.10	729	0	729	466	0	1195	2048
	屋面	46.62	0.37	1		602	0	0	1.00	602	0	602	0	0	602	

一层各房间热负荷为70291W；二、三、四层采暖热负荷为31805W；五层采暖热负荷为49453W；建筑总采暖热负荷为208483W。

注：① 其余房间热负荷计算方法同此表，计算过程略。

② 门窗缝隙冷风渗透耗热量采用缝隙法计算。

③ 外门冷风侵入耗热量采用外门附加率计算，附加率65n%。

$$F_5 = \frac{Q_5}{2.503 \, (t_{pj5} - t_n)^{1+0.298}} \beta_1 \beta_2 \beta_3$$

$$= \frac{2015}{2.503 \times [(70.00 + 53.77)/2 - 18]^{1.298}} \times 1 \times 1 \times 1.02 = 6.06 \text{ m}^2$$

④ 散热器片数计算。取整按照进位方法，该建筑供暖系统散热器总量为 3012 片，散热器计算结果见表 8-4。

表 8-4　　　　　　　　　　　　立管 L_j 散热器计算

散热器所在楼层数	散热器放热量/W	立管各段水温 t_i/℃	第 i 层散热器出口水温 t_i'/℃	散热器面积/m^2	每组片数	各层片数
5	2015（双侧）	64.81	53.78	6.06（双侧）	14	644
4	1327（双侧）	61.39	54.12	4.30（双侧）	10	433
3	1327（双侧）	57.97	50.70	4.81（双侧）	11	498
2	1327（双侧）	54.55	47.28	5.43（双侧）	13	570
1	1764（双侧）	50.00	40.33	8.91（双侧）	20	867
合计	7760	—	—	29.51	68	3012

（5）水力计算

该实验楼不要求室温的严格控制与调节，采用等温降的水力计算方法。选定东侧环路为最不利环路，外网在热力入口处资用压力为 50kPa，资用压力足够大，控制最不利环路比摩阻在 60～120Pa/m，最不利环路总阻力损失 10425.7Pa。控制最近环路与最远环路不平衡率不超过 ±5%，其余立管不平衡率不超过 ±10%。最不利环路水力计算见表 8-5。

（6）供暖系统入口参数

系统工作压力为 0.4MPa，设计热负荷为 208.5kW，阻力损失 10.4kPa。供暖入口设置热计量装置，参见标准图集《居住建筑供暖热计量系统设计安装》（辽标 2009T907—15），并于回水管上安装静态水力平衡阀。

（7）供暖系统平面图和供暖系统图

供暖系统平面图见图 8－2 和图 8－3；供暖系统图见图 8-4 和图 8-5。

（8）供暖方式比较

依据现行设计标准可采用表 8-6 所示的系统形式：

对比表 8-6 中的系统形式，本建筑为实验办公用公共建筑，不需分层热量计量，每层房间数量较多且各层房间分割不同，屋顶和地面设置水平干管不受限制，若采用水平式系统，各层地面管路布置不便，且绕柱过多。建筑层数为 5 层，不适于采用单双管系统，为了避免垂直失调，不适于采用垂直双管系统。上分式全带跨越管的垂直单管系统管路布置简单、造价低，可分室控制温度，可减轻垂直失调，所以，本建筑采用上供下回单管跨越式系统。

表 8-5 系统最不利环路水力计算表

管段编号	负荷 Q/W	流量 $G/(kg/h)$	长度 L/m	管径 D/mm	流速 $v/m/s$	比摩阻 $R/(Pa/m)$	局阻系数 $\sum \xi$	动压头 $\Delta P_d/Pa$	沿程阻力 $\Delta P_y/Pa$	局部阻力 $\Delta P_j/Pa$	总阻力 $\Delta P/Pa$
1	208483	8964.77	40.7	80	0.49	39.46	4.5	118.04	1606.0	531.2	2137.2
2	106914	4597.30	7.3	70	0.36	26.31	3.5	63.72	192.1	223.0	415.1
3	96222	4137.55	4.2	50	0.51	75.62	1.0	127.88	317.6	127.9	445.5
4	85530	3677.79	7.2	50	0.47	61.22	1.0	108.60	440.8	108.6	549.4
5	74838	3218.03	6.5	50	0.41	47.86	1.0	82.65	311.1	82.6	393.7
6	69492	2988.16	4.8	50	0.38	41.56	1.5	70.99	199.5	106.5	306.0
7	64146	2758.28	2.2	50	0.35	34.86	1.0	60.23	76.7	60.2	136.9
8	58800	2528.40	2.7	50	0.32	29.28	1.0	50.34	79.1	50.3	129.4
9	53454	2298.52	0.8	40	0.49	31.21	1.0	118.04	25.0	118.0	143.0
10	48108	2068.64	3.2	40	0.44	72.55	1.0	95.18	232.2	95.2	327.3
11	42762	1838.77	7.7	40	0.39	60.85	1.5	74.78	468.5	112.2	580.7
12	37416	1608.89	6.5	40	0.34	46.47	1.0	56.83	302.1	56.8	358.9
13	32070	1379.01	0.7	32	0.38	68.21	1.0	70.99	47.7	71.0	118.7
14	21378	919.25	3.9	32	0.25	31.94	2.0	30.73	124.6	61.5	186.0
15	16032	689.38	8.2	25	0.34	77.36	1.0	56.83	634.4	56.8	691.2
16	10686	459.50	7.2	25	0.22	36.76	1.0	23.80	264.7	23.8	288.5
17	10686	459.50	34.8	25	0.22	36.76	64.4	23.80	1279.2	1532.4	2811.7
18	106914	4597.30	0.6	70	0.36	26.31	1.0	63.72	15.8	63.7	79.5
19	208483	8964.77	3.8	80	0.49	39.46	1.5	118.04	149.9	177.1	327.0
最不利环路计算总阻力：10425.7Pa											10425.7

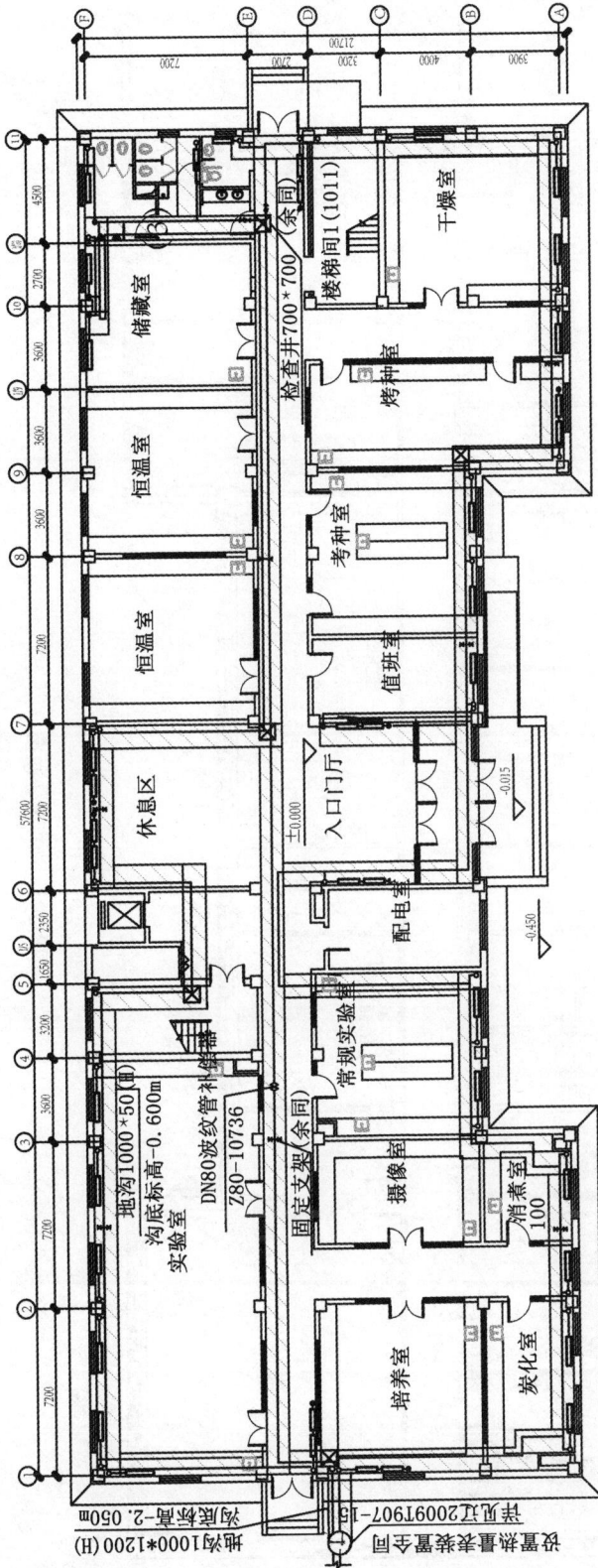

图8-2 一层供暖平面图

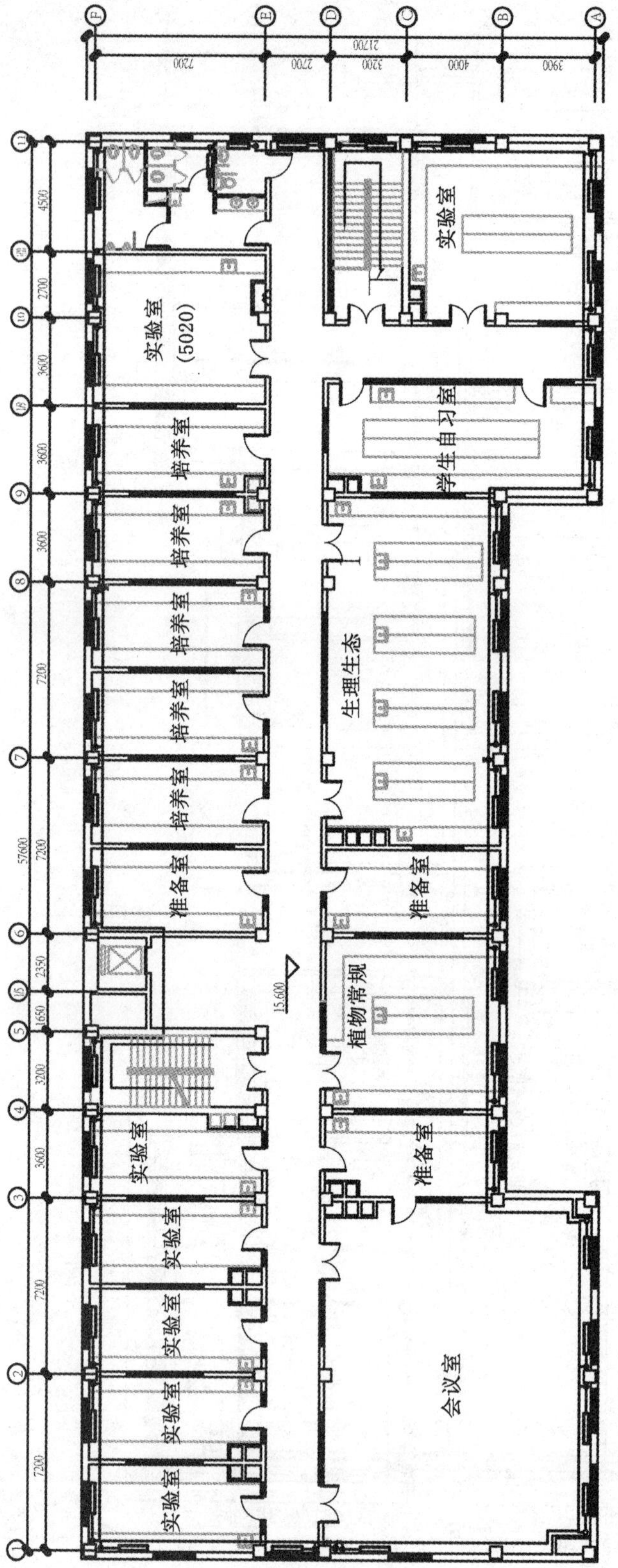

图8-3 五层供暖平面图

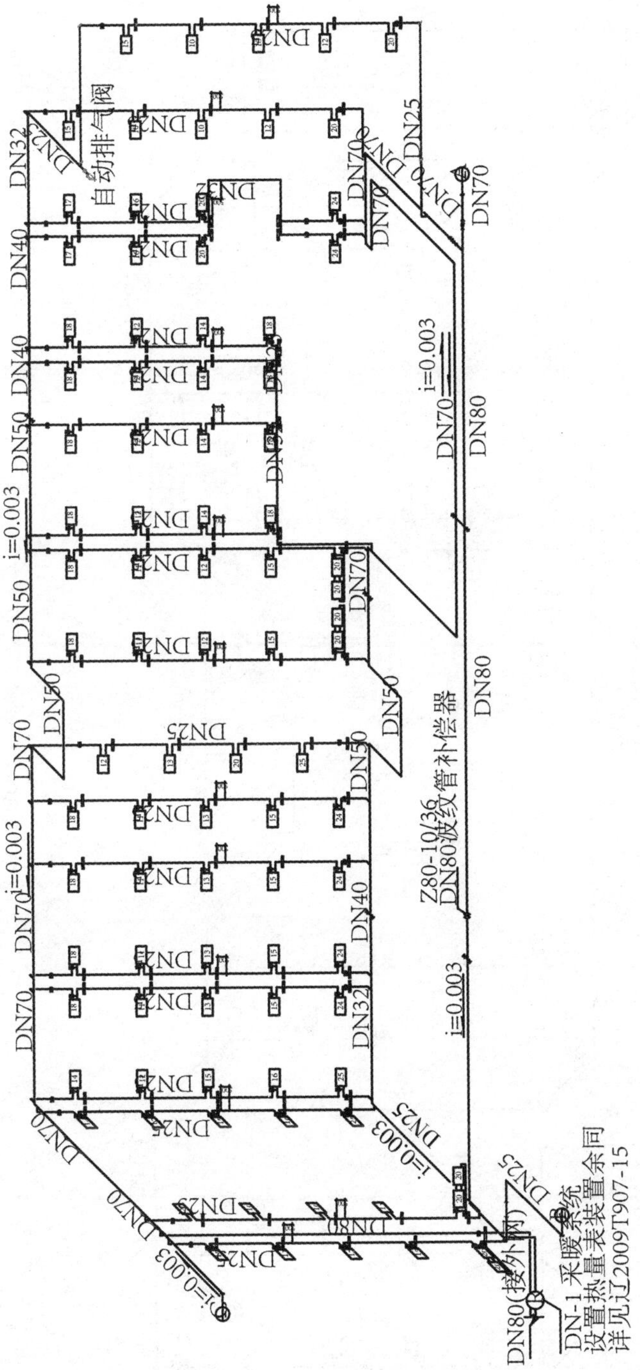

图8-4　供暖系统图（一）

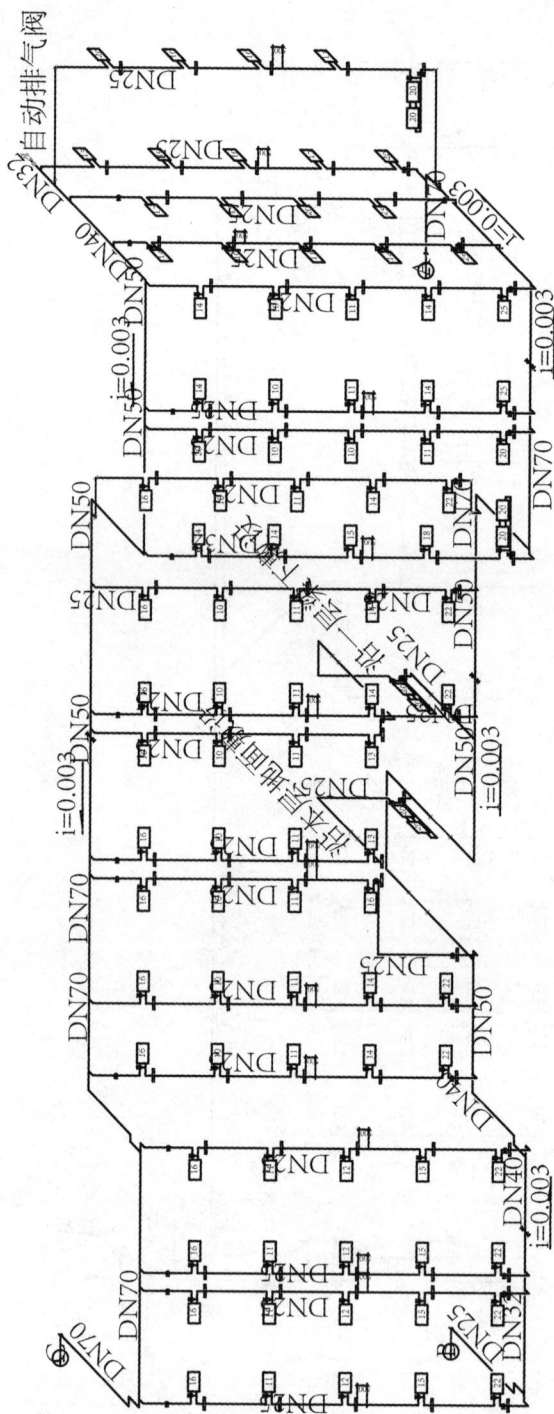

图8-5 供暖系统图（二）

表 8-6　　　　　　　　　　　　　　供暖系统形式比较

序号	系统形式	适用范围	特点
1	上/下分式垂直双管	室温有调节要求的四层以下建筑	① 室温可调节； ② 上分式排气方便、下分式排气不便； ③ 易产生垂直失调
2	下分式水平双管	室温有调节要求，敷设立管不便的建筑	① 室温可调节； ② 排气不便； ③ 易产生垂直失调； ④ 立管少，美观
3	上分式垂直单双管	八层以上建筑	① 避免垂直失调现象； ② 可解决散热器支管过大问题； ③ 克服单管顺流系统不能调节问题
4	上分式全带跨越管的垂直单管；	多层建筑和高层建筑；	① 可解决建筑层数过多垂直失调问题； ② 克服单管顺流系统不能调节问题； ③ 系统简单，造价低于双管
5	下分式全带跨越管的水平单管	单层建筑或不能敷设立管的多层建筑，且散热器组数过多时	① 经济、美观、安装简便； ② 每组散热器可调节； ③ 排气不便

8.2　高层住宅建筑供暖工程设计

8.2.1　建筑概况及室内外参数

本项目为沈阳某花园小区住宅楼，地上共 18 层，总建筑面积为 $10028.6m^2$，建筑高度为 59.4m。建筑概况及围护结构的传热系数见表 8-1。

表 8-7　　　　　　　　　　　　建筑概况及围护结构参数

建筑概况					建筑围护结构传热系数/W/（$m^2 \cdot ℃$）					
地点	建筑类别	层数	高度/m	建筑面积/m^2	外墙	外窗	屋顶	外门	户门	楼梯间隔墙
沈阳	住宅	18	59.4	10028.6	0.42	1.90	0.32	1.90	1.50	0.96

8.2.2　供暖系统设计

（1）供暖热源

供暖的供回水由地下换热站供给，供暖系统供回水温度为 50℃/40℃。

（2）供暖系统分区

本住宅建筑 18 层，高度为 59.4m，为保证系统压力状况符合要求，供暖系统分两个区，低区为 1~9 层，工作压力为 0.45MPa；高区为 10~18 层，工作压力为 0.7MPa。高、低区供暖热媒分别由地下换热站供应。

（3）供暖系统形式

本建筑为住宅，换热站供应 50℃/40℃ 的热水，从分户热计量和热舒适角度考虑，采用在楼梯间管井设单元立管的下供下回式分户供暖系统，户内系统采用分、集水器式的低温热水地板辐射系统。

（4）气象及设计参数

室内外设计参数见表8-8。

表8-8 室内外设计参数

室外设计参数		冬季供暖室内计算温度			
冬季供暖室外计算温度	冬季室外平均风速	卧室	带浴盆卫生间	客厅	厨房
-16.9℃	2.6m/s	18℃	25℃	18℃	14℃

（5）热负荷计算

热负荷按照稳定传热连续供暖计算，供暖设计热负荷指标为 $q=25.0W/m^2$。

（6）供暖管道系统

该住宅有两个单元，按照单元分别设置供暖入口，每个入口分低区和高区两个系统。西侧单元设 DN-1 低区供暖系统和 GN-1 高区供暖系统，东侧单元设 DN-2 低区供暖系统和 GN-2 高区供暖系统。供暖管道入口位于建筑南侧，东、西入口分别由9轴和10轴之间、14轴和15轴之间进入地下设备夹层，在 F 轴和 G 轴之间分别引入东西两侧楼梯间前室的供暖管道井之中，低区系统供1~9层供暖，高区系统供10~18层供暖，高低区单元立管均采用异程式系统，立管顶端设自动排气阀。供暖引入干管及单元立管系统参见地下设备夹层供暖入口平面图（图8-6）及单元立管系统（图8-10）。

各层分户支管由单元立管引出，经分户表箱，供回水管路沿各层地面沟槽引致各户设置于厨房内的分、集水器。单元分户支管系统参见标准层供暖平面图（图8-7）及供暖系统图（三）（图8-11）。在分户箱内设户用热表，分户热量表为 SONOMETER 型超声波热量表，规格为 DN15，常用流量 Q_p 为 1.5m³/h，工作压力为 1.0MPa。

户内系统分、集水器设置于厨房，供水管由分水器引出，地热盘管环路按照室划分，每环路采用恒温控制阀自动调节室温，恒温控制阀型号为V240T06，回水管接至集水器。各户型户内系统见标准层地热盘管平面布置图（图8-8）。

供暖系统平面图见图8-6~图8-8，供暖系统图见图8-9~图8-11。四个供暖系统中，DN-2 与 DN-1 系统对称，GN-2 与 GN-1 系统对称，系统图中只画出 DN-1 和 GN-1系统。

（7）供暖入口装置及主要参数

本建筑两个单元分设供暖入口，每个入口分高低两个供暖分区，共分四个供暖系统，供暖入口设热量表，入口装置详见辽 2009T907—15。各系统参数见表8-9。

表8-9 供暖系统主要参数

系统序号	设计热负荷/kW	阻力损失/kPa	热量表型号规格	热量表参数
DN-1	73.8	43.1	DN50	$Q_p=15m^3/h$ 工作压力 1.0MPa
GN-1	51.8	48.5	DN50	$Q_p=15m^3/h$ 工作压力 1.6MPa
DN-2	73.8	43.1	DN50	$Q_p=15m^3/h$ 工作压力 1.0MPa
GN-2	51.8	48.5	DN50	$Q_p=15m^3/h$ 工作压力 1.6MPa

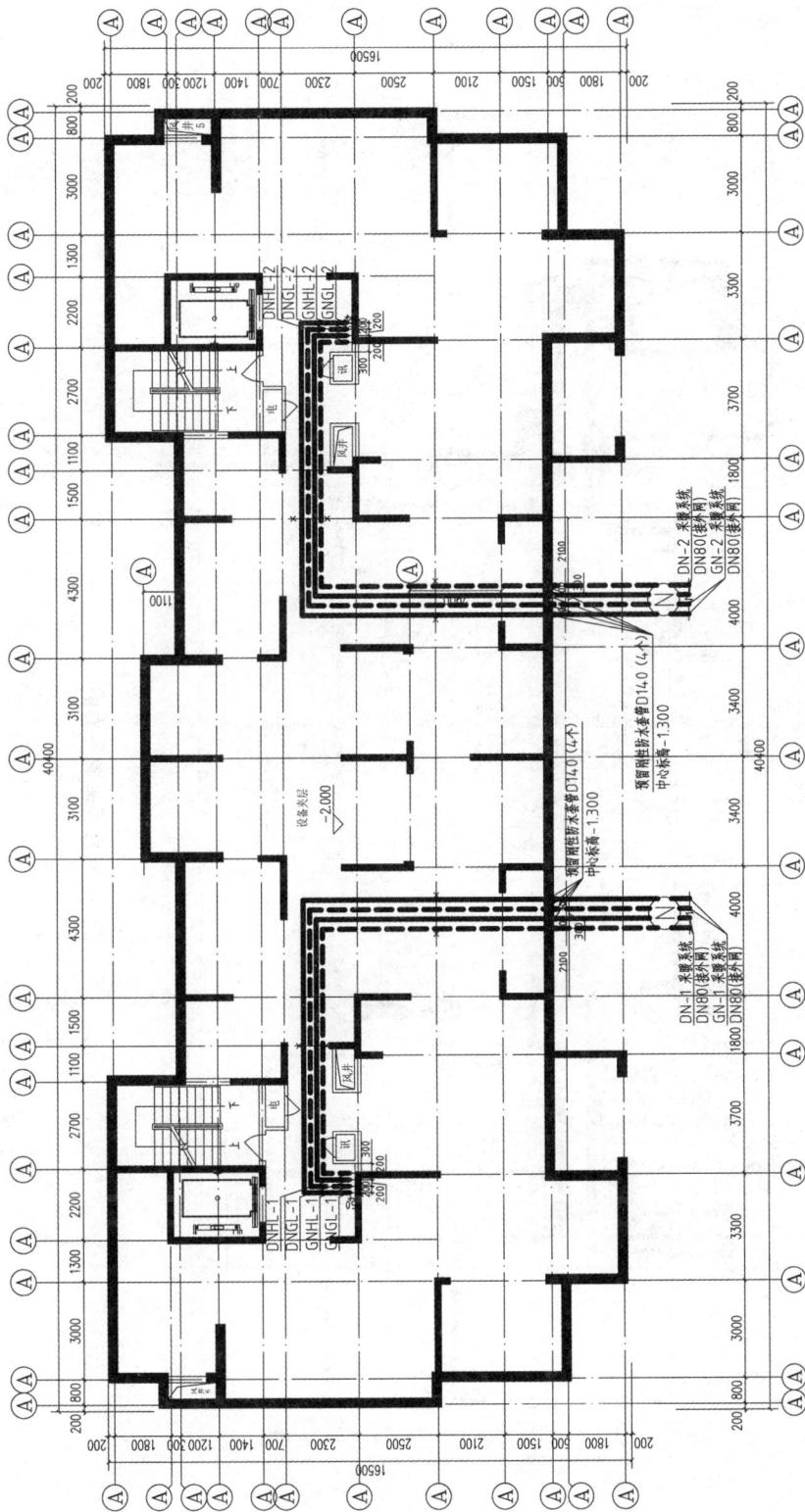

图 8-6　地下设备夹层采暖入口平面图

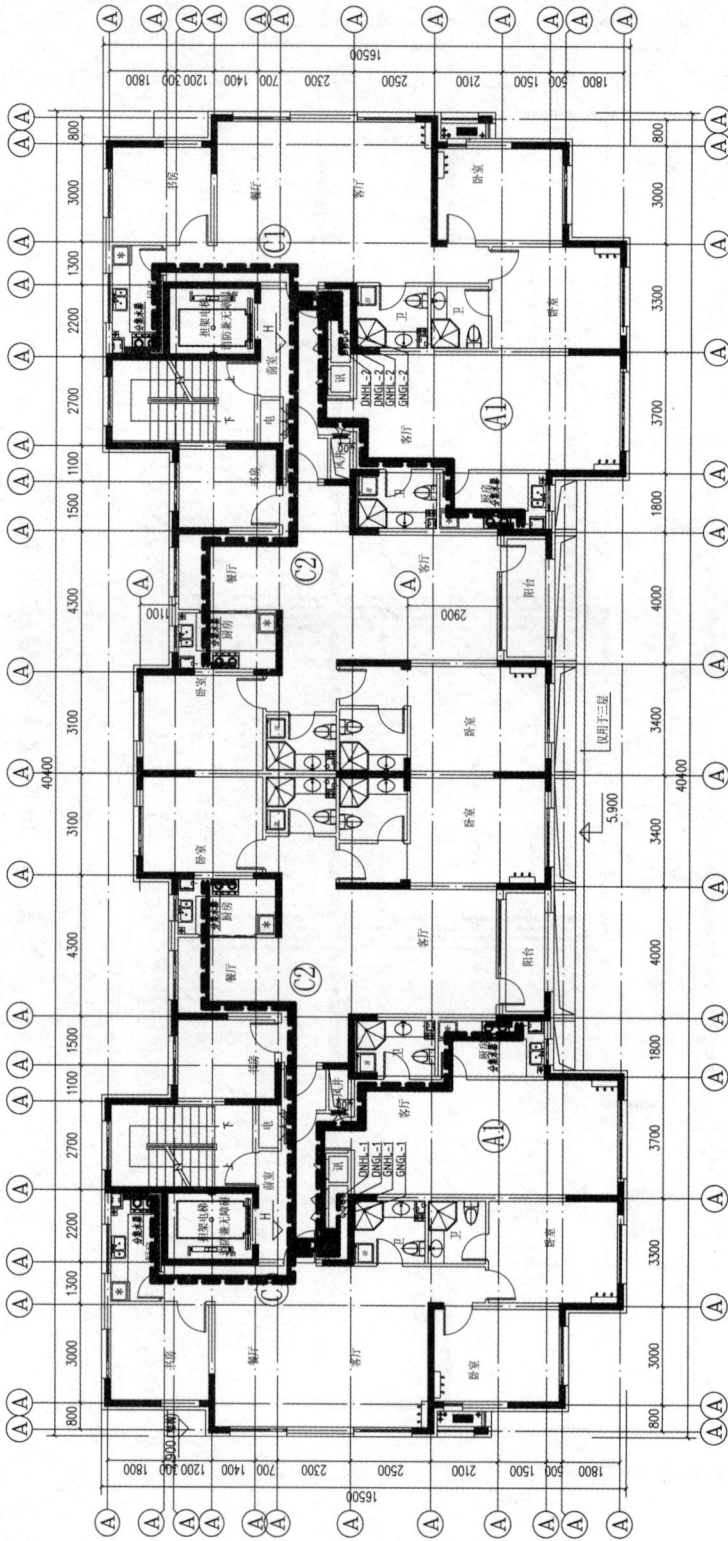

图8-7 标准层采暖平面图

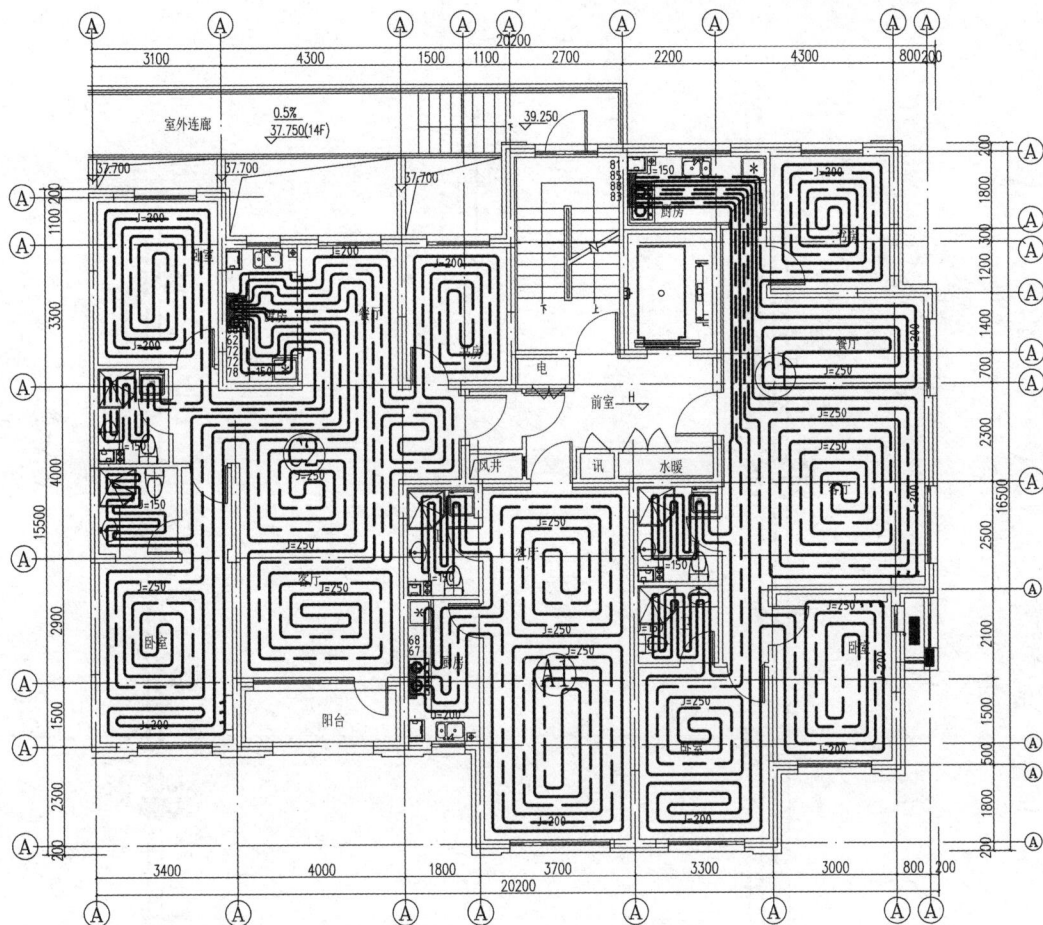

图 8-8　标准层地热盘管平面布置图

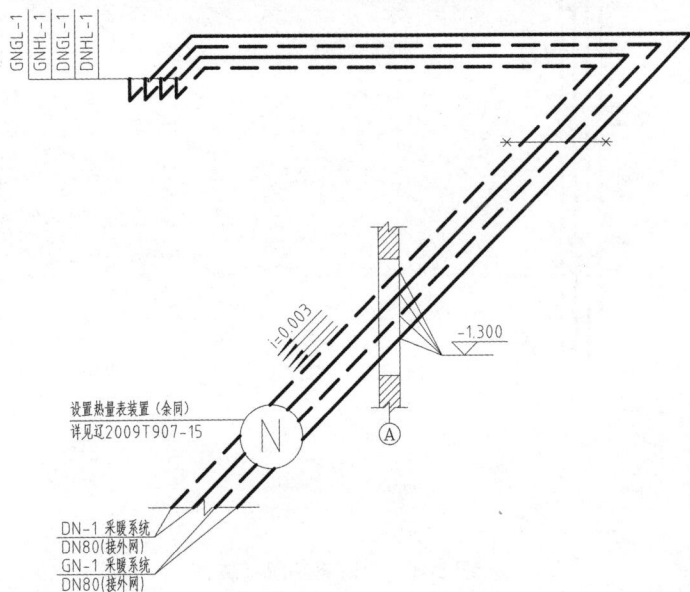

图 8-9　供暖系统图（一）

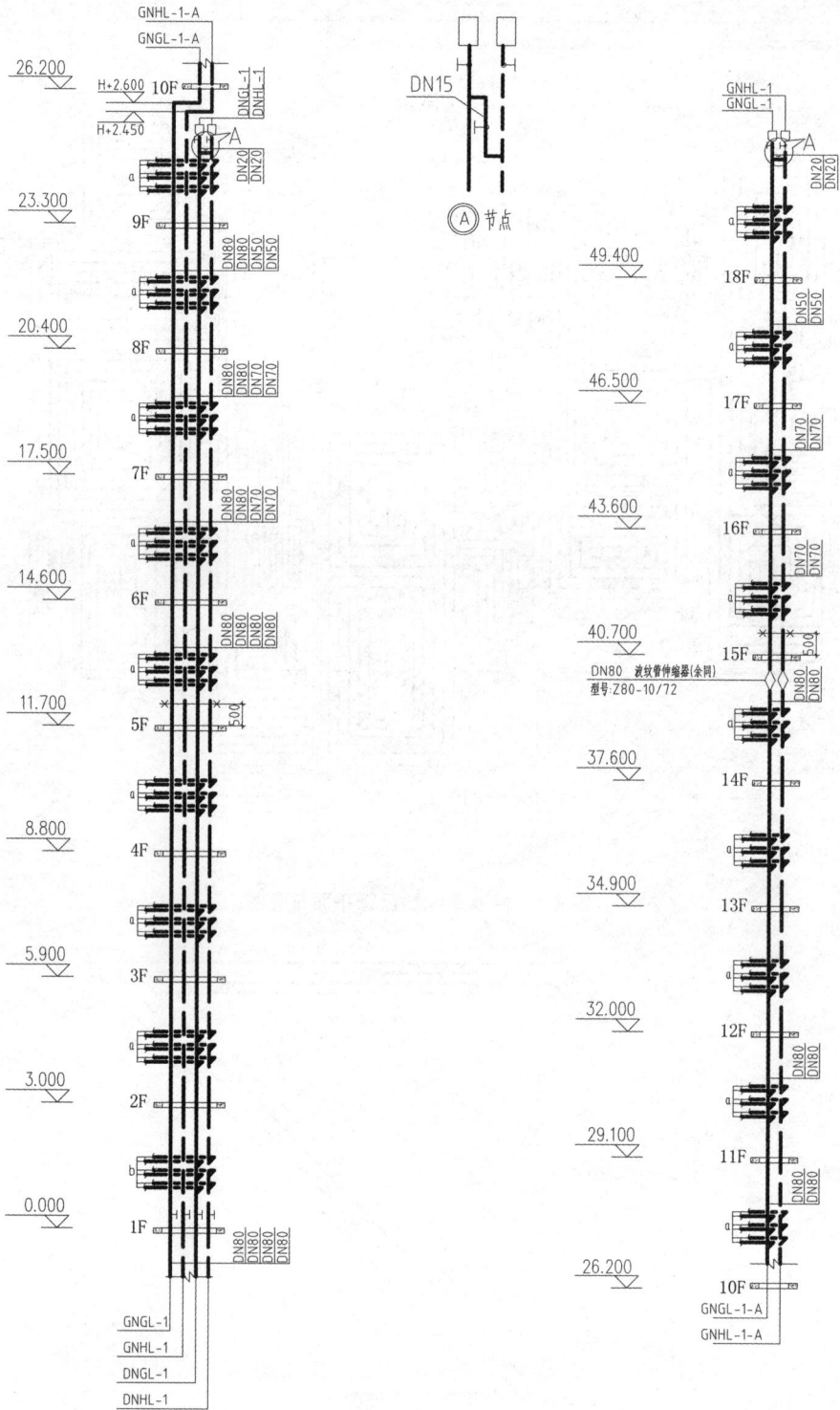

图 8-10　供暖系统图（二）

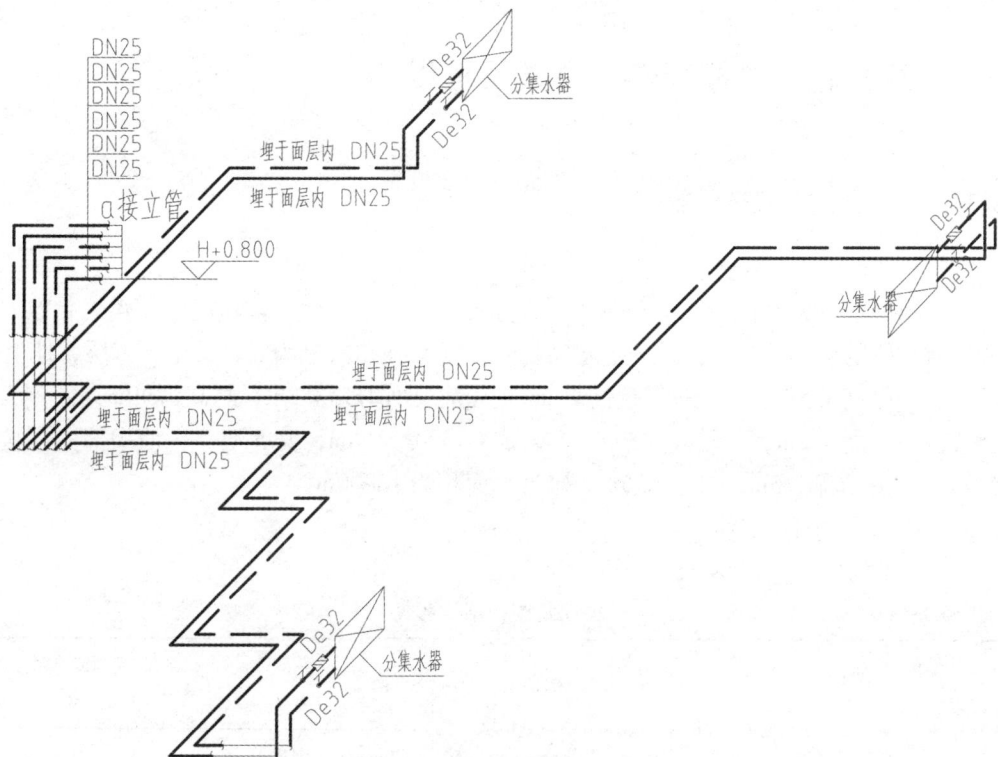

图 8-11　供暖系统图（三）

8.2.3　不同类型建筑室内供暖设计比较

表 8-10　　　　　　　　不同建筑类型供暖系统特点比较

对比项目	实例一	实例二
建筑功能、层数	实验办公，多层（5 层）	住宅，高层（18 层）
建筑要求	室温不要求严格控制，无需分室或分层调节室温及热计量	舒适度要求稍高，分室控温，分户热计量
是否需要上下分区	层数少，不需要分区	高层建筑易产生垂直失调和超压问题，需要分区
所选择系统形式	上供下回垂直单管跨越式，系统南北分环，散热器供暖	设置单元立管的低温热水地板辐射供暖，分高低两个供暖分区
系统形式特点	可有限地调节室温，克服单管顺流系统不能调节问题，系统简单，造价低，施工方便，可南北分环调节，入口设热计量装置，便于维修	上下分区解决垂直失调及系统超压问题，地板辐射供暖舒适度高、提高脚感温度、节能、占建筑面积少、洁净，可分室调节室温，分户设置热计量装置，便于供暖管理
供暖热媒	低温热水，70℃/50℃	低温热水，50℃/40℃
系统设计适宜程度	适宜	适宜

8.3 综合性公共建筑中央空调工程设计

8.3.1 建筑概况与设计参数

8.3.1.1 建筑概况

沈阳某科技大厦在功能上是集宾馆、办公、学术报告厅、多功能厅、娱乐餐饮、商务等为一体的综合性公共建筑。建筑特征：面向科技园右侧为宾馆，地下1层，地上12层，一层层高4.5m，二、三层层高4.2m，其余层高均为3.3m，总高为49m；左侧为办公楼，一层高4.2m，五层高3.9m，其余2~4层高3.6m，共5层；正面中部大厅楼分为两层，一层高4.5m，二层高6m。建筑总面积为15000m²。

8.3.1.2 设计条件

（1）围护结构如表8-11。

表8-11 建筑围护结构形式

围护结构名称	围护结构做法	传热系数 K /（W/m²·K）
外墙	从外至内：抹面胶浆6mm+聚苯板40mm+砖墙370mm+水泥砂浆15mm；壁厚431mm，保温层40mm	0.63
外窗	塑钢中空玻璃窗	2.60
	PVC框+Low-E中空玻璃窗	2.40
屋面	从上至下：碎石软石混凝土2200mm，25mm厚，通风层200mm，防水层5mm，水泥砂浆20mm，保温层（水泥膨胀珍珠岩）100mm，隔汽层5mm，水泥砂浆20mm，钢筋混凝土空心板240mm，内粉刷20mm	0.59

（2）室内设计参数见表8-12。

表8-12 室内设计参数

房间名称	夏季			冬季			新风量	噪声级
	t/℃	φ/%	v/(m/s)	t/℃	φ/%	v/(m/s)	L/[m³/(h·p)]	G/[A(dB)]
KTV包间	26	55	≤0.25	20	50	≤0.15	30	45
餐厅	26	55	≤0.25	18	50	≤0.15	30	45
会议室	26	65	≤0.25	18	50	≤0.15	30	45
客房	26	55	≤0.25	20	50	≤0.15	30	45
办公室	26	55	≤0.25	20	45	≤0.15	30	45
精品屋	26	65	≤0.25	18	50	≤0.15	20	50
商务中心	26	65	≤0.25	20	50	≤0.15	20	45

续表 8-12

房间名称	夏季			冬季			新风量	噪声级
	$t/℃$	$\phi/\%$	$v/(m/s)$	$t/℃$	$\phi/\%$	$v/(m/s)$	$L/[m^3/(h·p)]$	$G/[A(dB)]$
宾馆大堂	26	65	≤0.25	16	50	≤0.15	20	45
报告厅	26	65	≤0.25	16	50	≤0.15	20	45
休息室	26	65	≤0.25	20	50	≤0.15	20	45

（3）室外气象参数如下

① 室外计算干球温度：冬季空调 – 22℃；冬季通风 – 12℃；夏季空调 31.4℃；夏季通风 26℃。

夏季空调室外计算湿球温度：25.4℃。

② 室外计算相对湿度：最热月月平均 78%；最冷月月平均 64%。

③ 室外风速：冬季平均 3.1m/s；夏季平均 2.9m/s。

（4）动力与能源资料

① 工业动力用电；

② 热媒为 95℃～70℃热水，由外网供给；冷媒为 7℃～12℃冷水，由自备集中冷冻机房供给。

8.3.2　系统设计

8.3.2.1　冷负荷计算与末端设备选型

根据暖通空调技术措施，按照建筑物空调房间面积估算冷负荷及其末端设备选型，见表 8-13。

表 8-13　　冷负荷及其末端设备选型

建筑部位	楼层与房间编号	面积层高	楼层体积	冷指标/(W/m²)	冷负荷/(W)	新风量/(m³/h)	新风机组型号与台数	风机盘管型号与台数			
								FP-02	FP-03	FP-04	FP-06
左部办公楼	五层办公 501～508	1137 3.9	4434	73	83001	3244	ZK30 1台	2	7	21	0
	四层办公 401～412	1137 3.6	4093	48	54534	3228	ZK30 1台	5	17	6	0
	三层办公 301～310	1137 3.6	4093	48	54534	3228	ZK30 1台	5	17	6	0
	二层办公 201～212	1137 3.6	4093	50	56474	3228	ZK30 1台	5	19	4	0
	一层办公 101～112	1098 4.2	4611	77	84696	3665	ZK30 1台	0	11	7	9
	左部合计	5646		59	333239	16593		17	71	44	9

续表 8-13

建筑部位	楼层与房间编号	面积层高	楼层体积	冷指标/(W/m²)	冷负荷/(W)	新风量/(m³/h)	新风机组型号与台数	FP-02	FP-03	FP-04	FP-06
右部宾馆楼	12层客房 1201~1217	670 3.3	2211	53	35451	1026	XK-02 1台	0	17	0	0
	11层客房 1101~1117	663 3.3	2188	45	29585	1026	XK-02 1台	17	0	0	0
	10层客房 1001~1017	663 3.3	2188	45	29585	1026	XK-02 1台	17	0	0	0
	9层客房 901~917	663 3.3	2188	45	29585	1026	XK-02 1台	17	0	0	0
	8层客房 801~817	663 3.3	2188	45	29585	1026	XK-02 1台	17	0	0	0
	7层客房 701~717	663 3.3	2188	45	29585	1026	XK-02 1台	17	0	0	0
	6层客房 601~617	663 3.3	2188	45	29585	1026	XK-02 1台	17	0	0	0
	5层客房 501~517	663 3.3	2188	45	29585	1026	XK-02 1台	17	0	0	0
	4层客房 401~417	705 3.3	2326	28	20043	1026	XK-02 1台	17	0	0	0
	3层客房 301~317	1102 4.2	4628	53	58321	6362	XK-03 1台	4	16	0	4
	2层客房 201~212	1197 4.2	5027	98	117737	7230	XK-06 1台	0	10	13	10
	1层客房 101~109	1236 4.5	5562	105	129437	3978	XK-02 1台	2	1	8	20
	右部合计	9551		64	568084	26804		142	44	21	34
中部大厅及房间	2层大厅及房间 201~205	930 4.5	4185	145	134487	6570	ZK20				
	1层大厅及房间 101~105	930 6	5580	148	137866	6698	ZK30				
	中部合计	1860		146.4	272353	13268					
	全楼合计	17057		68.8	1173676	56665					

8.3.2.2　空调方案分析与选定

空调方案选择要根据建筑物的功能用途、规模、结构特征、连续或间歇使用等因素综合确定。本建筑物由宾馆楼、办公楼和中部大厅三部分组成。

（1）宾馆、办公两部分建筑空调方案

由间隔不大的多个房间单元体组成，空间也不大，使用时间有一定的连续性，这两部分适合于采用风机盘管系统＋新风机组系统的方案，这种方案风机盘管安设在空调房间内直接制冷与制热。

宾馆 4～12 层上下客房对应，有管道竖井，空调水管路适合采用垂直双管形式布置；宾馆楼 1～4 层与办公楼 1～5 层相对楼层上下房间不对应，空调水管路适合采用水平双管形式布置，在各层楼梁下敷设。

本设计采用单设新风机组系统独立送风供给室内，新风机组安设在各楼层走廊内，通过管道向各房间送新风。这种方案又分两种情况：一种是新风负担室内负荷，另一种是新风不负担室内负荷，结合情况对各房间风机盘管与新风机进行负荷分配，本设计采用新风不负担室内负荷。

（2）中部大厅及房间空调方案

一层入口大厅、过厅、多功能厅及附属房间，二层学术报告厅及附属房间，总体两层具有厅房面积大、空间大、使用间歇较长、使用时人员聚集的特点，这部分建筑适合采用全空气系统的方案。这种方案的室内负荷全由处理过的空气负担，空气比热、密度小，需要的空气量多，风道断面大，输送耗能大。这种全空气系统又分几种：混合式、一次回风与二次回风系统，结合情况采用，本设计采用一次回风系统。

8.3.2.3　主要空调设备选型与布置

（1）空调冷热源设备选型与布置

根据空调负荷量，有关设备选型如下。

① 2 台高效水冷螺杆冷水机组，其型号规格参数为：LSBLG7601，$Q_冷 = 757\text{kW}$，$N = 160\text{kW}$；

② 冷冻水循环泵 TQL100－1600（Ⅰ）A，$G = 140\text{m}^3/\text{h}$，$H = 25\text{m}$；

③ 冷却水循环泵 TQL150－315A，$G = 1871\text{m}^3/\text{h}$，$H = 22\text{m}$；

④ 螺旋盘管水－水换热器，公称直径 $DN = 300\text{mm}$，$G = 69.65\text{t/h}$，$Q = 0.81\text{MW}$；

⑤ 热水循环泵 TQR100－160A，$G = 65.4\text{m}^3/\text{h}$，$H = 28\text{m}$；

⑥ 分水器 $DN = 250\text{mm}$，$L = 2630\text{mm}$；

⑦ 集水器 $DN = 250\text{mm}$，$L = 2630\text{mm}$；

主要的冷热源设备安装于宾馆楼地下室冷热源机房内。

⑧ 低噪音集水型逆流玻璃钢冷却塔 2 台，DBNL3J－350，$G_水 = 395\text{m}^3/\text{h}$；$L_风 = 187400\text{m}^3/\text{h}$，$N = 11\text{kW}$；

⑨ 膨胀水箱：方形，尺寸：1400×1400×1600（高）。

（2）组合式空调机组选型与布置

根据中部一、二层大厅及附属房间空调负荷，分别机组选型如下。

① ZK30 机组一台，$G_风 = 30000\text{m}^3/\text{h}$，6 排管，$Q_冷 = 233\text{kW}$，$Q_热 = 334\text{kW}$，$H_全 = 970\text{Pa}$，$N = 18.5\text{kW}$；布置在中部大厅一楼机房 1 内。

② ZK20 机组一台，$G_风 = 20000\text{m}^3/\text{h}$，6 排管，$Q_冷 = 180.8\text{kW}$，$Q_热 = 223\text{kW}$，$H_全 = 930\text{Pa}$，$N = 9\text{kW}$；布置在中部大厅三楼机房 2 内。

（3）空调末端设备的选型与布置

① 风机盘管选型与布置见大厦房间楼层负荷与末端设备负荷概算选型表。

② 新风机组选型与布置见大厦房间楼层负荷与末端设备负荷概算选型表。

8.3.2.4　空调水系统走向流程与敷设

空调冷热源设备主要设置安装在宾馆楼地下室机房内，冷源靠两台冷水机组的制冷系统，供回水温度 7 ~ 12℃；热源靠一台水 – 水换热器的制热系统，供回水温度 60℃ ~ 50℃；在机房内夏、冬季进行冷、热水切换，空调水、风系统的空调冷、热负荷，实现大厦各处室内空调的制冷制热效果。

机房内夏季制冷系统产生的冷源水、冬季制热系统产生的热源水都是通过分水器各供水管路流向大厦各处，进行空调制冷、制热，确保全年的室内空调温、湿度；然后将大厦各处已释放过空调冷、热能量的回水通过回水管路回到机房集水器，再回到制冷或制热系统，进行循环制冷、制热，确保大厦各处房间所需要的温、湿度。

大厦由右部宾馆楼、中部大厅楼、左侧办公楼组成，从宾馆楼地下室机房分、集水器出来的供回水管路共分四大环路，第一环路与宾馆楼 1 ~ 3 层供回水总管路相连接，管径 DN150，第二环路与宾馆楼 4 ~ 12 层供回水总管路相连接，管径 DN125；第三环路与中部大厅空调机房 1 和空调机房 2 的两台组合式空调机组总管路相连接，管径 DN125；第四环路与左侧办公楼 1 ~ 5 层供回水总管路相连接，管径 DN150。管路尽量敷设于竖井、梁下吊顶内、室内地沟等，结合实际进行敷设。

8.3.2.5　主要设计图纸

① 空调水、风平面图，见图 8-12 ~ 图 8-18。

② 空调制冷机房平面图、系统图，见图 8-19 和图 8-20。

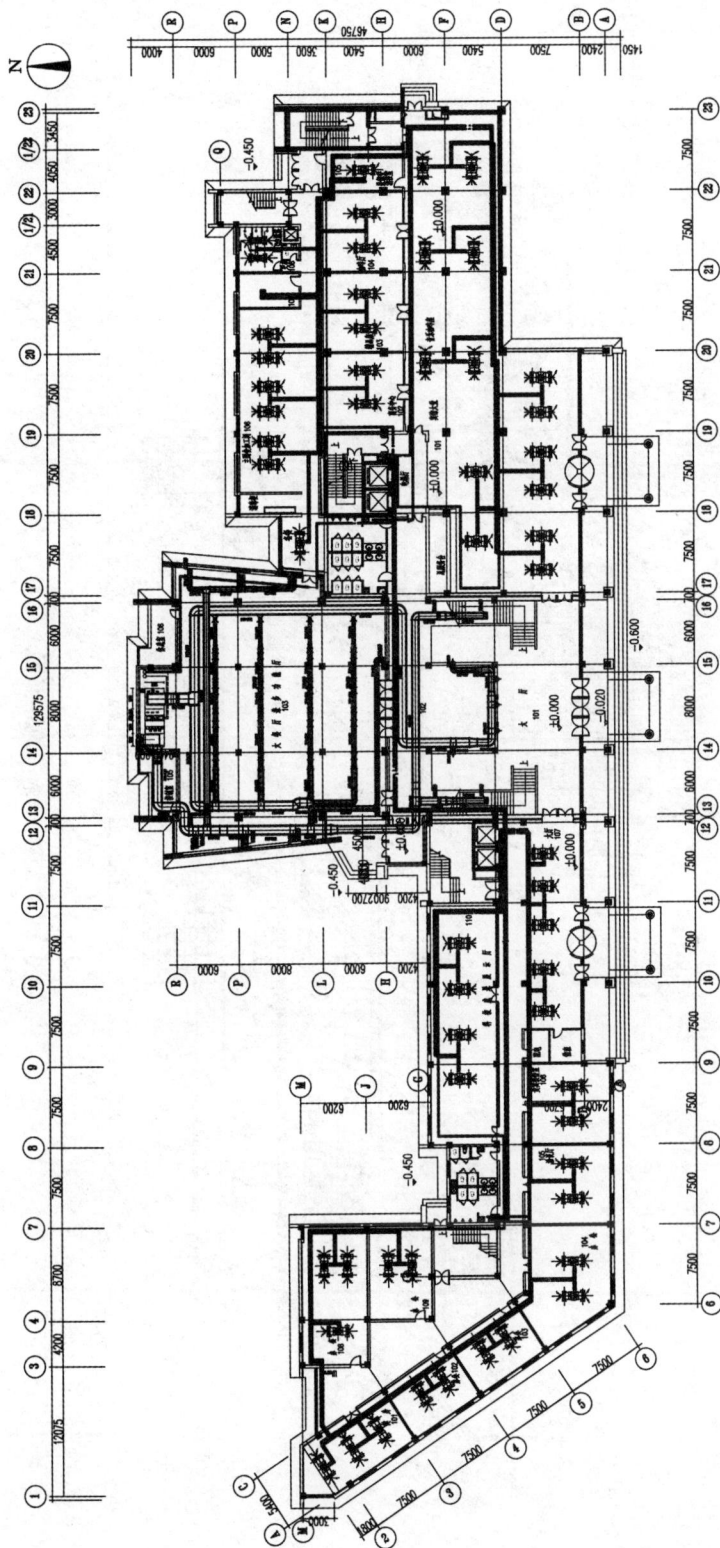

图8-12 一层空调水、风平面图

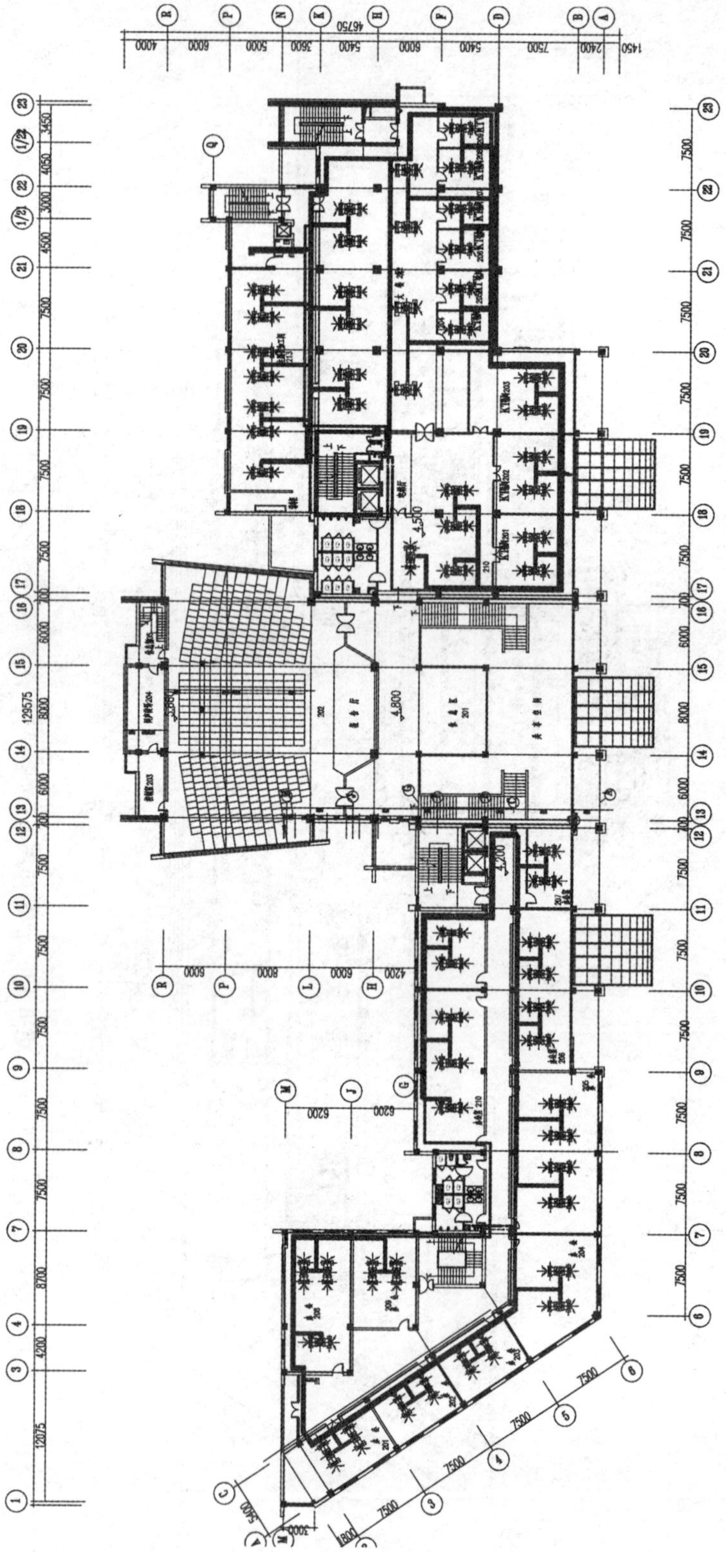

图8-13 二层空调水、风平面图

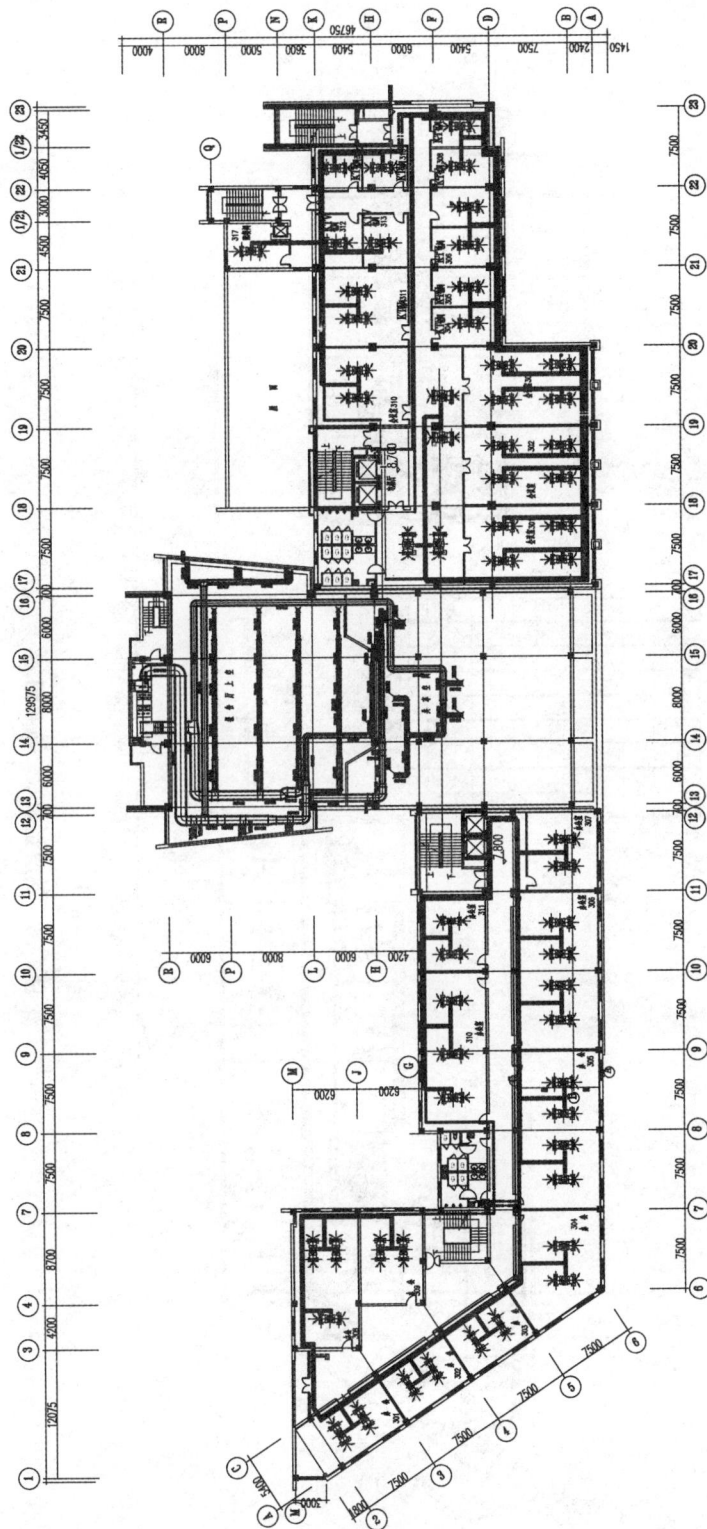

图8-14　三层空调水、风平面图

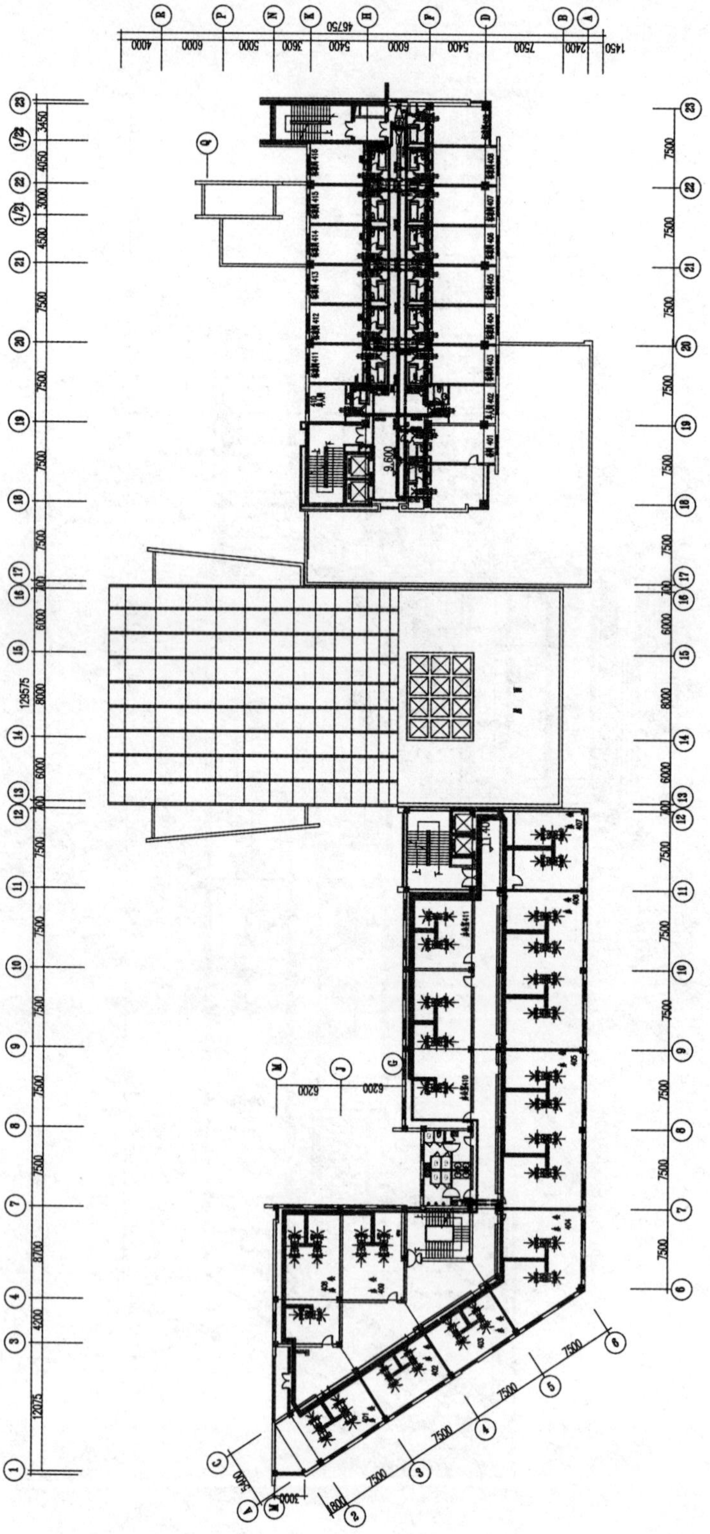

图8-15　四层空调水、风平面图

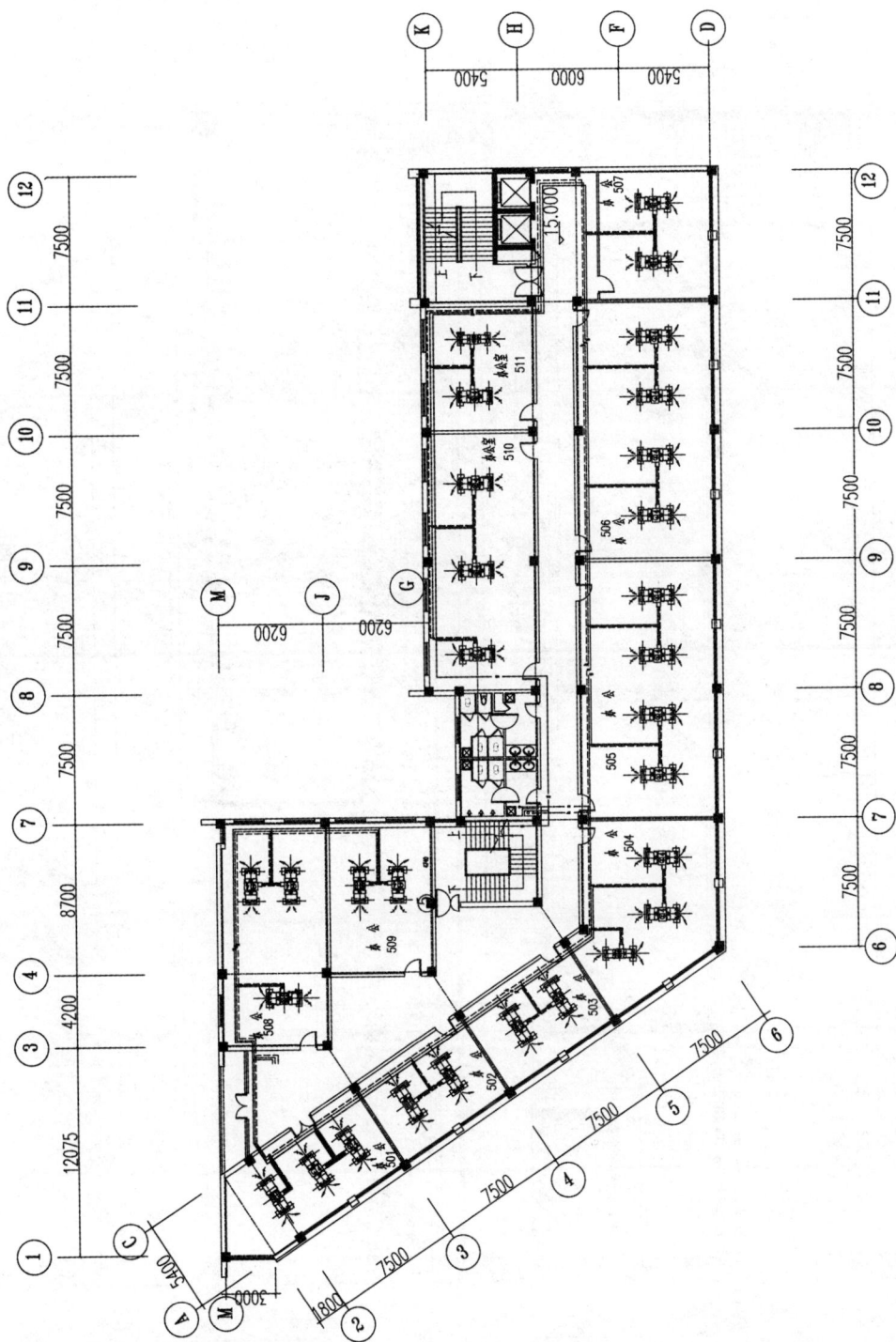

图8-16　五层空调水、风平面图

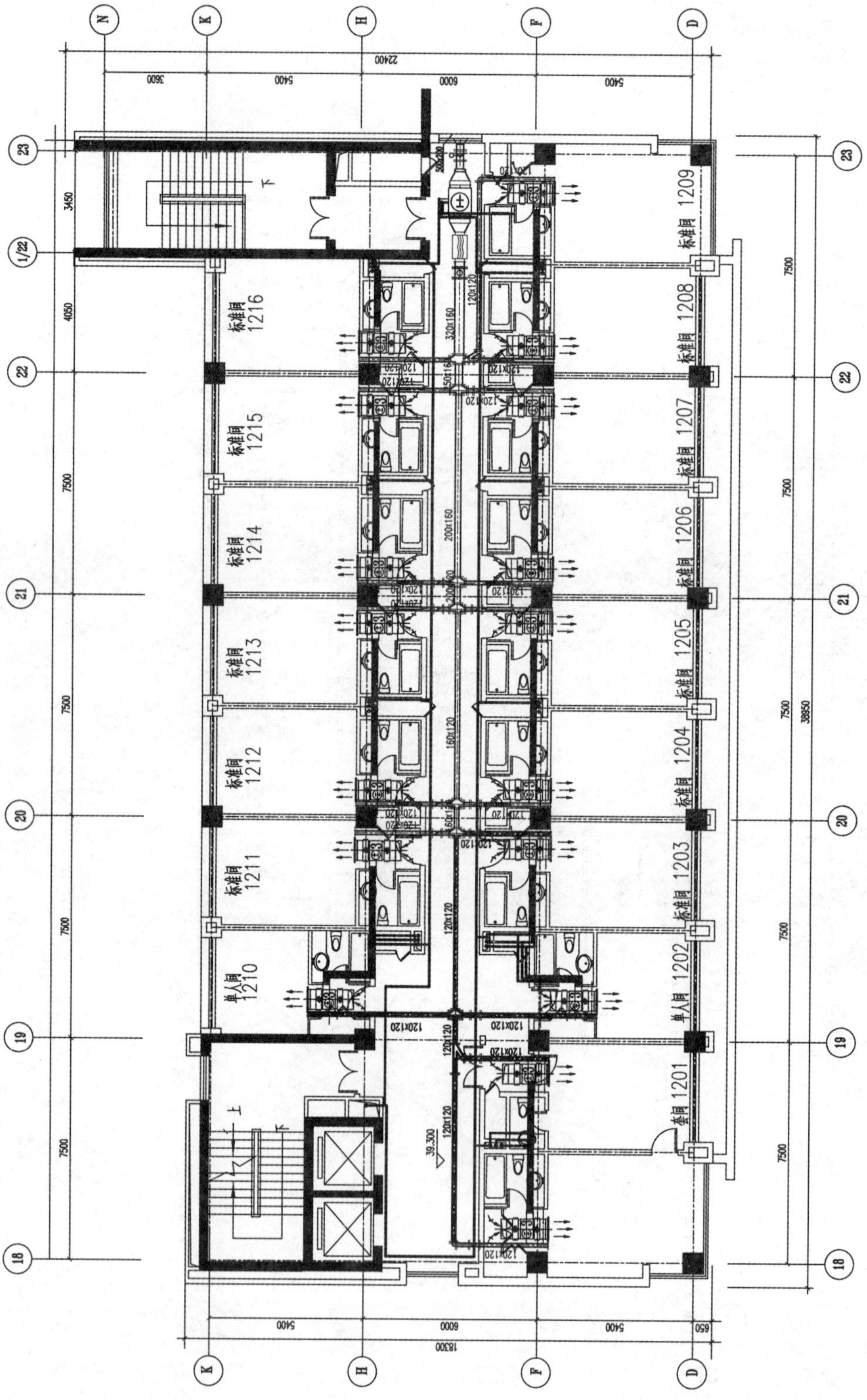

图8-17 十二层空调水,风平面图

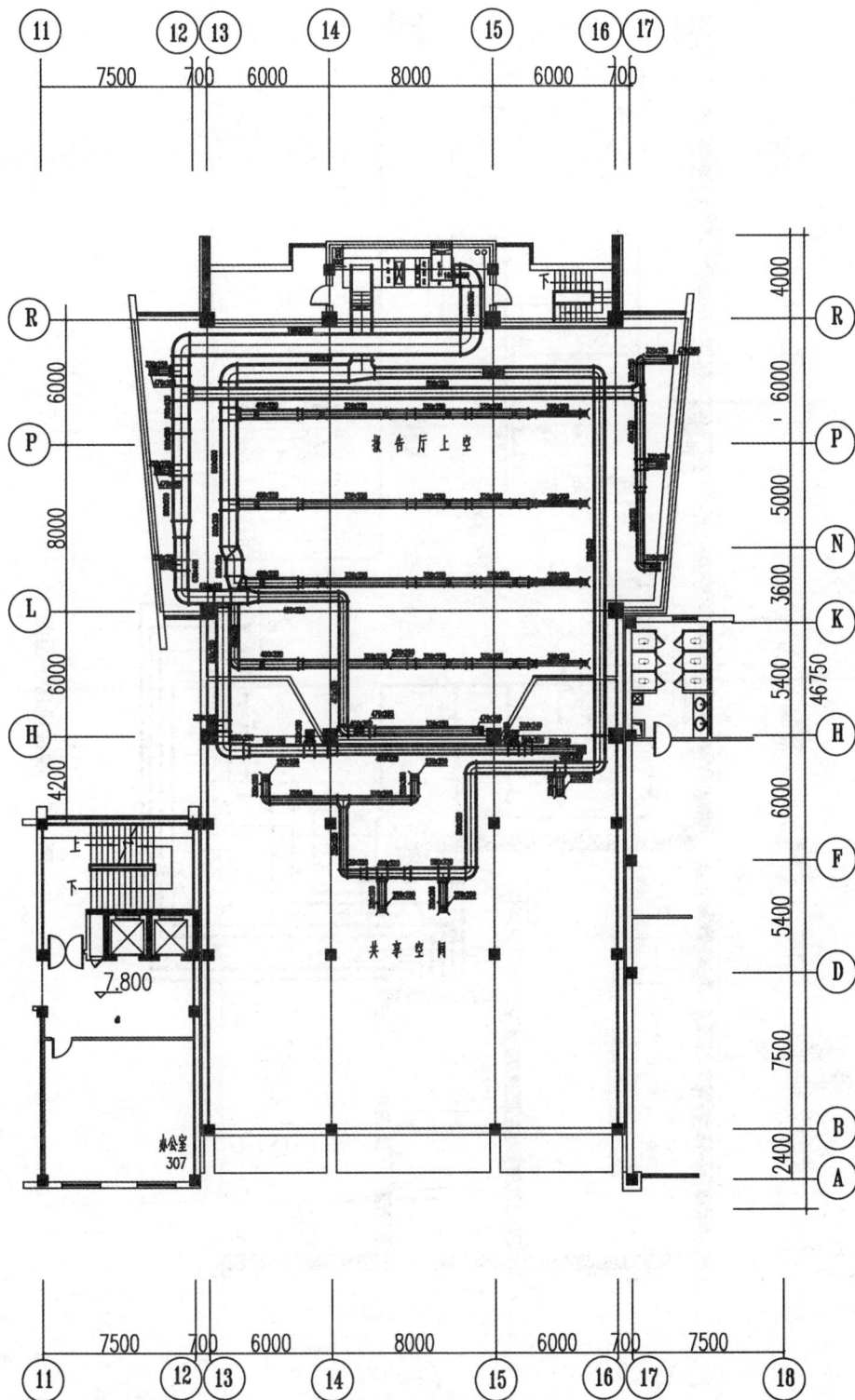

图8-18　三层报告厅空调风管平面图

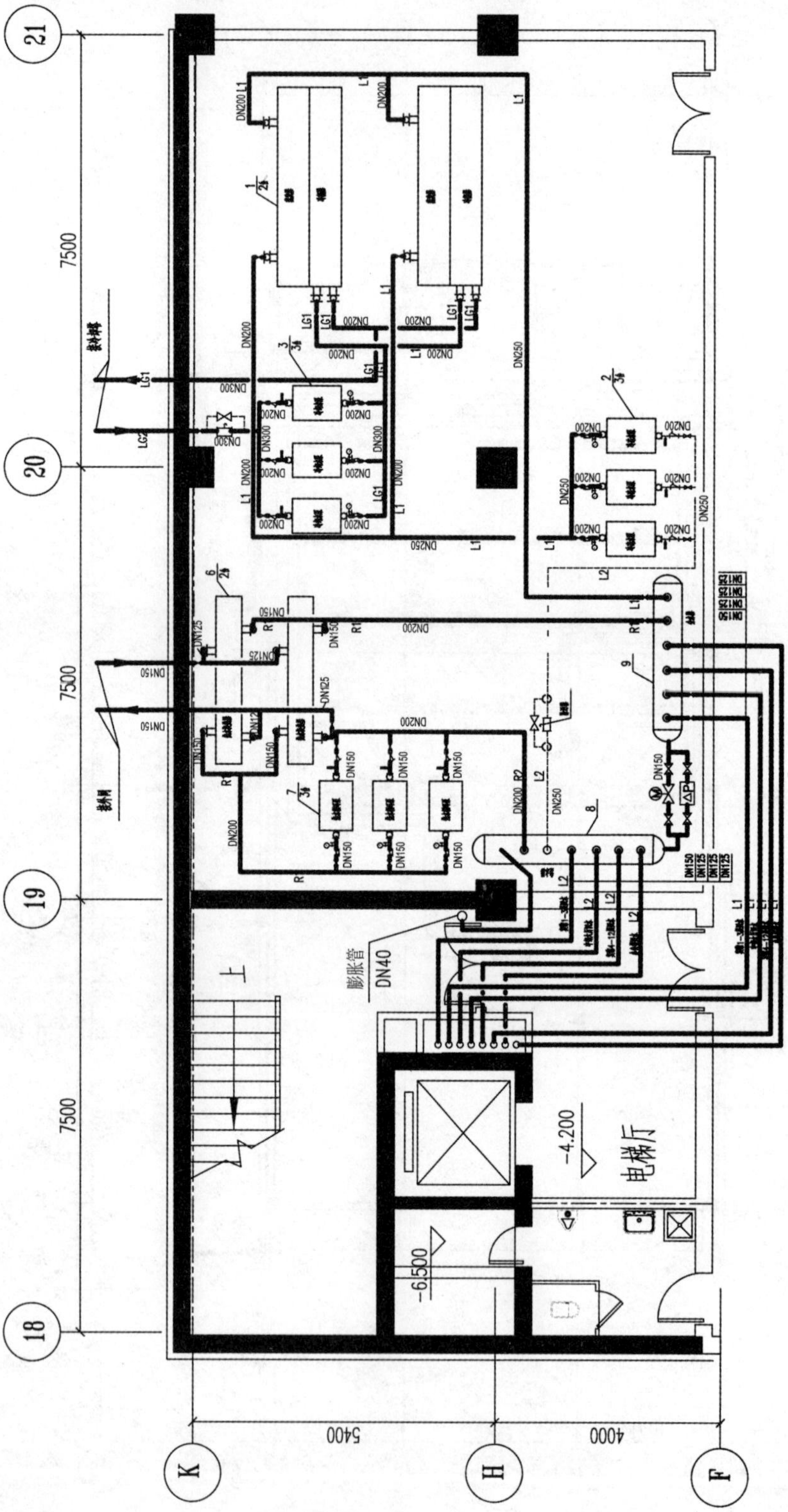

图8-19 制冷机房平面图

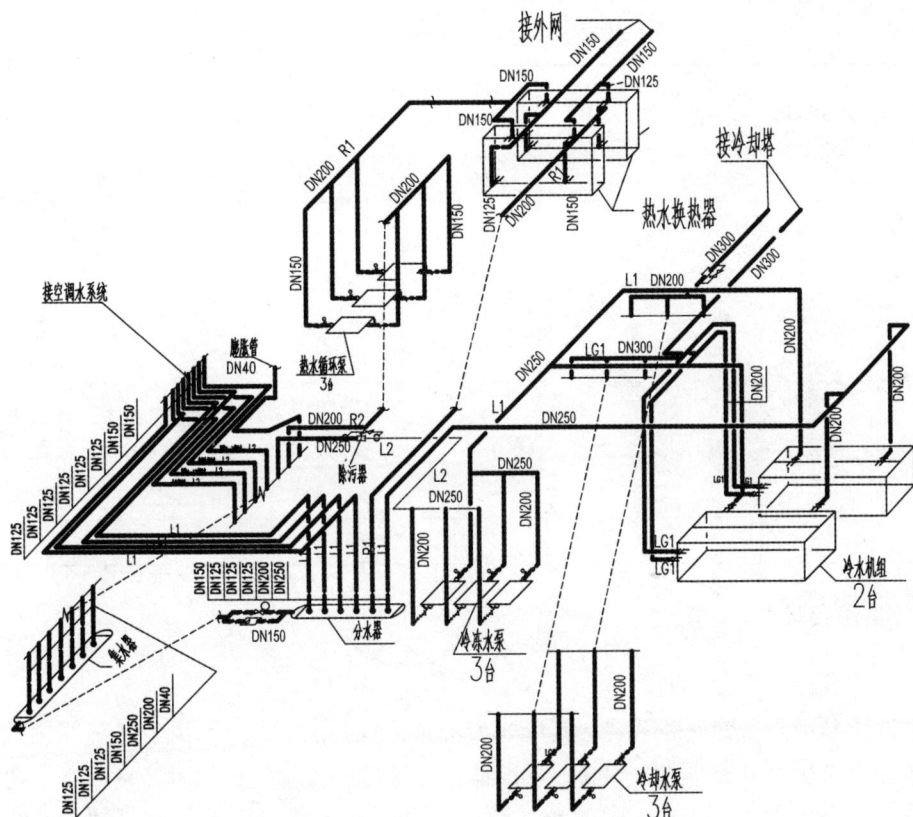

图 8-20　制冷机房系统图

8.4　特殊建筑环境暖通空调工程设计——医院手术部净化空调

8.4.1　建筑概况及设计参数

（1）工程概况

本工程为内蒙古鄂尔多斯某医院手术部净化空调工程。洁净手术部设置在大楼七层，共有洁净手术室六间。其中Ⅰ级手术室一间，Ⅱ级手术室一间，Ⅲ级手术室三间，Ⅳ级手术室一间，其余还有万级、十万级洁净走廊、十万级辅房，三十万级辅房等。空调制冷机房设在九层屋顶，经八层往七层手术部各手术室及辅房各部分按照设计需要送回风和七层的排风，确保各部分室内温度、湿度、压差值、洁净度的参数要求。

（2）净化空调系统划分与技术特征量

为了达到手术室要求的洁净环境，防止交叉污染，各手术室空调系统在条件允许时尽量独立，互不干扰。结合本工程的实际情况，采用如下方案：百级手术室一间单独设一个系统 JK-1；千级手术室一间单独设一个系统 JK-2；万级手术室三间设一个系统 JK-3；Ⅳ级手术室一间与洁净辅房和走廊设一个系统 JK-4，共四个空调系统。新风集中设置一个新风空调系统 XK－5（见表8-14）。

表 8-14　　　　　　　　　　　洁净区净化空调系统技术同前表

系统编号	洁净级别	循环送风量 /(m³/h)	新风量 /(m³/h)	排风量 /(m³/h)	冷负荷 /kW	服务区域
JK－1	百级	11280	1000	400	23.50	Ⅰ级手术室（百级间）
JK－2	千级	4540	800	400	17.10	Ⅱ级手术室（千级间）
JK－3	万级	5830	2400	300 300 300	30.50	Ⅲ级手术室（万级间）
JK－4	万级、十万级、三十万级	9120	2100	1630	50.90	Ⅳ级手术室（一间），万级走廊，十万级走廊，十万级辅房（四间），三十万级辅房
XK－5			6550		34.00	供给各空调机组新风

8.4.2　系统设计

（1）净化空调系统形式

本设计采用全空气处理系统，其形式为：净化空调机组送出的风经各房间棚顶的末端设备，即净化送风天花或末端高效过滤器，过滤后送入室内；同时，室内空气通过设置在手术室两长边下侧的可调侧壁式百叶回风口（带中效过滤器）回风到组合式空调机组。经过净化空调机组的新回风混合段、初效过滤段、表冷（加热）段、加湿段、风机段、杀菌段、中效过滤段、出风段等功能段的处理后，再次送入室内。净化空调的新风系统统一设置，新风净化集中处理。各手术室单独排风，排风经过中效过滤器过滤后，再排至室外。

（2）净化空调的技术指标控制

① 手术室的温湿度保证措施。夏季空气处理过程为：新风与室内回风混合后，经空调机组的表冷段进行冷却降温，以达到要求的送风状态。冬季空气处理过程为：新风与室内回风混合后，经空调机组的加热段进行加热，然后经过加湿器加湿，以达到要求的送风状态。手术室内温湿度可通过设置在每台空气处理机冷热媒管路上的电动阀和执行器调节阀门的开度，精确控制表冷段（加热段）的冷却量（加热量），以及加湿量，以达到要求的送风温湿度。

② 手术室的正压保证措施。为了防止室外污染物侵入，只有保持无菌区域的正压值才是最好的选择。手术部各房间洁净级别不同，维持整个手术部有序的压力梯度，才能保证各房间之间正压气流的定向流动。每间手术室对应的净化空调系统均有循环送风、回风、新风和排风系统，维持房间合理的正压差值是通过对密闭房间控制新风量与排风量之差来实现的。同时，在排风管上应设置止回阀和中效过滤器，防止室内空气污染室外和室外空气倒灌入室内。

③ 手术室的空气洁净度保证措施。送入手术室的循环送风：首先，新风部分在新风机组中经过了初效和中效二级过滤；回风部分在手术室风口后经过了中效过滤，然后回到组合净化空调机组的混合段中，两部分混合后又经过中效或亚高效过滤，最后在送风管路末端又经过高效过滤器，送入手术室的空气洁净度是可以得到保证的。

④ 手术室细菌浓度保证措施。空调设备部件及管路系统要保证气密性好，内表面应光洁不易积尘和滋生细菌；采用表面冷却器时，通过盘管气流速度 $v \leqslant 2\text{m/s}$；冷凝水排出口应能防倒吸并能顺利排出冷凝水，凝结水管不与下水道相连；在加湿过程中不应出现水滴，水质卫生；系统材料应抗腐蚀，防止微生物二次污染。通过自动控制系统，在空调系统停止运行后，将表冷器及过滤器吹干，以免滋生细菌。在组合式空调机组中增设杀菌功能措施。

（3）空调冷热源设置

空调冷源在九层空调制冷机房独立设置，采用风冷冷水机组一台，$Q_{冷} = 156\text{kW}$。由冷水系统分水器分别给四台空调机组和一台新风空调机组的表冷器提供冷源水，与空调机组的空气换热，空气降温，冷源水升温后回到系统集水器中。再由系统循环水泵抽集水器中的冷源水压入冷水机组蒸发器换热管中，经制冷，冷源水降温后再压入冷冻水系统分水器中，这样循环制冷。空调热源水由甲方医院提供，热水供水管与空调机房水系统的分水器预留管头相连接，热水回水管与机房水系统循环泵压出管段预留管头相连，压入甲方医院设置的热源换热器，热源水升温后压入空调机房水系统分水器，后到空调机组换热器，空气升温，水降温后回到集水器，再经循环水泵压入甲方医院热源换热器，这样循环制热。

（4）主要设备部件选型

表 8-15　　　　　　　　　　主要设备部件选型明细表

序号	设备名称与型号	技术性能规格参数	单位	数量	备注
1	风冷冷水机组 YCAB160SC $Q_{冷} = 156\text{kW}$	压缩机 2 台，$N = 25.9\text{kW} \times 2$ 冷凝风机 3 台，$N = 1.1\text{kW} \times 3$ $L_{风} = 15876 \times 3\text{m}^3/\text{h}$，蒸发器 水流量 $G = 27\text{m}^3/\text{h}$	台	1	九层空调机房冷源机
2	医卫型组合式空调器 ZK3060（10 功能段）	$L_{风} = 11280\text{m}^3/\text{h}$，$H = 1350\text{Pa}$，$Q_{热冷} = 25\text{kW}$，$v_{盘管风} = 2\text{m/s}$	台	1	用 Ⅰ 级手术室（一间） JK-1 系统主机组
3	医卫型组合式空调器 ZK2040（10 功能段）	$L_{风} = 4540\text{m}^3/\text{h}$，$H = 1350\text{Pa}$，$Q_{热冷} = 15\text{kW}$，$v_{盘管风} = 2\text{m/s}$	台	1	用 Ⅱ 级手术室（一间） JK-2 系统主机组

续表 8-15

序号	设备名称与型号	技术性能规格参数	单位	数量	备注
4	医卫型组合式空调器 ZK2050（10功能段）	$L_风 = 5830\text{m}^3/\text{h}$，$H = 1350\text{Pa}$ $Q_{热冷} = 30\text{kW}$，$v_{盘管风} = 2\text{m/s}$	台	1	用Ⅲ级手术室（三间） JK-3系统主机组
5	医卫型组合式空调器 ZK3050（9功能段）	$L_风 = 9120\text{m}^3/\text{h}$，$H = 1350\text{Pa}$ $Q_{热冷} = 50\text{kW}$，$v_{盘管风} = 2\text{m/s}$	台	1	用于Ⅳ级手术室（一间） 辅房及洁净走廊JK-4系统
6	新风组合式空调器 ZK2050（6功能段）	$L_风 = 6550\text{m}^3/\text{h}$，$H = 500\text{Pa}$ $Q_{热冷} = 30\text{kW}$，$v_{盘管风} = 2.5\text{m/s}$	台	1	为四台组合空调器提供新风量
7	冷热水循环泵 TQR50-160（Ⅰ）B	$G = 28\text{m}^3/\text{h}$，$H = 20.6\text{M}$，$N = 2.2\text{kW}$，$n = 2900\text{r/min}$	台	2	九层机房冷源机配套用
8	分、集水器	$U = 159\text{mm}$，$L = 1800\text{mm}$	台	2	九层机房空调水系统用
9	膨胀水箱	$V = 1000 \times 600 \times 1000$	个	1	九层机房空调水系统用
10	UDK电接触液位控制补水装置		套	1	九层机房空调水系统用
11		JK-1系统			
11-1	送风天花	$2600 \times 2400 \times 680$	套	1	用于Ⅰ级手术室（一间）
11-2	高效过滤器GK-01非标	$800 \times 620 \times 220$	套	6	用于Ⅰ级手术室（一间）
11-3	竖向可调百叶回风口	$600 \times 400 \times 50$	个	8	带设回风中效过滤层
11-4	排风箱（排风机与中效过滤器组合箱体）	$L = 400\text{m}^3/\text{h}$，$H = 200 \sim 250\text{Pa}$ 中效过滤面积 $F \geqslant 0.42\text{m}^2$	台	1	用于Ⅰ级手术室排风管上
11-5	室内可调百叶排风口	320×250	个	1	用于Ⅰ级手术室棚面
11-6	排风室外百叶风口	400×300	个	1	用于JK-4排风系统
11-7	排风管止回阀	200×160	个	1	用于JK-4排风系统
11-8	排风管电动阀	200×160	个	1	电动阀与送风机连锁
12		JK-2系统			
12-1	送风天花	$2600 \times 1800 \times 680$	套	1	用于Ⅱ级手术室（一间）

续表 8-15

序号	设备名称与型号	技术性能规格参数	单位	数量	备注
12-2	高效过滤 GK-01	$484 \times 484 \times 220$	套	6	用于Ⅱ级手术室（一间）
12-3	竖向可调百叶回风口	$500 \times 320 \times 50$	个	6	带设回风口中效过滤层
12-4	排风箱（排风机与中效过滤器组合箱体）	$L=400\text{m}^3/\text{h}$，$H=200\sim250\text{Pa}$ 中效过滤面积 $F \geqslant 0.42\text{m}^2$	台	1	用于Ⅱ级手术室排风系统
12-5	排风室外百叶风口	400×300	个	1	用于Ⅱ级手术室排风系统
12-6	室内可调百叶排风口	320×250	个	1	用于Ⅱ级手术室棚面
12-7	排风管止回阀	200×160	个	1	用于 JK-2 排风系统
12-8	排风管电动阀	200×160	个	1	电动阀与送风机连锁
13		JK-3 系统			
13-1	送风天花	$2600 \times 1400 \times 680$	套	3	用于Ⅲ级手术室（三间）
13-2	高效过滤 GK-03	$630 \times 630 \times 220$	套	6	用于Ⅲ级手术室（三间）
13-3	竖向可调百叶回风口	$400 \times 320 \times 50$	个	12	带设回风口中效过滤层
13-4	排风箱（排风机与中效过滤器组合体）	$L=300\text{m}^3/\text{h}$，$H=200\sim250\text{Pa}$ 中效过滤面积 $F \geqslant 0.42\text{m}^2$	台	3	用于Ⅲ级手术室（三间）每间单设一个排风系统
13-5	室内可调百叶排风口	320×250	个	3	用于（三间）棚面
13-6	排风室外百叶风口	400×300	个	3	用于Ⅲ级手术室排风系统
13-7	排风管止回阀	200×160	个	3	用于Ⅲ级手术室（三间）排风管上
13-8	排风管电动阀	200×160	个	3	用于Ⅲ级手术室（三间）排风管上
14		JK-4 系统			
14-1	GB-01 高效过滤送风装置	$484 \times 484 \times 220$	套	2	用于Ⅳ级手术室
14-2	GB-02 高效过滤送风装置	$320 \times 320 \times 260$	套	3	用于万级洁净走廊
14-3	GB-01 高效过滤送风装置	$484 \times 484 \times 220$	套	4	用于十万级辅房
14-4	GB-01 高效过滤送风装置	$484 \times 484 \times 220$	套	3	用于十万级走廊外缓冲
14-5	GB-02 高效过滤送风装置	$320 \times 320 \times 260$	套	4	用于三十万级辅房

续表 8-15

序号	设备名称与型号	技术性能规格参数	单位	数量	备注
14-6	GB-01 高效过滤送风装置	484×484×220	套	1	用于三十万级换车
14-7	GB-02 高效过滤送风装置	320×320×260	套	2	用于三十万级男女更衣
14-8	可调风量百叶回风口	500×320	个	9	与 GB-01 送风口对应
14-9	可调风量百叶回风口	400×250	个	7	与 GB-02 送风口对应
14-10	送风总管防火阀	900×500	个	1	用于 JK-4 送风系统
14-11	送风总管多叶调节阀	900×500	个	1	用于 JK-4 送风系统
14-12	送风总管消声器	900×500×1000	个	2	用于 JK-4 送风系统
14-13	回风总管防火阀	800×500	个	1	用于 JK-4 回风系统
14-14	回风总管多叶调节阀	800×500	个	1	用于 JK-4 回风系统
14-15	回风总管消声器	800×500×1000	个	2	用于 JK-4 回风系统
14-16	排风箱（排风机与中效过滤器组合箱体）	$L=1600$，$H=250\sim350\mathrm{Pa}$，中效过滤面积 $F\geqslant0.9\mathrm{m}^2$	台	1	用于 JK-4 排风系统
15		XK-5 系统			
15-1	新风室外固定百叶窗口	1100×600	个	1	做防雨斜百叶窗口
15-2	新风防冻密闭电动阀	800×500	个	1	与本送风机连锁
15-3	新风总管多叶调节阀	800×500	个	1	室外进风总管段
15-4	新风总管多叶调节阀	800×500	个	1	室内出风总管段
15-5	新风支管密闭调节阀	320×250	个	1	连 JK-1 系统新风管
15-6	新风支管电动阀	320×250	个	1	与 JK-1 系统送风机连锁
15-7	新风定风量阀	1000m³/h	个	1	与 JK-1 系统送风机连锁
15-8	新风支管多叶调节阀	320×250	个	1	连 JK-2 系统新风管
15-9	新风支管电动阀	320×250	个	1	与 JK-2 系统送风机连锁
15-10	新风定风量阀	800m³/h	个	1	与 JK-2 系统送风机连锁

（5）主要设计图

① 七层工艺平面图（图 8-21）

② 七层净化空调总平面图（图 8-22）

③ 净化空调系统原理图（图 8-23）

④ 九层空调机房水管路平面图（图 8-24）

⑤ 九层空调机房基础平面布置图（图 8-25）

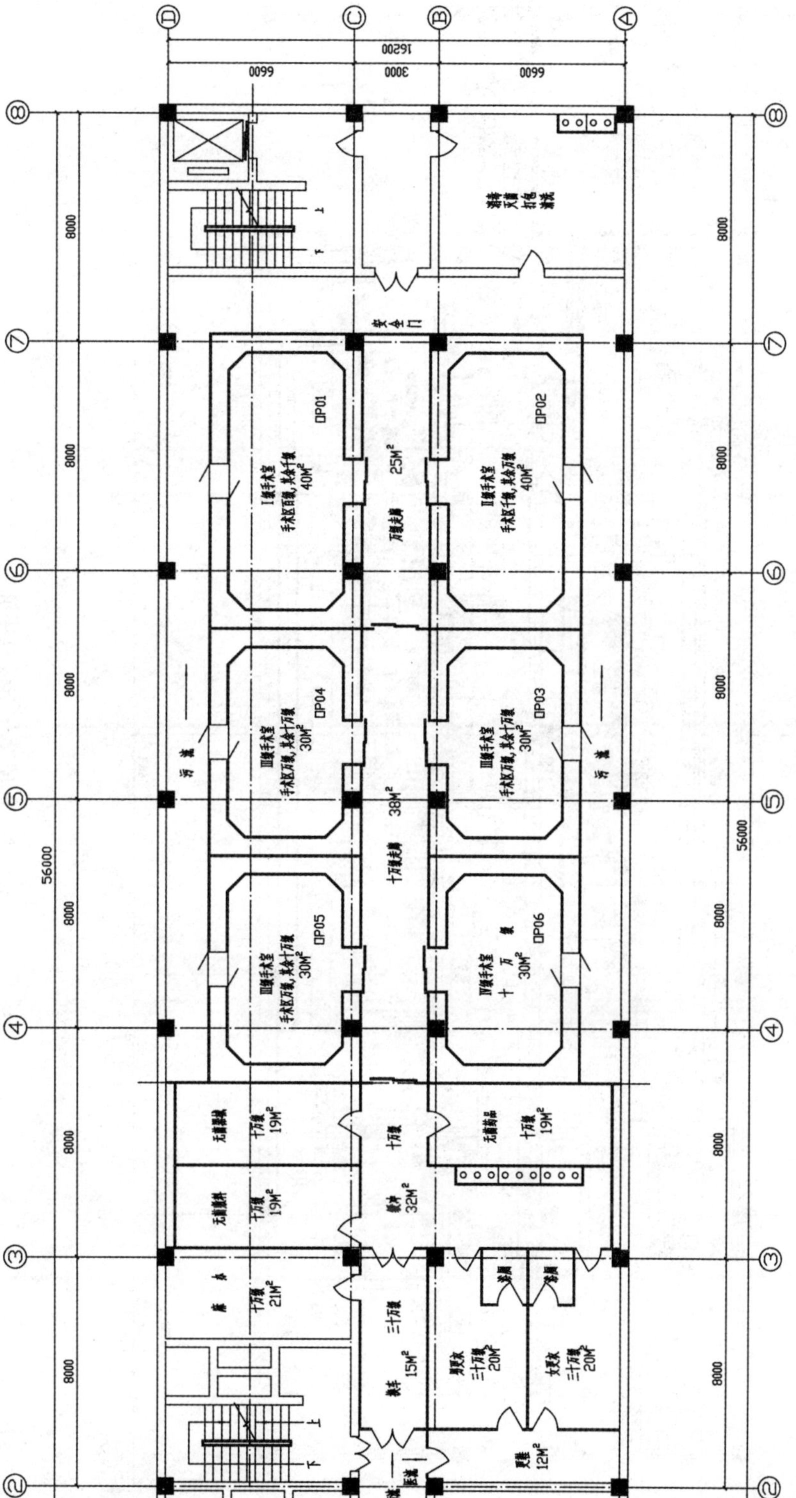

图8-21　七层工艺平面图

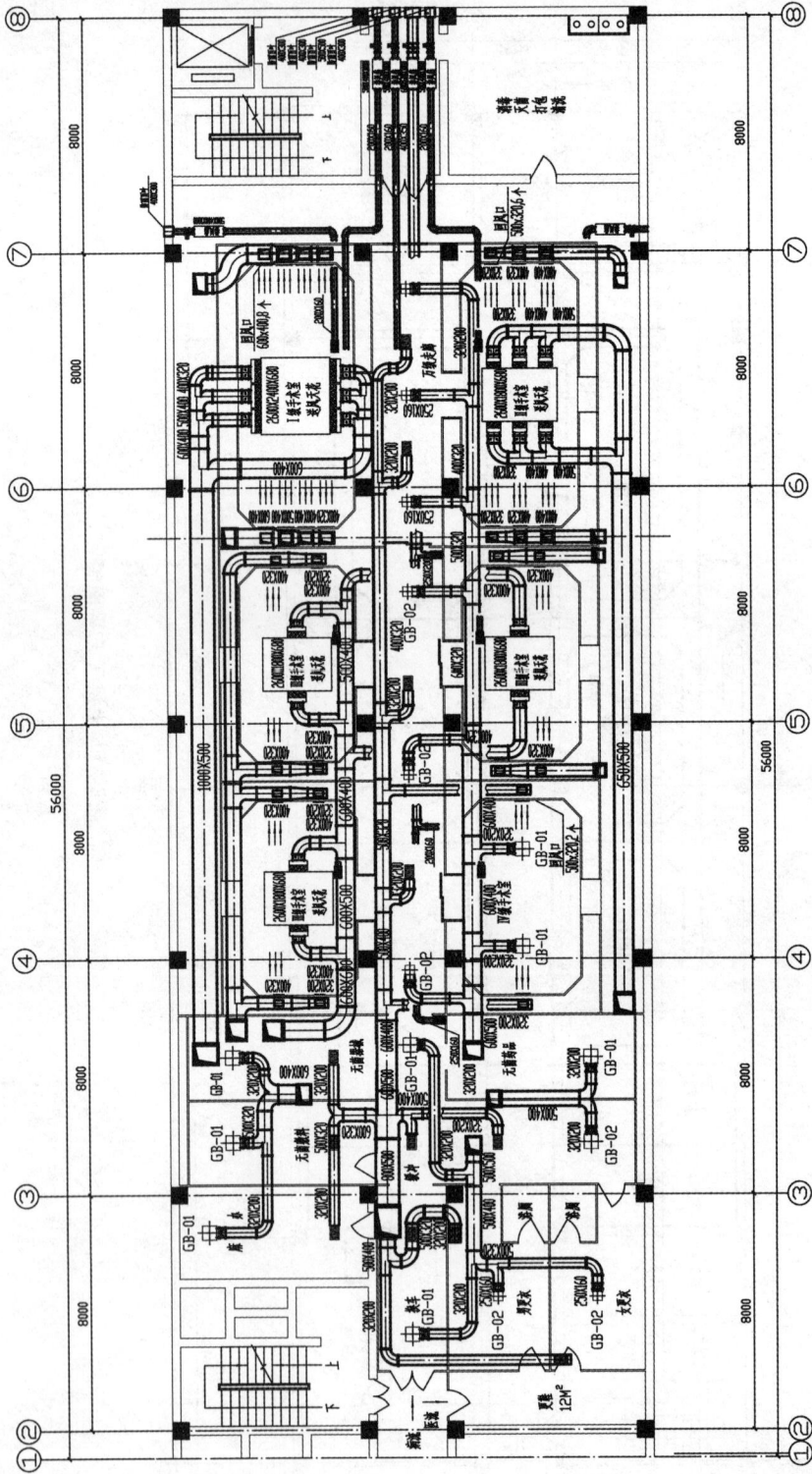

图8-22 七层净化空调总平面图

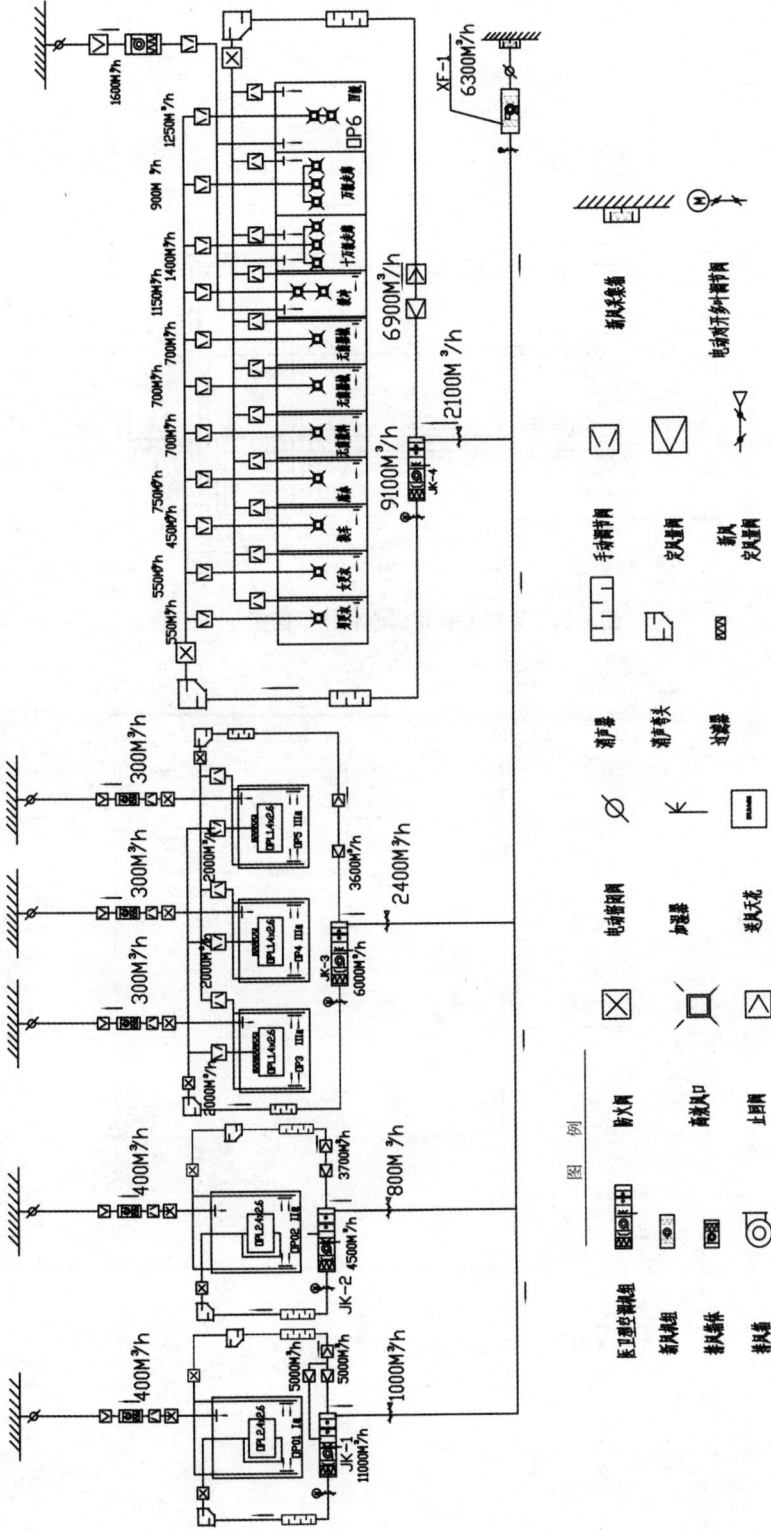

图8-23　净化空调系统原理图

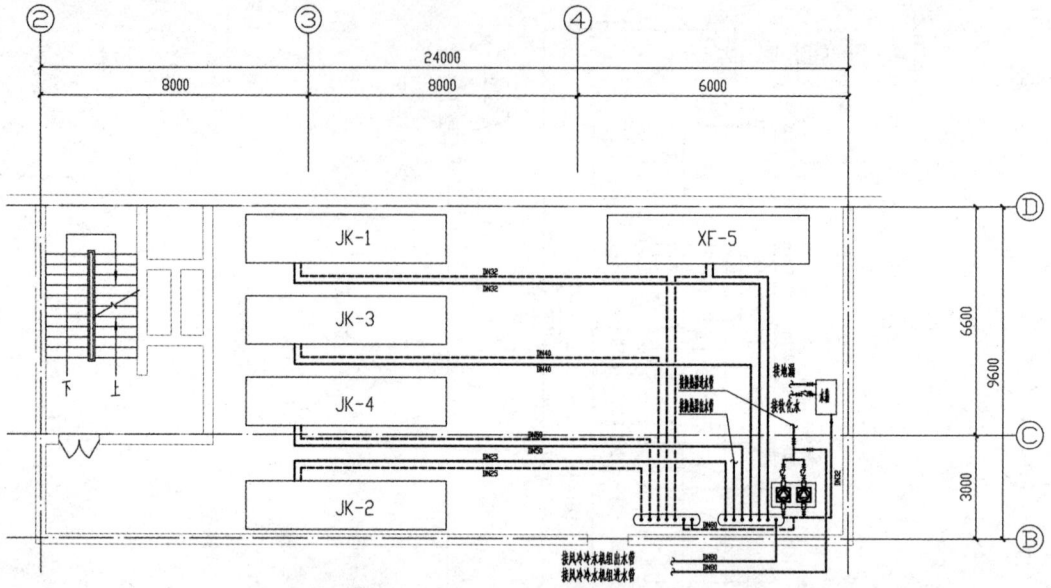

图 8-24　九层空调机房水管路平面图

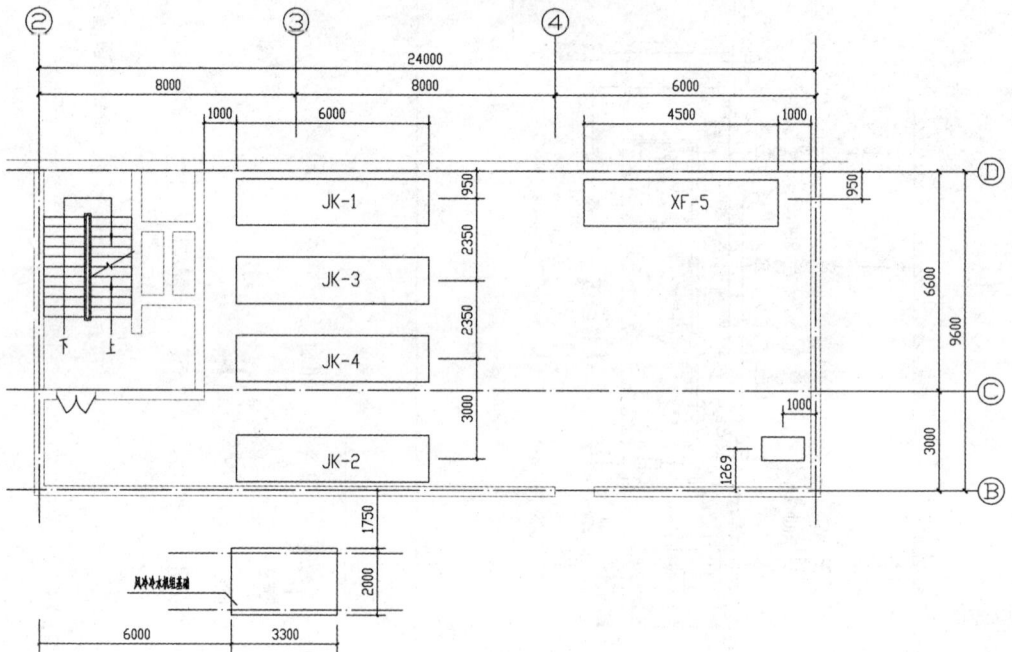

图 8-25　九层空调机房基础平面布置图

8.5 特殊建筑环境暖通空调工程设计——建筑防排烟

8.5.1 超高层建筑办公楼避难层防烟实例

某超高层办公建筑，建筑总共 38 层，高度共计 139.55m，面积 4.3 万 m^2，为一类公共建筑，其中第 21 层为避难层，避难面积为 $800m^2$，其平面图见图 8-26，试对其进行防排烟设计。

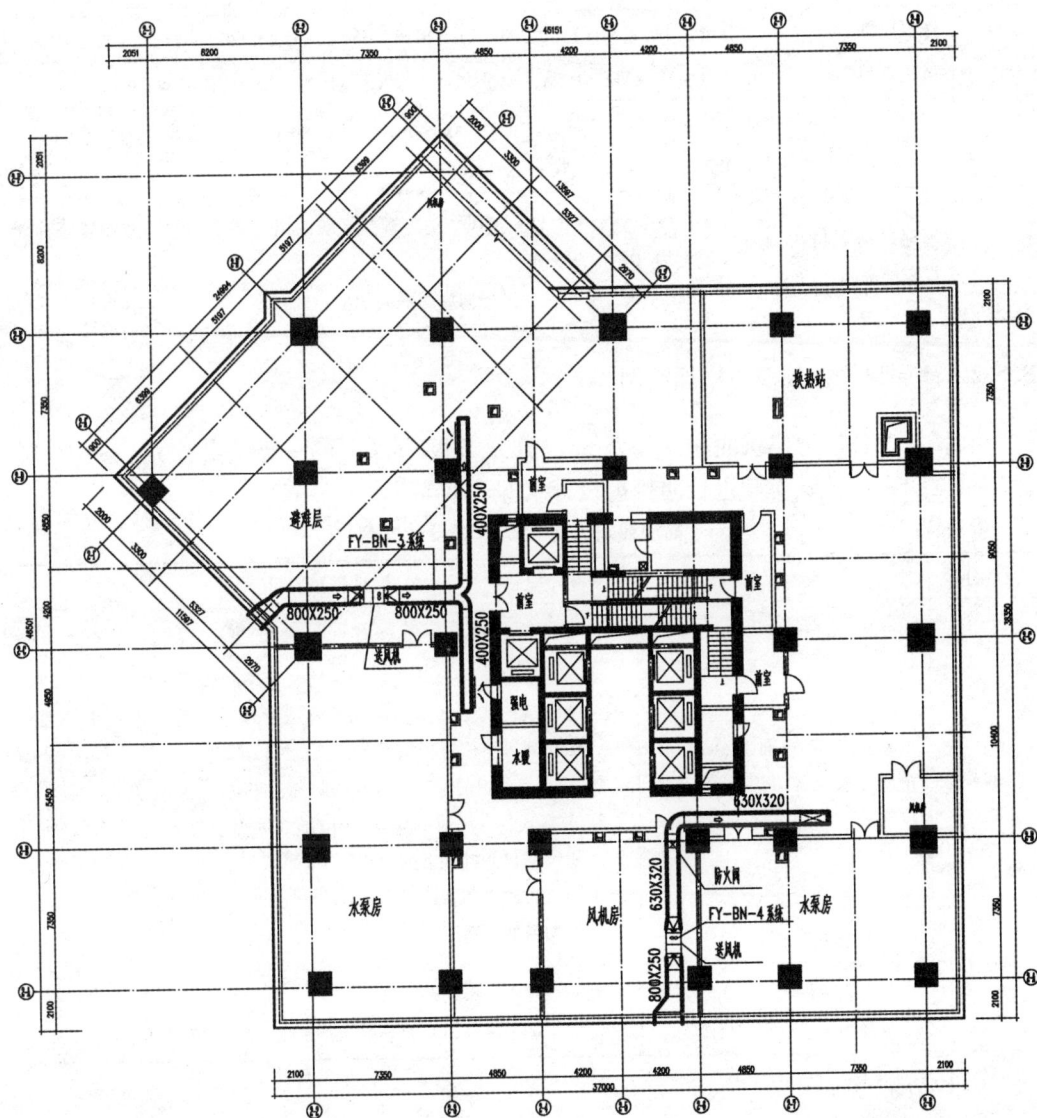

图 8-26 某办公楼避难层平面图

表 8-16   办公楼避难层防排烟设计程序

序号	设计程序	设计内容
1	避难层设置加压送风系统	根据《建筑设计防火规范》GB50016—2014（以下简称《建规》）： 8.5.1 建筑的下列场所或部位应设置防烟设施： 3 避难走道的前室、避难层（间）
2	计算系统风量	$800\text{m}^2 \times 30\text{m}^3/(\text{hm}^2) = 24000\text{m}^3/\text{h}$，总计算风量考虑到避难层管道较多，风管布置困难，故设计 2 个防烟系统，火灾时同时运行，则每个系统计算风量为 $24000\text{m}^3/\text{h} \div 2 = 12000\text{m}^3/\text{h}$
3	计算系统阻力	350Pa（计算略）
4	选择风机	风量：$12000 \times 1.1 = 13200\text{m}^3/\text{h}$，风压：$350\text{Pa} \times 1.2 = 420\text{Pa}$
5	风机选型	SWF – IV – NO. 7.5A，风量 $15156\text{m}^3/\text{h}$，风压 525Pa，功率 4kW，2 台
6	管道选择	取 $v = 18\text{m/s}$，主风管尺寸 $13200\text{m}^3/\text{h} \div 3600 \div 18 = 0.2\text{m}^2$，取 800mm×250mm，分支管道 0.1m^2，取 400mm×250mm
7	穿越通风机房处设置防火阀	根据《建规》9.3.11：通风、空气调节系统的风管在下列部位应设置公称动作温度为 70℃ 的防火阀； 2 穿越通风、空气调节机房的房间隔墙和楼板处

8.5.2 高层建筑办公楼防排烟实例

某高层办公楼为建筑面积 4.5 万 m^2、建筑高度 73.6m 的一类公共建筑，共 16 层，标准层见图 8-27，试对其进行防排烟设计（见表 8-17）。

表 8-17   高层建筑办公楼防排烟设计内容

设计分项	设计范围	计算及说明
防烟系统	对防烟楼梯间及其前室、消防电梯前室、合用前室加压送风	根据《建规》8.5.1： 建筑高度 50m 的公共建筑、厂房、仓库和建筑高度不大于 100m 的住宅建筑，其防烟楼梯间的前室或合用前室符合下列条件之一时，楼梯间可不调置防烟系统： 1. 前室或合用前室采用敞开的阳台、凹廊； 2. 前室式、合用前室具有不同朝向的可开启外窗，且可开启外窗的面积满足自然排烟上的面积要求。 本项目为建筑高度超过 50m 的公共建筑，不符合上述要求，故上述部位均需加压送风
排烟系统	对建筑面积大于 100m^2 的办公室等部位进行自然排烟	根据《建规》8.5.3： 公共建筑内建筑面积大于 100m^2，且经常有人停留的地上房间

（1）防烟系统设计

关于加压送风系统风量的计算，《建规》未做明确规定，本书以《高层民用建筑设计防火规范》（GB 50045—95）（2005 年版）（以下简称《高规》）给出 3 种算法。

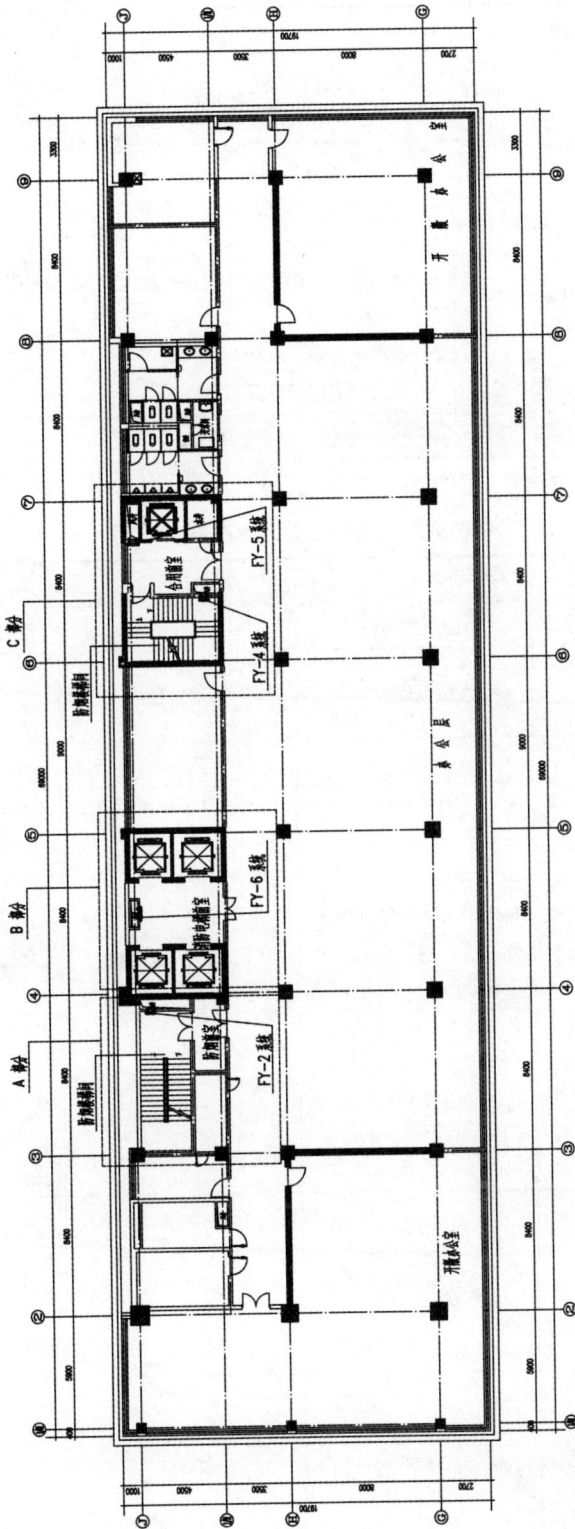

图8-27 高层建筑办公楼防排烟平面图

表 8-18   加压送风量计算方法

	压差法	风速法	查表法
送风量 L_y（m^3/h）	$0.827A\Delta P^{1/n} \times 1.25 \times 3600$	$\dfrac{nFv(1+b)}{a} \times 3600$	查《高规》表 8.3.2-1 至表 8.3.2-4
注释	A—总有效漏风面积，m^2； ΔP—压力差，Pa； n—指数，一般取 2	F—每个门的开启面积，m^2； v—开启门洞处的平均风速，取 0.7～1.2m/s； a—背压系数，根据加压间密封程度取 0.6～1.0； b—漏风附加率，取 0.1～0.2； n—同时开启门的计算数量	按照附表后注明进行修正
	取较大值确定送风量		

对上述区域进行防烟计算，计算结果见表 8-19。

表 8-19   楼梯间及前室加压送风计算表

区域	A	B	C	
区域种类	防烟楼梯间及其前室	消防电梯前室	防烟楼梯间及合用前室	
防烟部位	防烟楼梯间	消防电梯前室	防烟楼梯间	合用前室
系统编号	FY-2	FY-6	FY-4	FY-5
压差法计算	$A = 0.004 \times 16 \times (2\times2 + 1.6\times3) = 0.563$ $\Delta P = 50Pa$ $L_y = 0.827 \times 0.563 \times 50^{1/2} \times 1.25 \times 3600 = 14839$	$A = 0.004 \times 16 \times (2\times2 + 1.6\times3) = 0.563$ $\Delta P = 25Pa$ $L_y = 0.827 \times 0.563 \times 25^{1/2} \times 1.25 \times 3600 = 10476$	$A = 0.004 \times 16 \times (2\times2 + 1\times2) = 0.384$ $\Delta P = 25Pa$ $L_y = 0.827 \times 0.384 \times 25^{1/2} \times 1.25 \times 3600 = 7145$	$A = 0.004 \times 16 \times (2\times2 + 1.6\times3) = 0.563$ $\Delta P = 25Pa$ $L_y = 0.827 \times 0.563 \times 25^{1/2} \times 1.25 \times 3600 = 10476$
风速法计算 /（m^3/h）	$F = 2\times1.6 = 3.2$ $n=2$ $v = 0.7$ $b = 0.1$ $a = 1.0$ $L_y = (2\times3.2\times0.7)/1 \times (1+0.1) \times 3600 = 17740$	$F = 2\times1.6 = 3.2$ $n=2$ $v = 0.7$ $b = 0.1$ $a = 1.0$ $L_y = 2\times3.2\times0.7)/1 \times (1+0.1) \times 3600 = 17740$	$F = 2\times1 = 2$ $n=2$ $v = 0.7$ $b = 0.1$ $a = 1.0$ $L_y = 2\times2\times0.7)/1 \times (1+0.1) \times 3600 = 11088$	$F = 2\times1.6 = 3.2$ $n=2$ $v = 0.7$ $b = 0.1$ $a = 1.0$ $L_y = 2\times3.2\times0.7)/1 \times (1+0.1) \times 3600 = 17740$
查表法计算 /（m^3/h）	30000	20000	20000	16000
最终送风量 /（m^3/h）	30000	20000	20000	17740

续表 8-19　　　　　　　　　　　楼梯间及前室加压送风计算表

区域	A	B	C	
风道面积	风速取 14m/s,截面积 0.6m²	风速取 14m/s,截面积 0.4m²	风速取 14m/s,截面积 0.4m²	风速取 14m/s,截面积 0.36m²
送风口种类	多叶送风口	多叶送风口	自垂百叶	多叶送风口
同时开启送风口个数	2	2	每 3 层开一个,共 6 个	2
送风口大小	风速取 5m/s,截面积 0.83m²	风速取 5m/s,截面积 0.55m²	风速取 5m/s,截面积 0.19m²	风速取 5m/s,截面积 0.50m²
系统阻力	400Pa(计算略)	400Pa(计算略)	400Pa(计算略)	400Pa(计算略)
选择风机	风量:30000×1.1= 33000m³/h,风压:400Pa× 1.2=480Pa	风量:20000×1.1= 22000m³/h,风压:400Pa× 1.2=480Pa	风量:20000×1.1= 22000m³/h,风压:400Pa× 1.2=480Pa	风量:17740×1.1= 19514m³/h 风压:400Pa×1.2= 480Pa
风机选型	SWF-IV-NO.9A,风量 34793m³/h,风压 570Pa,功率 11kW	SWF-IV-NO.8A,风量 22117m³/h,风压 508Pa,功率 5.5kW	SWF-IV-NO.8A,风量 22117m³/h,风压 508Pa,功率 5.5kW	SWF-IV-NO.8A,风量 22117m³/h,风压 508Pa,功率 5.5kW

（2）排烟系统设计：

参照《建规》要求，需要排烟的房间可开启外窗面积不应小于该房间面积的 2%。故对于本项目，对上述区域考虑自然排烟，并将开窗要求提交建筑专业设计。

8.5.3　多层办公中庭排烟实例

现有一多层办公楼，总建筑面积为 1200m²（见图 8-18）；其内有一个 683m² 的 1~3 层的中庭，中庭高度 12m；同时，3 层局部设置 310m² 办公室，办公室与中庭隔开，分属于不同的防火分区。试对上述区域进行排烟设计。

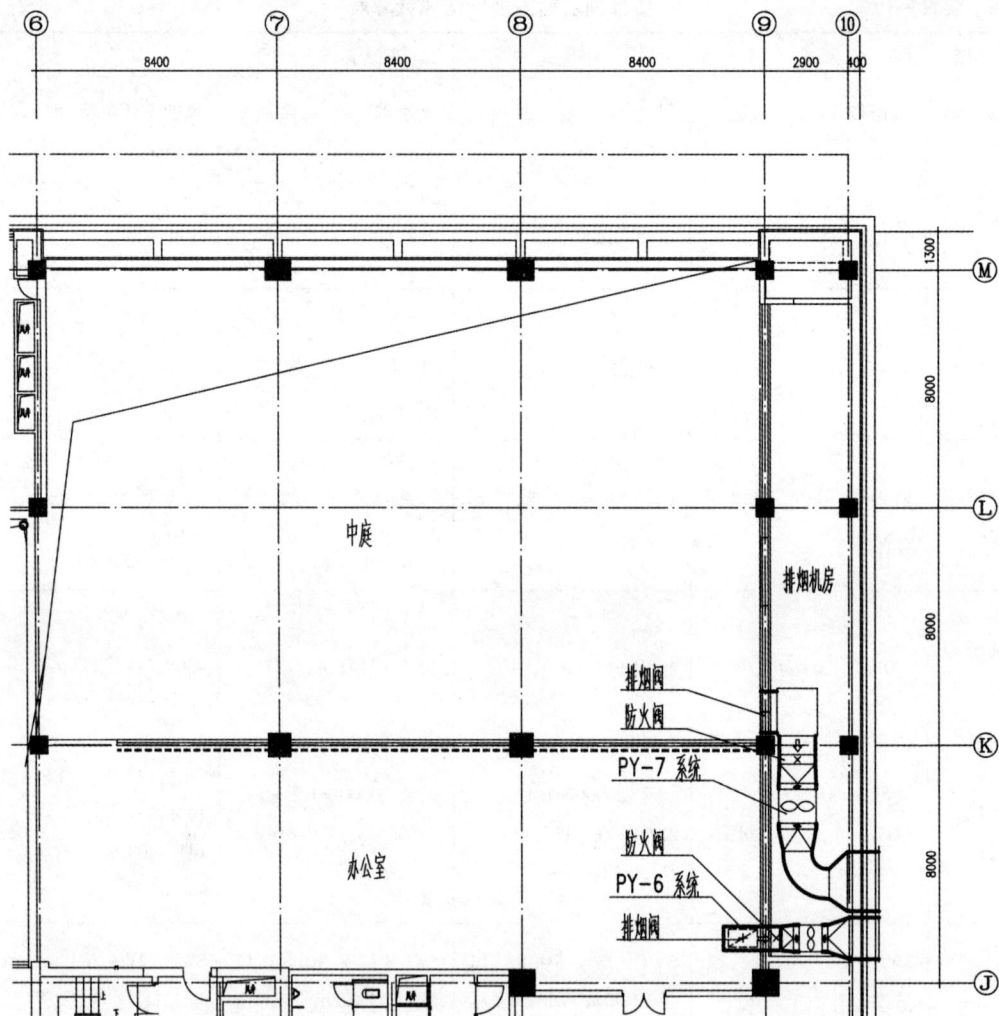

图 8-28　办公楼中庭排烟平面图

表 8-20　　　　　　　　　　　　　　　中庭加压送风计算表

序号	设计程序	设计内容	
		中庭	办公室
1	中庭、办公室设置排烟系统	根据《建规》： 8.5.3　民用建筑的下列场所或部位应设置排烟设施： 2 中庭 3 公共建筑中面积大于100m²且经常有人停留的地上房间	
2	计算系统风量	中庭体积683m² × 12m = 8197m³ < 17000m³，换气次数取6次/h，8197m³ × 6次/h = 49182m³/h	担负一个防烟分区，单位排烟量为60m³/(h·m²)，310m² × 60m³/(h·m²) = 18600m³/h

续表 8-20

序号	设计程序	设计内容	
		中庭	办公室
3	计算系统阻力	280Pa（计算略）	280Pa（计算略）
4	选择风机	风量：$49182 \times 1.1 = 54100\text{m}^3/\text{h}$ 风压：$280\text{Pa} \times 1.2 = 336\text{Pa}$	风量：$18600 \times 1.1 = 20460\text{m}^3/\text{h}$ 风压：$280\text{Pa} \times 1.2 = 336\text{Pa}$
5	风机选型	HTF－D－№13，风量 $54680\text{m}^3/\text{h}$，风压 400Pa，功率 11kW	HTF－D－№9，风量 $21450\text{m}^3/\text{h}$，风压 390Pa，功率 4kW
6	管道选择	取 $v=18\text{m/s}$，主风管尺寸 $49182 \div 3600 \div 18 = 0.75\text{m}^2$，取 $1000\text{mm} \times 800\text{mm}$	取 $v=18\text{m/s}$，主风管尺寸 $18600 \div 3600 \div 18 = 0.287\text{m}^2$，取 $630\text{mm} \times 500\text{mm}$
7	防火阀、排烟阀的设置	满足《建规》9.3.11 和 9.3.13 的要求	

8.5.4　地下汽车库排烟实例

某地下汽车库设在地下一层，总建筑面积为 3900m^2（见图 8-29），建筑层高 3.4m（板下净高 3.0m）。

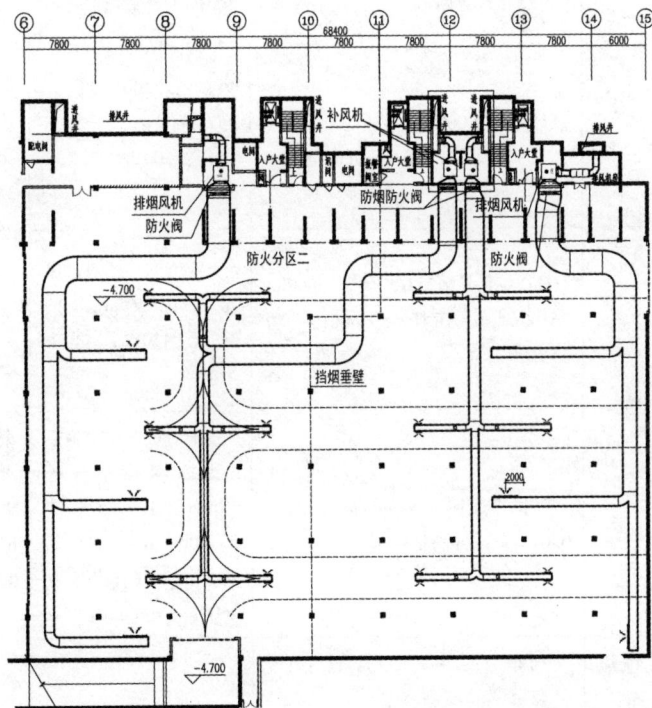

图 8-29　地下车库通风平面图及防烟分区示意图

设计程序及计算过程见表8-21。

表 8-21 地下汽车库防排烟设计程序

序号	设计程序	设计内容		
		排烟工况	排风工况	送风量
1	地下汽车库设置排烟、排风合用系统、送风系统，各防烟分区内设排风送风机房各一处，各防烟分区面积为1950m²，均小于2000m²	《汽车库、修车库、停车场设计防火规范》（GB 50067—2014）（以下简称《车规》）： 8.2.1 除敞开式汽车库、建筑面积小于1000m²的地下一层汽车库和修车库外，汽车库、修车库应设排烟系统，并应划分防烟分区，防烟分区的建筑面积不宜超过2000m²，且防烟分区不应跨越防火分区。 8.2.2 排烟系统可采用自然排烟方式或机械排烟方式。机械排烟系统可与人防、卫生等排气、通风系统合用		
2	计算系统风量	根据《车规》8.2.4：查表，系统排烟量为30000m³/h	根据《全国民用建筑工程设计技术措施——暖通空调·动力》2009版（简称《措施》）4.3.2：换气次数取4次/h，1950m²×3.0m×4次/h=23400m³/h	根据《车规》8.2.7：送风量不宜小于排烟量的50%，35100m³/h×0.5=17550m³/h，约为排风工况的75%
3	计算排烟、通风系统阻力	500Pa（计算略）	300Pa（计算略）	250Pa（计算略）
4	选择风机	风量：30000×1.1=33000m³/h 风压：500Pa×1.1=550Pa	风量：23400×1.1=25740m³/h 风压：300Pa×1.1=330Pa	风量：17550×1.1=19305m³/h 风压：300Pa×1.1=330Pa
5	风机选型	HTFD-Ⅱ-№25B，风量36000/26100m³/h，风压560/400Pa，功率12/17kW	SWFX-Ⅰ-№9，风量27174/(m³/h)，风压430Pa，功率5.5kW	
6	管道选择	校核排烟风速30000m³/h÷3600÷0.64=13m/s满足要求	根据《措施》4.6.11考虑取v=10m/s，主风管尺寸23400m³/h÷3600÷10=0.65m²，取1600mm×400mm	根据《措施》4.6.11考虑，取v=10m/s，主风管尺寸16500m³/h÷3600÷10=0.46m²，取1250mm×400mm
7	防火阀、排烟阀的设置	满足《车规》8.2.3和8.2.5的要求		

思考题与习题

8-1 供暖室内外计算参数选取的依据是什么？室内外参数对供暖热负荷有什么影响？

8-2 建筑供暖设计要点有哪些？不同建筑类型供暖设计方案有什么区别？

8-3 高层建筑热水供暖系统设计应注意哪些问题？通过什么方法可以减轻这些问题？

8-4 大型公共建筑暖通空调设计的基本思路是什么？

8-5 洁净空调设计的要点有哪些？与一般舒适性空调相比有哪些特点？

8-6 防排烟设计的基本思路是什么？建筑哪些部位需要考虑防排烟设施？其风量如何确定？

8-7* 沈阳某 20 层综合楼，一、二层为商业网点，三至十层是办公用房，十一层以上是客房。其中一层有 250m² 大堂，十层有一 150m² 会议室。请进行该建筑暖通空调方案设计。

8-8* 北方某城市一公共建筑有 2500m² 地下停车场，设有两个防火分区，面积分别为 1000m² 和 1500m²。试进行该停车场暖通空调系统方案设计。

8-9* 公共建筑厨房是污染物集中散发的地方，如何通过合理的暖通空调系统和气流组织设计，控制污染物传播，同时减少暖通空调系统能耗？

第9章 绿色建筑暖通空调设计

9.1 绿色建筑的内涵及基本要求

9.1.1 绿色建筑定义

我国《绿色建筑评价标准》（GB/T 50378—2014）中对绿色建筑的定义：在建筑的全寿命周期内，最大限度地节约资源（节能、节地、节水、节材）、保护环境和减少污染，为人们提供健康、适用和高效的使用空间，与自然和谐共生的建筑。

"绿色建筑"中的"绿色"并不是指一般意义上的立体绿化、屋顶花园，而是代表一种概念或象征，是指建筑对环境无害，能充分利用自然资源，不破坏环境基本生态平衡。绿色建筑又可称为可持续发展建筑，它涵盖了节能建筑、低碳建筑、生态建筑的主基调。

绿色民用建筑的核心是"四节一环保"，即节能、节地、节水、节材、保护环境。绿色工业建筑的核心是"四节二保一加强"，即节能、节地、节水、节材、保护环境、保障职工健康、加强运行管理。

绿色建筑以人、建筑和自然环境的协调发展为目标，在利用天然条件和人工手段创造良好、健康的居住环境的同时，尽可能地控制和减少对自然环境的使用和破坏，充分体现向大自然的索取和回报之间的平衡。绿色建筑是将可持续发展理念引入建筑领域的成果，它将成为未来建筑的主导趋势。

我国人均耕地只有世界人均耕地的1/3，水资源仅是世界人均占有量的1/4。石化资源探明储量仅为世界平均水平的1/2，其中90%以上为煤炭，石油人均储量仅为世界平均水平的11%，天然气人均储量仅为世界平均水平的4.5%。随着中国经济的发展，人民的生活水平逐渐提高，人们对生存环境及居住舒适性的要求不断提高。生活理念的变化造成了过度的开发与建设，使现代建筑不仅疏离了人与自然的天然联系和交流，也给环境和资源带来了沉重的负担。我国拥有世界上最大的建筑市场，全国房屋总面积已超过400亿平方米，随着国家"十二五"规划中关于改善民生、提高全国城镇化水平的要求，房屋面积还会有大幅度的增长。建筑是用能大户，而我国建筑单位面积能耗是发达国家的2～3倍以上，生活水平提高和相关技术产业发展明显滞后的矛盾已经严重影响到国家经济的健康发展。要在未来15年内保持GDP年均增长7%以上的目标，将面临巨大的资源约束瓶颈和环境恶化压力。实现建筑业的可持续发展，必须走绿色建筑之路。

9.1.2　绿色建筑的基本内涵

绿色建筑的基本内涵可归纳为：减轻建筑对环境的负荷，即节约能源及资源；提供安全、健康、舒适性良好的生活空间；与自然环境亲和，做到人及建筑与环境的和谐共处、永续发展。节能建筑、低碳建筑和生态建筑的主基调被涵盖绿色建筑之中。

节能建筑：遵循气候条件和采用节能的基本方法，对建筑规划分区、群体和单体、建筑朝向、间距、太阳辐射、风向及外部空间环境进行综合研究，按照节能设计标准设计和建造的，在使用过程中能降低能耗的建筑。

低碳建筑：在建筑全寿命周期内，从规划、设计、施工、运营、拆除、回收利用等各个阶段，通过减少碳源和增加碳汇实现建筑生命周期碳排放性能优化的建筑。

生态建筑：一般而言，生态是指人与自然的关系，那么生态建筑就应该处理好人、建筑和自然三者之间的关系，它既要为人创造一个舒适的空间小环境（即健康宜人的温湿度、清洁的空气、良好的光环境、声环境及具有长效且适应性好、灵活开敞的空间等），同时又要保护好周围的大环境——自然环境（即对自然界的索取要少，同时对自然环境的负面影响要小）。生态建筑其实就是将建筑看成一个生态系统，通过组织建筑内外空间中的各种物态因素，使物质、能源在建筑生态系统内部有秩序的循环转换，获得一种高效、低耗、无废、无污、生态平衡的建筑环境。

9.1.3　绿色建筑的基本要求

（1）绿色民用建筑的基本要求

① 符合国家法律法规和相关标准（如符合城市的发展规划，符合结构、防火安全要求等）是绿色民用建筑建设和评价的前提条件，体现了经济效益、社会效益和环境效益的统一。

② 注重项目的地域性，应因地制宜，考虑项目所在地域的气候、资源、自然环境、经济和文化等特点。

③ 统筹考虑建筑全寿命周期内，节能、节地、节水、节材、保护环境、满足建筑功能之间的辩证关系（单项技术的过度采用虽可提高某方面的性能，但有可能造成其他方面的不合理性）。绿色设计应体现共享、平衡、集成的理念。在设计过程中，规划、建筑、结构、给水排水、暖通空调、燃气、电气与智能化、室内设计、景观、经济等各专业应紧密配合。

④ 绿色民用建筑评价指标体系由六类指标组成，每类指标均包括控制项、一般项和优选项，其中，控制项是绿色民用建筑的必备条件。

（2）绿色工业建筑的基本要求

① 符合国家对工业建设的产业政策、装备政策、清洁生产、环境保护、节约能源、循环经济和安全健康等法律法规。

② 满足保障职工健康和工艺生产的要求。

③ 考虑不同区域的气候、资源、自然环境、经济和文化等影响因素。

④ 统筹考虑建筑全寿命周期内，生产工艺、建筑使用功能、清洁生产全过程、土地、材料、能源与水资源利用、环境保护及职业健康等的不同要求之间的辩证关系（单项技术的过度采用虽可提高某方面的性能，但有可能造成其他方面的不合理性）。

⑤ 绿色工业建筑评价指标体系由六类指标组成，每类指标均包括控制项、一般项和优选项，其中，控制项为绿色工业建筑的必备条件。

9.1.4 绿色建筑的暖通空调设计

"绿色建筑"是指在建筑的全寿命周期内，最大限度地节约资源（节能、节地、节水、节材），保护环境和减少污染，为人们提供健康、适用和高效的使用空间、与自然和谐共生的建筑。

（1）绿色建筑设计理念

从生态方面来讲，人类的建筑行为实质上就是一种破坏性行为，它不但会消耗自然资源，而且还可能会造成自然资源的改变和恶化，对生态环境造成影响。在建筑设计的过程中，为了尽可能减少建筑对生态环境造成的影响，就必须采取一系列合理的建筑设计手段来保证，保证人与自然和谐相处、协调发展。这种理念也就是通常人们所说的"可持续发展"的理念，是未来建筑与设计的主导理念。

在建筑设计的过程中，引入绿色建筑设计理念，将建筑和周围的环境进行综合考虑，并将它们作为一个整体进行设计。在进行设计的过程中，除了要综合考虑建筑与环境之间的关系，还要综合考虑建筑的各组成系统之间的相互关系。根据调查分析，经过绿色建筑设计理念建设出来的建筑，其能耗比普通建筑的能耗能够节约 50% ~ 72%。这样，通过引入绿色建筑理念，既保证了人与自然的和谐共处，又使建筑物节约了能耗。

（2）绿色建筑设计的原则

① 对建筑的过程进行全程监控。建筑建设的过程是一个相当复杂的过程，要想使建筑符合绿色节能设计的原则，必须密切关注建筑从设计、选材、建造、使用到拆除的整个过程，对整个过程实行全程监控。不但保证所选材料符合低能耗、环保的条件外，还要保证在建筑的设计、建设、使用和拆除的各个阶段符合低能耗、环保的条件。

② 综合利用各种资源。在建筑建设的过程中，要选择合适的原材料，通过适当的技术加以整合，这样，可以优化资源的配置，不但可以减少资源的浪费，而且还可以提高资源的综合利用效率，有效延长建筑物的使用时间。

③ 节能设计。绿色建筑的最主要的特征就是节能设计。在建筑的规划、设计、建设和使用的过程中，要严格按照规定的标准，使用各项先进的技术手段，达到节约能源的目的。在设计过程中，要积极筹划各种材料、设备，充分利用自然界中的光、热、风等自然资源，在保证建筑物功能的前提下，尽量减少使用供暖供热、空调制冷等设备。在设计过程中，要注意新技术、新材料的使用，注意使用节能材料，以达到节约能源的目的。

9.2 绿色建筑的暖通空调技术措施

9.2.1 绿色建筑暖通空调系统能源

① 在技术可行、经济合理的前提下，暖通空调系统的能源宜优先选用可再生能源（直接或间接），如地热能、风能和太阳能等。

② 在技术经济比较合理的情况下，宜综合利用建筑内的多种能源，如利用热泵系统在提供空调冷冻水的同时提供生活热水、回收建筑排水中的余热作为建筑的辅助热源（污废水热泵系统）等。

③ 建筑空调、供暖系统应优先选用电厂的余热作为热源。

④ 邻近河流、湖泊的建筑，可考虑采用水源热泵（地表水）作为建筑的集中冷源。

⑤ 在技术经济许可的条件下，可考虑采用土壤源热泵或水源热泵作为建筑空调，供暖系统的冷、热源。

⑥ 不得采用电锅炉和燃煤锅炉作为直接空调和供暖的热源。

⑦ 冬季不应开启冷水机组作为冷源。

⑧ 空调冷、热源设备数量和容量选择，应根据建筑使用功能，考虑部分负荷及低负荷情况下设备的高效运行。

⑨ 当公共建筑内区较大，冬季内区有稳定和足够的余热量时，宜采用水环热泵空调系统。

⑩ 通过定性计算或计算机模拟的手段，来优化冷、热源的容量、数量配制，并确定冷、热源的运行模式。

9.2.2 民用建筑暖通空调系统节能措施

① 当住宅建筑采用集中空调系统时，有关住宅节能设计标准未具体规定时，所选用的冷水机组或单元式空调机组的性能系数、能效比应符合《公共建筑节能设计标准》的有关规定。

② 当公共建筑采用集中空调系统时，所选用的冷水机组或单元式空调机组的性能系数、能效比相对于《公共建筑节能设计标准》中的有关规定值高一个等级。多联式空调（热泵）机组的能效值 IPLV（C）必须达到《多联式空调（热泵）机组能效限定值及能源效率等级》（GB 21454—2015）中规定的第 2 级。

③ 采用集中供热或集中空调系统的住宅，应设置室温调节和热量计量设施。

采用集中供热或集中空调机组供热（冷）时，应设置用户自主调节室温的装置。设置用户用热（冷）量的相关测量装置及制定合理的费用分摊计算方法是实现行为节能的根本措施之一。

对于集中供热系统，楼前安装热量表，房间内设置调节阀（包括三通阀），末端设温控器及热计量装置。对于集中空调系统，应设计住户可对空调的送风或空调给水进行分挡控制的调节装置及冷量计量装置。

④ 建筑设计应选用效率高的用能设备和系统。集中供热系统的锅炉额定热效率、热水循环水泵的耗电输热比，集中空调系统风机单位风量耗功率和冷热水输送能效比应符合《公共建筑节能设计标准》的规定。

选用分散式供暖空调设备时，房间空调器应选用《房间空气调节器能效限定值及能效等级》（GB 12021.3—2010 中的节能型产品（即第1，2 级）；空气源热泵机组冬季COP 不小于 1.8；户式壁挂炉的额定热效率不低于 89%，部分负荷下的热效率不低于85%。

⑤ 采用集中供热或集中空调系统的民用建筑，如设置集中新风和排风系统，由于供暖、空调区域（或房间）排风中所含的能量十分可观，在技术经济分析合理时，应利用排风对新风进行预热（或预冷）处理，降低新风负荷。集中加以回收利用可以取得很好的节能效益和环境效益。

不设置集中新风和排风系统时，可采用带热回收功能的新风与排风的双向换气装置，这样，既能满足对新风量的卫生要求，又能大量减少在新风处理上的能源消耗。

⑥ 一般不得采用电热锅炉、电热水器作为直接供热和空气调节系统的热源。

高品位的电能直接用于转换为低品位的热能进行供暖或空调，热效率低，运行费用高。绿色建筑应严格限制"高质低用"的能源利用方式。考虑到一些采用太阳能供热的建筑，夜间利用低谷电进行蓄热补充，且蓄热式电锅炉不在日间用电高峰和平段时间启用，该做法有利于减小昼夜峰谷、平衡能源利用，因此，是一种宏观节能措施，作为特例，可不在限制范围内。

⑦ 公共建筑采用集中空调时，房间内的温度、湿度、风速、新风量等参数应符合《公共建筑节能设计标准》的要求。

⑧ 公共建筑外窗可开启面积不小于外窗总面积的 30%，建筑幕墙有可开启部分或设有通风换气装置。

⑨ 合理采用蓄冷蓄热技术。蓄冷技术就是利用某些工程材料（工作介质）的蓄冷特性，储存冷能并加以合理使用的一种实用蓄能技术。常见的蓄冷蓄热技术、设备有：冰蓄冷、水蓄冷、溶液除湿机组中的储液罐、太阳能热水系统的蓄水池等。

蓄冷蓄热技术虽然从能源转换和利用本身来讲并不节能，但其对于昼夜电力峰谷差异的调节具有积极的作用，能满足区域能源结构调整、减少发电厂的建设，带来行业节能和环境保护效果。

⑩ 全空气空调系统采取实现全新风运行或可调新风比的措施。

空调系统设计时不仅要考虑设计工况，还应考虑全年运行模式。在过渡季，空调系统采用全新风或增大新风比运行，可有效改善空调区域内空气的品质，大量节省空气处理所消耗的能量，故应大力推广应用。但要实现全新风运行，设计时必须注意风机风量是否合适，认真考虑新风取风口和新风管所需的截面积及新风阀是否可调，妥善安排好排风的出路，并应确保室内合理的正压值。

⑪ 建筑物处于部分冷热负荷或仅部分空间使用时，采取有效措施节约通风空调系统的能耗。

大多数公共建筑的空调系统都是按照最不利（满负荷）工况进行系统设计和设备选型的，而实际上建筑绝大部分运行时间是处于部分负荷工况，这既是气候变化的因素引起的，又是同一时间内仅有部分空间处于使用状态或室内负荷变动形成的。针对部分负荷和部分建筑房间使用时，能根据实际需要供给恰当的能源，同时不降低能源的转换利用效率。要实现该目的，就必须以节能为出发点，区分房间的朝向、使用状况等，细分空调区域，分别进行空调系统和自动控制系统的设计，实现冷热源、相关输配系统在部分负荷下的调控，保证高效、低耗运行。

⑫ 新建的公共建筑中，冷热源、输配系统等各部分能耗进行独立的分项计量。对于商业用途的建筑，应建立合理的用冷（热）计量公示或收费制度。

用冷（热）计量公示或收费制度的施行，有利于用户的行为节能。但对于改建和扩建的公共建筑，有可能受到建筑原有状况和实际条件的限制，增加了分项计量实施的难度。鼓励在建筑改建和扩建时，尽量考虑能耗分项计量的实施（如对原有线路进行改造等）。

⑬ 公共建筑采用分布式燃气冷热电三联供技术，提高能源的综合利用率。

分布式燃气冷热电三联供系统为建筑或区域提供电力、供冷、供热（包括供热水）三种需求，实现能源的梯级利用，能源利用效率可达80%；又可大大减少固体废弃物、温室气体、氮氧化物、硫氧化物和粉尘的排放，还可应对突发事件，确保安全供电，在国际上已得到广泛应用。

⑭ 合理采用温湿度独立控制系统，既满足高品质的空气要求，又带来节能效果。

热量传递的驱动力是温差，水分传递的驱动力是水蒸气分压力差。温度越低，空气的饱和水蒸气分压力越低，表冷器冷凝除湿正是利用不同温度时饱和水蒸气分压力的不同来实现除湿的。空调系统中温度和湿度分别独立的控制系统，具有较好的控制和节能效果，表现在温、湿度的分控，可消除参数的耦合，各控制参数容易得到保证。

⑮ 空调冷却水应采用循环供水系统，并应具有过滤、缓蚀、阻垢、杀菌、灭藻等水处理功能。冷却塔应设置在空气流通条件好的场所，冷却塔补水管应设置计量装置。

9.2.3　工业建筑暖通空调系统节能措施

① 有供暖要求的高大厂房，有条件时采用辐射供暖系统。

② 除负荷计算合理外，根据实际情况选择适宜的空调系统是空调节能的关键。第一，有条件时，采用温度和湿度相对独立的控制技术；第二，有条件时，采用蒸发冷却技术；第三，其他节能空调系统。

③ 根据工艺生产需要及室内、外气象条件，空调制冷系统合理地利用天然冷源。利用天然冷源时，要根据工艺生产需要、允许条件和室内外气象参数等因素进行选择。有多种方式可选且情况复杂时，可经技术经济比选后确定，例如，第一，采用"冷却塔直接供冷"；第二，运用地道风；第三，空调系统采用全新风运行或可调新风比运行等。

④ 在满足生产工艺的条件下，空调系统的划分、送回风方式（气流组织）合理并证实节能有效。

⑤ 正确选用冷冻水的供回水温度。

⑥ 集中空调的循环水系统的水质应符合国家或本行业相关标准、规范的规定。

⑦ 建筑的供暖和空调合理采用地源（利用土壤、江河湖水、污水和海水等）热泵。

⑧ 在有热回收条件的空调、通风系统中合理设置热回收系统。

⑨ 设置工艺过程和设备产生的余（废）热回收系统，有效加以利用。

⑩ 合理利用空气的低品位热能。

9.2.4 洁净室净化空调系统节能技术

洁净室的单位面积建设费用和能耗大，其能耗是普通办公楼的 10 ~ 30 倍，节能潜力巨大。洁净室的能耗主要来自制冷负荷和运行负荷，制冷负荷中占比重较大的是新风负荷、风机温升和工艺设备负荷三项。

① 减少新风负荷。新风负荷可占到制冷负荷的 20% ~ 70%，洁净室的新风包括人的卫生要求、正压要求、补充排风和弥补系统漏风。减少新风负荷并不意味着减少新风量，而是应控制室内和系统的污染负荷。减少排风量和排风热回收可大大减少新风负荷。

② 减少工艺负荷。工艺负荷占到制冷负荷的 15% ~ 55%，工艺负荷不由暖通空调专业决定，但可以通过热回收等暖通空调技术去减少。

③ 减少风机、电机温升负荷。风机温升占到制冷负荷的 8% ~ 35%，可以通过电机外置减少风机能耗。

④ 减少运行动力负荷。以下方面可减少运行动力负荷：合理确定换气次数、采用低阻力过滤器、按照发尘量变化控制风量、由风机台数分步控制风量、区分空调送风和净化送风、缩小洁净空间体积、减少漏风负荷。

⑤ 洁净气流综合利用。对于无尘粒性质影响问题的车间，可将洁净室按照洁净度高低水平串联起来，由一个机组贯通送风。对于既有以消除余热为主、净化要求不高的房间，又有主要要求净化的房间，可以交叉利用洁净气流。

9.3 绿色建筑设计示例

清华大学超低能耗示范楼位于清华大学校园东区，西侧紧贴建筑馆南楼，此示范楼地上四层、地下一层，立面覆盖浅灰色遮阳板和玻璃幕墙，建筑内部几乎没有装饰装修。该示范楼以每平方米 8000 元的造价，集成了世界上 80% 的节能技术、产品，仅在建筑的东南两面墙就使用了七种不同的节能系统。

图 9-1　清华大学节能示范楼

9.3.1　建筑节能技术

（1）建筑布局

建筑南侧设计了一处小型的人工湿地，把建筑馆屋顶的雨水收集汇聚到这个人工湿地里，通过专门选择和搭配的水生植物的根系对所收集到的雨水进行净化，使其水质满足景观用水的标准。

场地内的人工湿地分成两部分，西侧为水生植物净化区，东侧为蓄水景观区。下雨时，屋面的雨水首先通过雨落管汇集到西侧的水生植物净化区，然后在进入到东侧的蓄水景观区，并用水泵使水体不断地循环，以保持水体的水质。

在超低能耗楼的场地和环境设计中，在有限的范围内采用了植被屋面和人工湿地的方式，对生态环境进行补偿，减少建筑的热岛效应，尽量避免因为建造活动对环境造成的负面影响。

由于超低能耗楼西墙的南侧与建筑馆紧邻，在这里无法开窗，采光通风都难以实现，在楼梯间顶部设计一个天窗，并与热压通风井道结合，巧妙地同时解决了自然采光和自然通风的问题。

（2）结构形式

超低能耗楼除地下室部分为现浇钢筋混凝土结构外，其主体建筑地上部分采用了钢框架结构体系。地上部分结构体系采用钢梁、钢柱和现浇钢筋混凝土楼板、屋面板，楼板位于主梁的下翼缘，屋面板则位于主梁的上翼缘以上。钢框架梁横向最大跨度为10.4m，纵向跨度为6.3m，钢柱为400mm×400mm箱型柱，主梁及次梁为H形钢，主梁梁高为1050mm。主梁腹板上所开圆孔及桁架杆件的间隙中可以穿行新风管道、电缆桥架和水管等。

超低能耗楼的维护体系设计采用了"智能型"的维护结构。这种"智能型"的建筑围护体系可以根据外界不同的气候条件，调整自身的工作状态，从而适应气候条件的变化和室内环境控制要求的变化。超低能耗楼在建筑围护体系的设计上，使用了多种具有不同针对性的技术来满足高标准的节能要求。

（3）可调节外遮阳百叶

在超低能耗楼的立面设计中，南立面东侧采用了可调节的水平外遮阳百叶与高性能玻璃幕墙配合的方式。水平外遮阳百叶采用叶片宽度为600mm的大型金属百叶，玻璃幕墙所选用的玻璃为5mm+6A+4mm+V+4mm+6A+5mm双中空加真空Low-e玻璃，其上设计有可开启的平开窗扇。在东立面上，与外遮阳百叶配合的玻璃幕墙则采用了4mm+9A+5mm+9A+4mm的双中空双Low-e玻璃。

（4）双层皮幕墙

超低能耗楼的东立面北侧一到三层采用的是被动式宽通道双层皮幕墙。这种双层皮幕墙内外两层幕墙之间的间隙较大，约600mm，外层幕墙采用6mm厚单层钢化玻璃，内层幕墙采用4mm+9A+5mm+9A+4mm的双中空双Low-e玻璃，各楼层在外层幕墙上其上下均开有600mm高的上悬窗作为双层皮幕墙的进风口和出风口，两层幕墙之间设有内遮阳百叶。

超低能耗楼的南立面西侧使用了两种不同形式的主动式窄通道双层皮幕墙，在一层和二层部分采用了内循环的方式，三层和四层采用了外循环的方式。内循环方式外侧采用8mm Low-e+12A+10mm中空玻璃，内侧采用8mm单层钢化玻璃，空腔宽度为200mm，其中的通风系统与建筑空调排风系统相结合，房间的空调回风通过双层皮之间的空腔后进入排风道。空腔中设有电动内遮阳百叶，叶片宽度为50mm，角度可调节。室内侧玻璃可以打开，方便清洁。

外循环方式的幕墙与内循环相反，外侧采用8mm的单层钢化玻璃，内侧采用了8mm Low-e+18A+4/pvb/4mm夹胶玻璃，空腔宽度为110mm，空腔顶部装有小型风机辅助通风。外侧幕墙的顶部和底部设有出风口和进风口。结合幕墙安装的光伏电池板可以为幕墙中的小型风机提供电源。

（5）高效保温墙体

西、北立面主要采用轻质保温复合墙体方案，外饰面为铝幕墙（带50mm聚氨酯保温），内部为保温棉（150mm）和石膏砌块（80mm），石膏砌块和聚氨脂保温材料均可回收再利用。外窗和外门采用多腔结构的PVC塑钢窗，外设保温卷帘，在冬季夜间，放下卷帘，可阻挡室外冷辐射，提高窗的保温效果。采用这些技术，可以使外墙的传热系数 $K < 0.3\text{W}/(\text{m}^2 \cdot \text{K})$，外窗及外门的传热系数 $K < 1.1\text{W}/(\text{m}^2 \cdot \text{K})$。

（6）植被屋面

屋顶主要部分为植被屋面，根据北京的气候特征及屋顶所具有的光照时间长、强度大、温度变化大、风力大、土层薄、湿度小、易干旱、易受冻害和日灼、生态环境比地面差等特点，选择喜光、耐干燥气候、耐寒、耐贫瘠、根系浅、水平根系发达、生长缓慢、能抗风耐寒的杂生草类。这样，可以减少屋面的覆土厚度，也减少一年中对植被维护的次数。

（7）生态舱

在建筑四层北部设置生态舱，将绿色植物引入室内，创造与自然接触的人性化空间。在生态舱的斜玻璃屋顶内外分别安装卷帘式内遮阳和外遮阳。在夏季白天，两道卷帘同时放下，可以形成一个类似双层皮幕墙的结构。期间的空腔宽度约为1000mm，底部的上悬窗开启作为进风口，顶部设有三个出风的烟囱，这样，就可以形成热压通风的状态，避免生态舱夏季温度过高。

（8）相变蓄热地板

在超低能耗楼的设计中，为了增加建筑的热惰性，采用了相变蓄热地板的方案设计，将相变温度为 20～22℃ 的定型相变材料（用石蜡作为芯材，高分子材料作为支撑和密封材料，将石蜡包在其组成的一个个微空间中，在相变材料发生相变时，材料能保持一定的形状）放置于常规地板下侧作为蓄热体，减少室内的温度差变化。冬季白天，相变蓄热地板可以蓄存直射进入室内的阳光辐射热；晚上时，材料相变向室内放出蓄存的热量，使室内房间的昼夜温度波动在6℃以内。

9.3.2 室内环境控制技术

（1）湿热独立控制的空调系统

为满足节能的要求，在建筑中采用热湿独立处理的方式，将室内热湿负荷分别处理。新风通过液体除湿设备的处理，提供干燥新风，用来消除室内的湿负荷，同时，满足室内人员的新风要求。室内显热负荷用18℃的冷水消除（常规空调采用7℃的冷冻水），空调系统节能效果显著。同时，热湿独立控制的空调系统通过送干燥新风降低室内湿度，在较高温度下也可以实现同样的热舒适水平，并彻底改变了高湿度带来的空气质量问题。

对于温湿度独立控制空调系统，在温度控制中的冷热源，冬天采用 22～24℃ 低温热水，夏天采用 18～20℃ 高温冷水。而温度控制的末端则采用干式空调末端（毛细管式辐射板、贯流型干式风机盘管、改进型干式风机盘管）。在湿度控制中，由溶液除湿全热回收新风机组提供干燥新风。新风系统采用置换通风形式（下送风用的地板送风器、设上下两组回风口的回风柱）、工位置换通风、个性化送风末端等。

（2）室内自然通风控制

根据建筑本身及周围环境的特点，建筑二、三、四层北侧利用风压进行通风，建筑二、三、四层的南侧及一层全部利用热压进行自然通风。在热压通风系统的设计中，结合楼梯间和走廊设置三个通风竖井，分别负责不同楼层的热压通风，保证每个楼层的换气次数达到设计值，并在热压通风竖井顶端设计玻璃的集热顶，利用太阳能强化通风。风压通风的设计比较简单，在建筑物表面正压区和负压区的适当部位设置通风开口，使室外空气可以顺畅地贯穿流过建筑内部。

（3）光导纤维与地下室照明

在超低能耗楼中采用三种阳光传导技术：结合楼梯间利用聚光传导设备把自然光传导到地下室；利用光导纤维把自然光传导到地下室；利用光导管把自然光传导到四层和生态舱夹层。目前，在超低能耗楼中已经安装和使用了可以自动跟踪太阳方向的阳光收集装置和光导纤维技术，能够把阳光最大限度地传导到地下室，使地下室也可以获得自然光照明。

9.3.3 建筑能源系统

（1）楼宇式热电冷三联供

超低能耗楼采用楼宇式热电冷三联供系统，大楼所发电力除供本楼使用，还可以并入校园电网供校内其他建筑使用。在建筑中未来打算采用固体燃料电池热冷电三联供系统，容量为50kW，尖峰电负荷由电网补充，其总的热能利用效率可达到85%，其中，发电效率43%，二氧化硫和氮氧化合物可以做到零排放。在燃料电池设备到位以前先使用一台125kW卡特彼勒内燃机和一台20kW斯特林发动机作为替代方案。

（2）液体除湿系统

液体除湿系统由太阳能驱动，采用集中再生的方式，并使用蓄存溶液的蓄能装置。通过把溴化锂浓溶液送入各楼层中新风机的除湿器中，对新风进行除湿处理，浓溶液吸收空气中的水分以后变为低浓度的溶液，低浓度的溶液经太阳能或内燃机废热驱动再生后循环使用。太阳能再生系统的再生器布置在与超低能耗楼紧邻的建筑馆屋面上，总面积约为250m^2，低浓度溶液在这里再生为浓溶液。

（3）浅层地热能应用

清华大学校园东区地表浅层温度基本稳定在15℃，通过在土壤里埋设地藕管进行热交换，可以获取温度为16~18℃的冷水，通过这种方式，在夏季就可以直接获取冷水供给辐射盘管，而不需要制冷机。

清华大学超低能耗示范楼的生态设计理念、生态策略和节能技术，可以成为生态建筑设计的技术支持，但在实际应用中，必须结合实际，因地制宜。由于超低能耗楼建筑本身是作为一个实验建筑，其中使用的一些技术尚没有在实际工程中广泛采用，通过这个建筑也可以评测一下这些技术的实际使用效果。

思考题与习题

9-1 什么是绿色建筑？其基本内涵是什么？

9-2 绿色建筑有哪些基本要求？

9-3 绿色建筑的设计要点有哪些？其设计理念是什么？

9-4 民用建筑暖通空调的节能技术有哪些？其中哪些技术在当前的绿色建筑建设中有着较好的效果？哪些在未来会有较好的发展？

9-5 工业建筑暖通空调的节能技术有哪些？

9-6 洁净空调的节能技术有哪些？

9-7* 绿色建筑在我国的推广已经十余年，但成效并不乐观。暖通空调在推广绿色建筑方面还有哪些工作需要进一步加强？

9-8* 沈阳浑南某高校拟建设一节能示范楼，建筑面积约为 $1600\mathrm{m}^2$。建筑周围开阔，无地下管道设施影响。按照三星级绿色建筑标准进行该建筑暖通空调方案设计。

参考文献

［1］国家质量监督检验检疫总局. GB/T 18883—2002 室内空气质量标准［S］. 北京：中国标准出版社，2002.

［2］朱颖心. 建筑环境学［M］. 4 版. 北京：中国建筑工业出版社，2016.

［3］D. A. 麦金太尔. 室内气候［M］. 龙惟定，等译. 上海：上海科技出版社，1988.

［4］中华人民共和国住房和城乡建设部. GB 50019—2015 工业建筑供暖通风与空气调节设计规范［S］. 北京：中国建筑工业出版社，2015.

［5］中华人民共和国住房和城乡建设部. GB 50736—2012 民用建筑采暖通风与空气调节设计规范［S］. 北京：中国建筑工业出版社，2012.

［6］孙一坚. 简明通风设计手册［M］. 北京：中国建筑工业出版社，1997.

［7］林太郎，R. H. 豪厄尔，柴田真为，等. 工业通风与空气调节［M］. 贾衡，王世洪，等译. 北京：北京工业大学出版社，1988.

［8］周凤起. 21 世纪中国能源工业面临的挑战［J］. 暖通空调，2000（4）：23 – 24.

［9］中华人民共和国住房和城乡建设部. GB 50189—2015 公共建筑节能设计标准［S］. 北京：中国建筑工业出版社，2015.

［10］JGJ26—2010 严寒和寒冷地区居住建筑节能设计标准［S］. 北京：中国建筑工业出版社，2010.

［11］薛志峰. 超低能耗建筑技术及其应用［M］. 北京：中国建筑工业出版社，2005.

［12］温丽. 对推进我国供热系统节能的看法和建议［J］. 暖通空调，1998（1）：1 – 7.

［13］贺平，孙刚. 供热工程［M］. 4 版. 北京：中国建筑工业出版社，2009.

［14］陆亚俊，马最良，邹平华. 暖通空调［M］. 3 版. 北京：中国建筑工业出版社，2015.

［15］章熙民，任泽霈，梅飞鸣. 传热学［M］. 6 版. 北京：中国建筑工业出版社，2014.

［16］付样钊. 流体输配管网［M］. 3 版. 北京：中国建筑工业出版社，2010.